化学工业出版社“十四五”普通高等教育规划教材

普通高等教育智能制造系列教材

U0236252

机器人自动化集成系统设计

（NX MCD）

郑魁敬　冯永飞　牛建业　编著

化学工业出版社

·北京·

内容简介

本书从机器人自动化集成系统的角度，对所涉及的机器人、PLC、机器视觉、设计仿真、数字孪生、并行协同、网络通信、人工智能等方面的理论和技术进行细致讲解，结合 NX MCD 仿真工具，对典型案例进行总体设计和技术剖析，既充分体现各相关技术的无缝集成，又突出系统技术之间的内在联系。

本书面向机器人自动化集成系统设计和仿真领域，以系统集成为核心，体现系统性观点；理论与实践紧密结合，体现开放性特点；从不同角度进行提炼总结，理论分析、性能仿真、软件开发、系统测试有机融合，构建机器人自动化集成系统完整设计开发体系。

本书可作为高等院校机器人工程、智能制造工程、自动化、机电一体化、机械制造及相关专业高年级学生或研究生的教材或参考书，也可供机器人自动化技术相关领域的工程技术人员学习使用。

图书在版编目（CIP）数据

机器人自动化集成系统设计：NX MCD / 郑魁敬，冯永飞，牛建业编著. -- 北京：化学工业出版社，2024.10. --（普通高等教育智能制造系列教材）. -- ISBN 978-7-122-35921-6

Ⅰ. TP242

中国国家版本馆 CIP 数据核字第 2024725L8A 号

责任编辑：张海丽　　　　　　　　　　　　文字编辑：郑云海
责任校对：王　静　　　　　　　　　　　　装帧设计：刘丽华

出版发行：化学工业出版社（北京市东城区青年湖南街 13 号　邮政编码 100011）
印　　刷：三河市航远印刷有限公司
装　　订：三河市宇新装订厂
787mm×1092mm　1/16　印张 16¼　字数 382 千字　2025 年 1 月北京第 1 版第 1 次印刷

购书咨询：010-64518888　　　　　　　　　　售后服务：010-64518899
网　　址：http://www.cip.com.cn
凡购买本书，如有缺损质量问题，本社销售中心负责调换。

定　　价：56.00 元　　　　　　　　　　　　　　　版权所有　违者必究

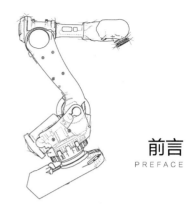

前言
PREFACE

　　"工业4.0"和"中国制造2025"推动制造业向数字化、智能化转型。数字孪生通过对物理对象进行完全数字化重构，实现物理设备设计、制造、调试和运行维护的全生命周期镜像可视化，正在引起制造业广泛关注。受人口老龄化影响，劳动力成本不断上升，制造业产业结构逐渐由劳动密集型向技术密集型转变，机器人已成为制造业转型的重要枢纽，"机器换人"是大势所趋。同时，人工智能赋予机器人新活力，使得机器人能以与人类智能相似的方式做出反应，不仅能代替人类大部分体力劳动，也可以代替部分脑力劳动。机器人集成系统以工业机器人为基础，与PLC、传感器、执行器、智能仪表、智能控制器等设备共同构建机器人自动化生产系统，是机器人产业链最后一个环节。机器人集成系统项目是非标准化的，难以批量复制，不同项目需要根据现场的具体生产要求进行"私人定制"。

　　机器人自动化集成技术是一门综合性、多学科交叉的技术，对于学习机器人相关学科的高等院校学生或从事该领域设计开发的企业技术人员具有巨大挑战性。

　　术业有专攻，机电软协同，工欲善其事，必先利其器。为了更好地满足高等院校工程型人才的培养需求，给广大读者提供一本实用的专业教材和参考书，作者结合多年来的技术研发积累和工程应用实践编写本书。本书力图将理论分析与实际应用有机结合，全方位涵盖工业机器人、机器视觉、数字孪生、机电软一体化、物联网、深度学习、人工智能和机器人全集成等前沿技术，既全面保持内容的新颖性，又充分展现技术的引领性。按照"理论分析+案例设计+仿真工具+信息交互"的编写思路，形成机器人自动化集成系统整体设计的系统思维和应用基础，使读者真正掌握机器人自动化集成技术。

　　本书共6章，主要包括以下内容：

　　第1章　机器人集成技术，包括机器人、PLC、通信系统和视觉系统、系统接口和工业通信网络等内容；

　　第2章　数字孪生技术，包括建模仿真、数字孪生、虚拟调试、数物交互等内容；

　　第3章　机电软协同设计，包括系统模块化、机电软模块化、多学科并行协同等内容；

　　第4章　基于数字孪生的自动化集成技术，包括控制、数据集成，系统、工艺、工厂分级仿真，物联交互等内容；

第 5 章 基于人工智能的自动化集成技术，包括工业智能、深度学习、人机协作、机器人全集成等内容；

第 6 章 基于 NX MCD 的机器人自动上下料系统，包括 NX MCD 应用、系统集成控制、数字孪生建模、联合虚拟调试等设计过程和技术解析。

他山之石，可以攻玉。希望本书能起到抛砖引玉的作用，广大读者学习本书后，多练习多实践，知其然知其所以然（Know-how Know-why），最终能够使用 NX MCD 软件快速高效地进行设计开发，为提升我国智能制造水平贡献力量。

本书由燕山大学郑魁敬、宁波大学冯永飞、燕山大学牛建业共同编写完成。本书编写过程中，参考了许多文献，特向这些作者表示感谢。

由于作者水平有限，书中不当之处敬请读者批评指正。

编著者

2024 年 6 月

扫码获取本书配套资源

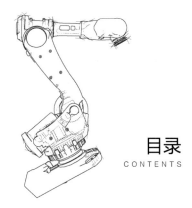

目录
CONTENTS

第3章 机电软协同设计 / 079

第4章 基于数字孪生的自动化集成技术 / 100

第 5 章　基于人工智能的自动化集成技术　　　　/142

第 6 章　基于 NX MCD 的机器人自动上下料系统　/184

第1章

机器人集成技术

本章思维导图

扫码获取本书配套资源

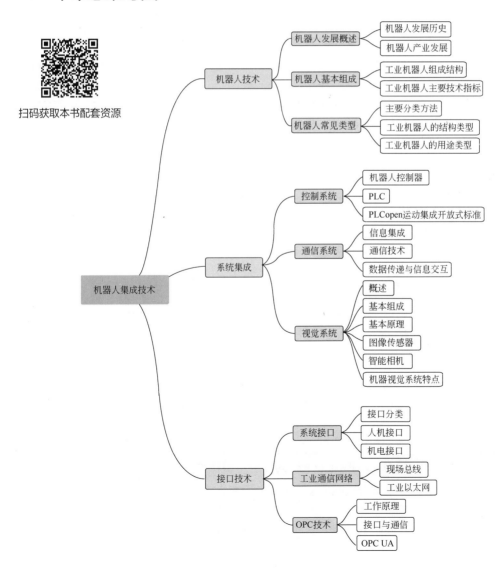

本章学习目标

（1）熟悉工业机器人的组成结构和技术指标；

（2）掌握工业机器人的主要结构类型；

（3）了解工业机器人控制器和 PLC；

（4）了解 PLCopen 运动控制标准；

（5）了解自动化集成系统中的信息交互；

（6）掌握视觉系统的基本组成和原理；

（7）熟悉图像传感器 CCD 和 CMOS；

（8）了解自动化集成系统中的接口分类；

（9）熟悉主流的现场总线标准和实时以太网技术；

（10）了解 OPC 和 OPC UA。

随着科技的迅猛发展，工业自动化成为推动工业革命的重要力量。其中，机器人集成技术作为工业自动化的核心技术之一，正不断引起人们的关注和研究。

机器人集成技术将各种类型的机器人系统和可编程逻辑控制器（Programmable Logic Controller，PLC）系统、计算机数字控制（Computer Numerical Control，CNC）系统、运动控制（Motion Control，MC）系统及机器视觉（Machine Vision，MV）系统等进行连接、编程和控制，实现多系统协同工作，完成复杂的生产任务。这项技术不仅能提高生产效率、降低劳动力成本，还能有效改善工作环境，减少人为操作的错误和事故。

1.1
机器人技术

1.1.1 机器人发展概述

1.1.1.1 机器人发展历史

机器人"Robot"最早出现在捷克文学家卡雷尔·恰佩克（Karel Capek）1920 年的剧本《罗素姆万能机器人》（*Rossum's Universal Robots*）中，这个词源于捷克语的"Robota"，意思是"奴隶、苦力"，该剧 1921 年在剧院首次演出。从那时起，人类就越来越有消除危险的体力劳动的想法，只是机器人作为普通奴隶接管所有工作的概念尚未成熟。

1942 年，美国著名科幻小说家、文学评论家艾萨克·阿西莫夫（Isaac Asimov）在作品《我，机器人》（*I, Robot*）中提出了"机器人学三定律"，该理论被称为"现代机器人学的基石"，这也是机器人学（Robotics）这个名词在人类历史上的首度亮相。

阿西莫夫提出：

第一定律：机器人不得伤害人类，或坐视人类受到伤害。

第二定律：除非违背第一定律，机器人必须服从人类的命令。

第三定律：在不违背第一及第二定律下，机器人必须保护自己。

现代机器人的研究起源于 20 世纪中叶的美国，技术背景是计算机和自动化的发展，以及原子能的开发利用。原子能实验室的恶劣环境，要求使用某些操作机械代替人处理放射性物质。在这一需求背景下，美国原子能委员会的阿贡国家实验室（ANL）于 1947 年开发了遥控机械手，又开发了机械式的主从机械手。

1954 年，美国的戴沃尔（Devol）最早提出了工业机器人的概念，并申请了专利。该专利的要点是借助伺服技术控制机器人的关节，利用人手对机器人进行动作示教，机器人能实现动作的记录和再现，这就是所谓的示教再现机器人。

工业机器人产品最早的实用机型（极坐标型）是美国 Unimation（万能自动化）公司 1959 年推出的"Unimate（尤尼梅特，万能自动）"和 AMF（美国机械与铸造）公司 1962 年推出的"VERSTRAN（沃尔萨特兰，万能搬运）"。这些工业机器人的控制方式与数控机床大致相似，但外形特征迥异，主要由机械手和机械臂组成。图 1-1 所示是世界上第一台真正意义上的工业机器人 Unimate，开创了机器人发展的新纪元。

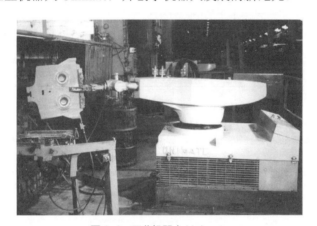

图 1-1　工业机器人 Unimate

1965 年，美国麻省理工学院（MIT）的 Roborts（罗伯茨）演示了第一个具有视觉传感器、能识别与定位简单积木的机器人系统。从 1968 年起，Unimation 公司先后将机器人的制造技术转让给了日本川崎（Kawasaki）公司和英国吉凯恩（GKN）公司，机器人开始在日本和欧洲得到了快速发展。1973 年，美国辛辛那提·米拉克隆（Cincinnati Milacron）公司的理查德·豪恩（Richard Hohn）制造了第一台由小型计算机控制的工业机器人，它是液压驱动的，能提升的有效负载达 45kg。

Unimation 公司的创始人约瑟夫·恩格尔伯格（Joeph F·Engelberger）对世界机器人工业的发展做出了杰出贡献，被人们称为"机器人之父"。

1980 年，工业机器人才真正在日本普及，故称该年为"机器人元年"。随后工业机器人在日本得到了巨大发展，日本也因此赢得了"机器人王国"的美称。

美国、日本、德国、法国等都是机器人的研发和制造大国，无论在基础研发还是在产品研发、制造方面都居世界领先水平。

我国的机器人研发起始于20 世纪 70 年代中期，在工业机器人及零部件研发等方面取得了一定的成绩，但真正意义上的完全自主机器人制造商的产生还任重而道远。

随着计算机技术和人工智能（Artificial Intelligence，AI）技术的飞速发展，机器人在功能和技术层次上有了很大的提高，推动了机器人概念的延伸。将具有感觉、思考、决策和动作能力的系统称为智能机器人，这是一个概括的、含义广泛的概念。这一概念不但指导了机器人技术的研究和应用，而且又赋予了机器人技术向深广发展的巨大空间，水下机器人、空间机器人、空中机器人、地面机器人、微小型机器人等各种用途的机器人相继问世，许多梦想逐渐成为了现实。

机器人技术与数控技术、PLC技术并称为工业自动化的三大技术支柱。

1.1.1.2　机器人产业发展概况

工业机器人整个产业链有上、中、下游三个层次：

① 上游是关键零部件，主要包括减速器、控制系统和伺服系统三部分，是机器人的核心；

② 中游是机器人本体，主要包括机座和手臂、腕部等执行机构，是机器人的基础；

③ 下游是系统集成，依赖上游和中游的核心设备做集成产品。

国际上的工业机器人公司主要分为日系和欧系两类，如表1-1所示。

表1-1　国际上的工业机器人公司

日系	欧系
发那科（FANUC）、安川（Yaskawa）、欧地希（OTC）、松下（Panasonic）、不二越（NACHI）、爱普生（Epson）、川崎等	德国的库卡（KUKA）、德国的克鲁斯（CLOOS）、瑞士的艾波比（ABB）、意大利的柯马（COMAU）、奥地利的艾捷默（IGM）等

国内的工业机器人基本完成了产业生态链布局，出现了一批有实力的本土企业，如表1-2所示。

表1-2　国内的工业机器人公司

整机	减速器	伺服系统	控制系统
新松、埃斯顿、启帆、埃夫特、新时达、拓斯达等	苏州绿的、南通振康等	汇川、广数、英伟腾等	固高、卡诺普、迈科讯等

1.1.2　机器人基本组成

1.1.2.1　工业机器人组成结构

工业机器人是能够自动识别对象或其动作，根据识别结果自动决定应采取动作的自动化装置。它能模拟人的手、臂的部分动作，实现抓取、搬运工件或操纵工具等。它综合了精密机械技术、微电子技术、传感检测技术和自动控制技术等领域的最新成果。

工业机器人的系统组成主要包括：机械系统、控制系统、电气伺服系统、传感检测系统以及电源。工业机器人系统如图1-2所示。

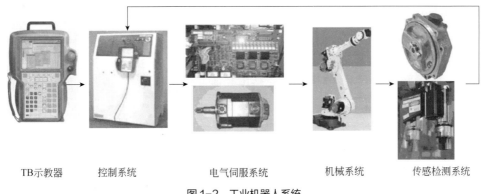

| TB示教器 | 控制系统 | 电气伺服系统 | 机械系统 | 传感检测系统 |

图1-2　工业机器人系统

（1）机器人总体概述

工业机器人包括机器人本体、伺服电机、驱动器、控制器、编码器等设备，如图 1-3 所示。此外还有一些外围的设备，如摄像头、力传感器、I/O（Input/Output，输入/输出）模块、末端执行器等。

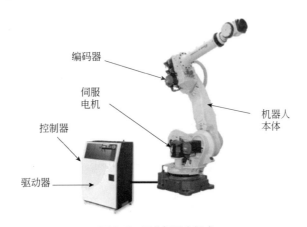

图1-3　工业机器人组成

（2）机器人机械系统

机器人机械系统是机器人的机械本体，是用来完成各种作业的执行机械，它因作业任务不同而有各种结构形式和尺寸。机械系统一般由机座和执行机构组成，执行机构就像人的胳膊或腿，包括臂部、腕部和手部三部分。减速器是机器人本体的核心零部件，在机器人机械传动单元被广泛采用，主要有 RV（Rotary Vector，旋转矢量）减速器和谐波减速器。此外，机器人机械传动部分还可采用齿轮传动、链（带）传动、直线运动单元等。大多数机器人有 3～6 个运动自由度，其中腕部有 1～3 个运动自由度。

六轴工业机器人有 6 个运动自由度，6 个伺服电机通过减速器、同步带等驱动 6 个关节轴的旋转，包含 AXIS1 旋转（S 轴）、AXIS2 下臂（L 轴）、AXIS3 上臂（U 轴）、AXIS4 手腕旋转（R 轴）、AXIS5 手腕摆动（B 轴）和 AXIS6 手腕回转（T 轴），6 个关节合成实现末端的 6 自由度动作。末端执行器直接安装在手腕上。

（3）机器人控制系统

机器人控制系统又称为机器人控制器（Robot Controller，RC），用于对机器人的控制，以完成特定的工作任务。机器人控制系统类似于机器人的大脑，通过各种硬件和软件的结合来操纵机器人，并协调机器人与生产系统中其他设备的关系。普通设备的控制装置多注重自身动作的控制，而机器人的控制系统还要注意建立自身与作业对象之间的控制联系。

机器人控制系统往往安装在机器人本体内部，或有一个单独的控制单元，主要组成如下：

① 硬件。硬件包括操作面板及控制电路板、主板、主板电池、I/O板、电源供给单元、紧急停止单元、伺服放大器、变压器、风扇单元、线路断开器、再生电阻等部件。

② 示教器。示教器是用于与用户交互的设备，能够处理和记忆用户赋予工业机器人的任务指令，可以实现控制机器人运动、编写机器人程序、试运行程序、生产运行、查看机器人状态信息、手动运行等操作。

③ 控制软件。控制系统的功能基本要靠一行行代码来实现，包括底层驱动、建模、运动学、动力学、轨迹规划、任务规划等非常复杂的程序代码。

（4）机器人电气伺服系统

机器人电气伺服系统是驱动机械运动部件动作的装置。要使机器人运行起来，需要对各个关节进行驱动来实现机械臂的运动。驱动系统按照控制系统发出的指令信号，借助动力元件使机器人产生动作，相当于人的肌肉、筋络。

机器人电气伺服驱动系统一般利用各种电机产生的力矩和力，直接或间接地驱动机器人本体以实现机器人的各种运动。对工业机器人关节驱动的电机，要求有最大功率质量比和转矩惯量比、高启动转矩、低惯量和较宽广且平滑的调速范围。机器人末端执行器（手爪）应采用体积、质量尽可能小的伺服电机，尤其是要求快速响应时，伺服电机要具有较高的可靠性和稳定性，并且具有较大的短时过载能力。这些要求是伺服电机在工业机器人中应用的先决条件。

工业机器人电气伺服驱动系统采用的驱动电机主要是交流（Alternating Current，AC）伺服电机、直流（Direct Current，DC）伺服电机、直接驱动（Direct Drive，DD）电机和步进电机。其中，交流伺服电机、直流伺服电机和直接驱动电机通常采用闭环控制，一般应用于高精度、高速度的机器人驱动系统。步进电机驱动系统多适用于对精度、速度要求不高的小型简易机器人开环系统。交流伺服电机由于采用电子换向，无换向火花，在易燃易爆环境中得到了广泛使用。机器人关节驱动电机的功率范围一般为0.1～10kW。

电气伺服系统包括驱动器和电机两部分。驱动器一般安装在电控柜内，电机直接安装在机械本体上。

（5）机器人传感检测系统

机器人传感检测系统由内部传感器和外部传感器组成，作用是获取机器人内部状态和外部环境信息，并把这些信息反馈给控制系统。内部传感器用于检测各个关节的位置、速度等变量，为闭环伺服控制系统提供反馈信息。外部传感器用于检测机器人与周围环境之间的一些状态变量，如距离、接近程度和接触情况等，用于引导机器人识别物体并做出相应处理。外部传感器一方面使机器人更准确地获取周围环境情况，另一方面也能起到误差校正作用。

由于视觉传感器和力觉传感器使工业机器人获得了视觉感知能力和触觉感知能力，工业机器人被扩展到更为广阔的领域，如人机协作、人机交互、基于视觉的物流拣选、精密装配等领域，以及基于力觉的打磨、去毛刺、柔性装配等应用场合。

（6）末端执行器

在机器人技术中，末端执行器或末端操作器是一种连接到机器人手臂末端的设备或工具，也就是机械手所在的位置。末端执行器是机器人与环境相互作用的部分。末端执行器的结构和驱动它的软件和硬件的性质取决于机器人将要执行的任务。

在制造业中，机械臂为执行多项不同的任务，通常需要改变末端执行器的辅助硬件和软件。如果一个机器人需要拿起东西，通常使用一种叫作手爪的末端执行器。然而，如果机器人需要能够拧紧螺钉，那么机器人必须安装一个能够旋转的末端执行器。

末端执行器可以是用于抓取搬运的手爪，也可以是用于喷漆的喷枪，或用于焊接的焊枪、焊钳，或用于打磨的砂轮以及用于检查的测量工具等。用于制造的末端执行器包括：防撞传感器、刷子、相机、切削刀具、钻头、手爪、磁铁、打磨器、螺栓机、喷枪、真空吸盘、焊枪等。

工业机器人操作臂的末端有用于连接各种末端执行器的机械接口，按作业内容选择不同手爪或工具安装在上面，能够进一步扩大机器人作业的柔性。

1.1.2.2　工业机器人主要技术指标

由于机器人的结构、用途和要求不同，机器人的性能也有所不同。机器人的主要技术参数有自由度（控制轴数）、精度、工作范围（作业空间）、最大工作速度、承载能力等；此外，还有安装方式、防护等级、环境要求、供电电源要求、机器人外形尺寸与重量等与使用、安装、运输相关的其他参数。

① 自由度。自由度指机器人所具有的独立坐标轴的数目，不包括末端执行器的开合自由度。在完成某一特定的作业时具有多余自由度的机器人叫作冗余自由度机器人。冗余自由度机器人对于避免碰撞、避开奇异状态、增加操作臂的灵巧性、改善动态性能具有有效作用。

② 精度。精度包括定位精度和重复精度两种类型。定位精度也称绝对精度，是指机器人手部实际到达位置与目标位置之间的差异；重复精度是指机器人重复定位于同一目标位置的能力，可以用标准偏差来表示，能衡量一系列误差值的密集度，即重复度。工业机器人具有绝对精度低、重复精度高的特点。一般而言，机器人的绝对精度要比重复精度低一到两个数量级，造成这种情况的原因主要是机器人控制器根据机器人的运动学模型来确定机器人末端执行器位置，而理论模型与实际机器人的物理模型存在一定误差。大多数商品化工业机器人都是以示教再现方式工作，由于重复精度高，示教再现方式可以使机器人很好地工作。而对于其他编程方式（如离线编程方式）的机器人来说，机器人的绝对精度就成为关键指标。

③ 工作范围。工作范围指机器人手臂末端所能到达的所有点的集合，也叫作工作区域或工作空间。由于末端执行器的形状和尺寸多种多样，为了真实反映机器人的特征参数，工作范围一般是指不安装末端执行器时的工作区域。工作范围的形状和大小十分重要，机器人在执行某种作业时可能会由于存在末端不能到达的作业死区而不能完成任务。通常，

机器人的工作空间是指执行所有可能的运动时末端扫过的全部体积，通常分为可达工作空间和灵活工作空间两种。可达工作空间定义为末端能够到达的所有点的集合，灵活工作空间定义为可以以任意末端姿态到达的点的集合，灵活工作空间是可达工作空间的子集。

④ 最大工作速度。最大工作速度指机器人主要自由度上最大稳定速度或机器人末端最大合成速度。工作速度越高，工作效率越高，但升速或降速的时间就越长，对机器人最大加速度的要求就更高。因此，在实际应用中，单纯考虑最大稳定速度是不够的。这是因为由于驱动器输出功率的限制，从启动到最大稳定速度或从最大稳定速度到停止，都需要一定时间。如果最大稳定速度高，允许的极限加速度小，则加减速的时间就会长一些，对应用而言的有效速度就要低一些。反之，如果最大稳定速度低，允许的极限加速度大，则加减速的时间就会短一些，有利于有效速度的提高。但如果加速或减速过快，有可能引起定位时超调或振荡加剧，使得到达目标位置后等待振荡衰减的时间增加，也有可能使有效速度降低。在考虑机器人运动特性时，除注意最大稳定速度外，还应注意最大允许加/减速度。

⑤ 承载能力。承载能力指机器人在工作范围内的任意位姿上所能承受的最大质量，这不仅取决于负载的质量，还与机器人运动速度和加速度的大小和方向有关。为了安全起见，承载能力指高速运行时的承载能力。通常，承载能力不仅指负载，还包括了机器人末端执行器的质量。机器人有效负载的大小除受到驱动器功率的限制外，还受到杆件材料极限应力的限制，因而它又和环境条件、运动参数有关。

机器人选型时主要考虑机器人的性能，以满足相应的应用要求。但是，对不同的机器人规格进行比较通常不是一件简单的事情，因为许多参数是相互关联的。例如，机器人构型决定工作空间的形状，机器人安装位置决定工作空间哪一部分是可以使用的，这也反过来决定所需的可达空间。通常需要综合可达空间、负载能力以及重复性等诸多要素，作为选择工作的起点。最终整个选型方案的成本和简洁性通常是最重要的，选择机器人应该根据要完成的工作目标来确定。

1.1.3　机器人常见类型

1.1.3.1　主要分类方法

机器人的分类方法很多，主要有专业分类法和应用分类法两种。

（1）专业分类法

专业分类法根据机器人控制系统的技术水平、运动控制形式和机械结构形态进行分类。

① 根据目前的控制系统技术水平，一般可分为示教再现机器人（第一代）、感知机器人（第二代）和智能机器人（第三代）三种。第一代机器人已实用和普及，绝大多数工业机器人都属于第一代机器人；第二代机器人的技术已部分实用化；第三代机器人尚处于实验和研究阶段。

② 按运动控制形式，可分为顺序控制型、轨迹控制型、远程控制型和智能控制型四种。顺序控制型又称点位控制型，这种机器人只需要按照规定的次序和移动速度，运动到指定点进行定位，而不需要控制移动过程中的运动轨迹，可用于离散位置作业。轨迹控制

型需要同时控制移动轨迹、移动速度和运动终点，可用于连续运动作业。远程控制型可实现无线遥控，多用于特定的行业。智能控制型多用于军事、医疗等专门行业。

③ 按机器人现有的机械结构形态，可分为圆柱坐标型、球坐标型、直角坐标型、关节型、并联型等几类，其中以关节型机器人最为常用。

（2）应用分类法

应用分类法是根据机器人的应用环境（用途）进行分类。根据机器人应用环境的不同，主要可分为工业机器人和服务机器人两类。

① 工业机器人是指在工业环境下应用的机器人，它是一种可编程的、多用途自动化设备。本书中的研究对象主要是工业机器人。

② 服务机器人是服务于人类非生产性活动的机器人总称。服务机器人是能半自主或全自主工作的自动化设备，能完成有益于人类的服务工作，但不直接从事工业品生产。

1.1.3.2　工业机器人的结构类型

如图 1-4 所示，根据机械结构形态，工业机器人可分为笛卡儿直角坐标型、圆柱坐标型、

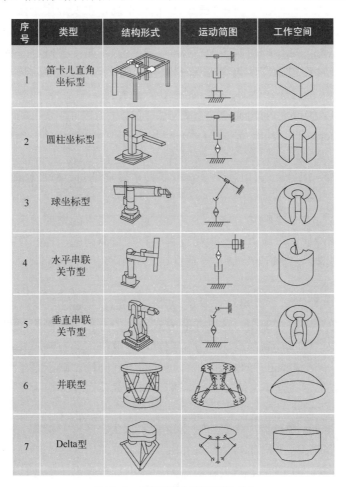

序号	类型	结构形式	运动简图	工作空间
1	笛卡儿直角坐标型			
2	圆柱坐标型			
3	球坐标型			
4	水平串联关节型			
5	垂直串联关节型			
6	并联型			
7	Delta型			

图 1-4　工业机器人结构类型示例

球坐标型、水平串联关节型、垂直串联关节型、并联型和 Delta（德尔塔）型等多种类型。

① 笛卡儿直角坐标型。笛卡儿直角坐标型机器人是基于 X、Y、Z 直角坐标，在各坐标的长度范围内进行工作或运动，主要优点有：可任意组合成各种样式、超大行程、负载能力强、高动态特性、高精度、扩展能力强、简单经济、寿命长等。适用于搬运、取放等作业，可应用于堆叠、切割、装夹、压入、插取、装配等领域。

② 圆柱坐标型。圆柱坐标型机器人把旋转轴和直线轴组合在一起，包括一个基座的旋转轴、一个垂直移动轴、一个水平移动轴以及腕部的旋转轴四部分。机器人运动将形成一个圆柱表面，空间定位比较直观。其结构刚度大，较容易进入内腔，并且便于编程和可视化。但机器人臂收回后，其后端可能与工作空间内的其他物体相碰，移动关节不易防护，在手臂的后部需要预留一定的空间。特别适用于机床上下料和一般的取放应用，主要应用于电子行业。

③ 球坐标型。球坐标型机器人也称为极坐标型机器人，这种机器人像坦克的炮塔一样，能够做里外伸缩移动、在垂直平面内摆动以及绕底座在水平面内转动。因此，球坐标机器人的空间运动是由两个回转运动和一个直线运动来实现的，其工作空间是一个类球形的空间。这种机器人结构简单、成本较低，但精度不高，主要应用于搬运作业。

④ 水平串联关节型。水平串联关节型机器人又称 SCARA（Selective Compliance Assembly Robot Arm，选择顺应性装配机械臂）机器人，是一种圆柱坐标型的特殊类型工业机器人。一般有 4 个自由度，包含沿 X、Y、Z 方向平移和绕 Z 轴旋转。SCARA 机器人的特点是负载小、速度快，因此主要应用在快速分拣、精密装配等 3C（Computer、Communication、Consumer electronics，计算机、通信和消费性电子）行业或是食品行业。例如，在 IC（Integrated Circuit，集成电路）产业的晶圆及面板搬运、电路板运送、电子元件的插入组装中，都可以看到 SCARA 机器人的身影。

⑤ 垂直串联关节型。垂直串联关节型机器人是最常见的关节型机器人，主要由底座、大臂和小臂组成。大臂和小臂间的转动关节称为肘关节，大臂和底座间的转动关节称为肩关节。底座可以绕垂直轴线转动，称为腰关节。此类机器人的主要优点有：结构紧凑、灵活性好、摩擦小、能耗低。缺点有：运动过程中存在平衡问题，控制存在耦合；当大臂和小臂舒展开时，机器人结构刚度较低。垂直串联关节型机器人是目前应用最多的工业机器人。

⑥ 并联型。并联型机器人可以定义为动平台和定平台通过至少两个独立的运动链相连接，机构具有两个以上自由度，且以并联方式驱动的一种闭环机构。并联型机器人的优点有：无累积误差，精度较高；运动部分重量轻，速度快，动态响应好；结构紧凑，刚度高，承载能力大；完全对称的并联机构具有较好的各向同性。缺点是工作空间较小。根据这些特点，并联型机器人在需要高刚度、高精度或大载荷而无须很大工作空间的领域内得到了广泛应用。

⑦ Delta 型。Delta 型机器人也是一种并联型机器人，通过上平台三组动力结构带动主动臂与被动臂至末端平台进行移动，并可在末端搭载第四轴或自上平台连接第四轴作为旋转轴。由于构造简单，在移动上能达到最短路程，机构也容易小型化，可实现高速高精度控制，因此主要应用于高速取放、筛选作业，特别是在食品业、电子、制药、包装等领域。

1.1.3.3 工业机器人的用途类型

根据功能与用途，工业机器人可分为加工类、装配类、搬运类、包装类四类，如图1-5所示。

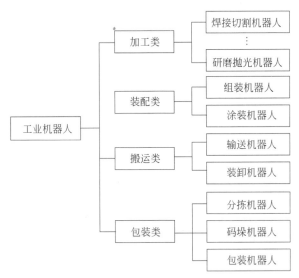

图1-5 工业机器人的用途类型

（1）加工类机器人

加工类机器人是直接用于工业产品加工作业的工业机器人（图1-6），常见的用途有金属材料焊接、切割、折弯、冲压、研磨、抛光等，也有部分用于建筑、木材、石材、玻璃等行业的非金属材料切割、研磨、雕刻、抛光等加工作业。

图1-6 加工类机器人

焊接、切割、研磨、雕刻、抛光加工的环境比较恶劣，加工时产生的强弧光、高温、烟尘、飞溅、电磁干扰等都有害于人体健康。这些行业采用机器人自动作业，不仅可改善工作环境、避免人体伤害，而且还可自动连续工作、提高工作效率和改善加工质量。

焊接机器人是工业机器人中产量最大、应用最广的产品，被广泛用于汽车、铁路、航空航天、军工、冶金、电器等行业。机器人焊接技术已日臻成熟，通过机器人自动化焊接作业，可提高生产率、确保焊接质量、改善劳动环境，是工业机器人应用的重要方向之一。

材料切割是工业生产不可缺少的加工方式，从传统的金属材料火焰切割、等离子切割，到可用于多种材料的激光切割，都可通过机器人完成。目前，薄板类材料的切割大多采用数控火焰切割机、数控等离子切割机和数控激光切割机等加工，异形、大型材料或船舶、车辆等大型废旧设备的切割已开始逐步使用工业机器人。

研磨、雕刻、抛光机器人主要用于汽车、摩托车、工程机械、家具建材、电子电气、陶瓷卫浴等行业的表面处理。使用研磨、雕刻、抛光机器人不仅能使操作者远离高温、粉尘、有毒、易燃、易爆的工作环境，而且能够提高加工质量和生产效率。

（2）装配类机器人

装配类机器人是将不同的零件或材料组合成组件或成品的工业机器人（图1-7），常用的主要有组装机器人和涂装机器人两大类。

图1-7　装配类机器人

3C 行业是目前组装机器人最大的应用市场。3C 行业是典型的劳动密集型产业，若采用人工装配，不仅需要使用大量的员工，而且操作工人的工作高度重复、频繁，劳动强度极大，致使人工难以承受。此外，随着电子产品不断向轻薄化、精细化方向发展，产品对零部件装配的精细程度在日益提高，部分作业通过人工已难以完成。

涂装机器人用于部件或成品的油漆、喷涂等表面处理，这类处理通常含有影响人体健康的有害、有毒气体。采用机器人自动作业后，不仅可改善工作环境，避免有害、有毒气体的危害；而且可自动连续工作，提高工作效率和改善喷涂质量。

（3）搬运类机器人

搬运类机器人是从事物体移动作业的工业机器人的总称（图1-8），常用的主要有输送机器人和装卸机器人两大类。

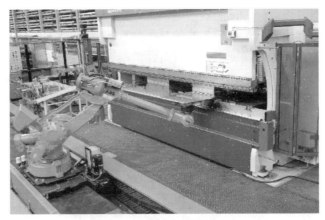

图 1-8　搬运类机器人

工业生产中的输送机器人以无人搬运车（Automated Guided Vehicle，AGV）为主。AGV 具有自身的计算机控制系统和路径识别传感器，能够自动行走和定位停止，可广泛应用于机械、电子、纺织、食品、造纸等行业的物品搬运和输送。在机械加工行业，AGV 多用于无人化工厂、柔性制造系统（Flexible Manufacturing System，FMS）的工件、刀具搬运和输送，它通常需要与自动化仓库、刀具中心及数控加工设备、柔性加工单元（Flexible Manufacturing Cell，FMC）的控制系统互联，以构成自动化物流系统。

装卸机器人多用于机械加工设备的工件装卸（上下料），它通常和数控机床等自动化加工设备组合，构成 FMC，成为无人化工厂、FMS 的一部分。装卸机器人还经常用于冲剪、锻压、铸造等设备的上下料，以替代人工完成高风险、高温等恶劣环境下的危险作业或繁重作业。

（4）包装类机器人

包装类机器人是用于物品分类、成品包装、码垛的工业机器人（图 1-9）。

3C 行业和化工、食品、饮料、药品工业是包装机器人的主要应用领域。3C 行业的产品产量大、周转速度快，成品包装任务繁重；化工、食品、饮料、药品包装由于行业特殊性，人工作业涉及安全、卫生等方面的问题。因此，上述行业都需要利用包装机器人来完成物品的分拣、包装和码垛作业。

对于不同的特定用途，机器人的机械构型、性能参数和作业要求等关键技术性能指标要求都有所不同。

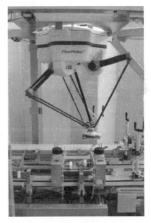

图 1-9　包装类机器人

1.2
系统集成

系统集成是将原来没有联系或联系不紧密的元素组合起来，成为具有一定功能、满足一定目标、相互联系、彼此协调工作的新系统的过程。在工业控制领域，系统集成用于解决不同设备、不同软件及软硬件间的网络连接，并实现数据在不同设备、不同系统及不同层次间的传输，最终达到设备信息、生产信息等信息数据的互联互通互操作。

机器人自动化集成系统，指使用一台或多台机器人，配以相应的周边设备，用于完成某一特定工序作业的独立生产系统，如图 1-10 所示。常见的周边设备有：供料、送料设备，搬运、安装部分，机器视觉系统，控制操作部分，仓储系统，专用机器，安全相关设施，等等。

图 1-10　机器人自动化集成系统

1.2.1　控制系统

在自动化生产中，工业机器人整体包括自有控制器，属于 PLC 控制下的一个部分，而且自有的控制器通常属于专业控制器或 PC-based（based on Personal Computer，基于个人计算机的）控制器。机器人控制器负责工业机器人本身的控制，并与 PLC、视觉系统等进行无缝链接。PLC 负责协调自动化生产线上所有工业机器人、工装夹具、传送带、焊接变位机、移动导轨等设备的运作。

1.2.1.1　机器人控制器

机器人从最初自动完成一项简单重复性工作的单一功能，发展到目前广泛应用于诸多领域实现复杂精准灵活柔性操作的智能化协作式多功能，控制技术的重大发展起了决定性作用，特别是微型计算机的应用，对于机器人性能的不断提升起到了如虎添翼的作用。

（1）机器人控制器组成

控制器（图 1-11）作为工业机器人最核心的零部件之一，是工业机器人的大脑，对机器人的性能起着决定性的影响。

图 1-11　机器人控制器

机器人控制器通过硬件和软件的结合来控制机器人运动，并协调机器人与其他设备的关系，包括人机界面与运动控制两部分。

① 控制器硬件。从控制器硬件来看，可以采用运动控制卡，也可以采用工业计算机（Industrial PC，IPC），还可以采用专用数控系统。目前使用较为广泛的为"运动控制卡+工控机"和嵌入式运动控制器，在工业机器人控制硬件研制方面，已经开发出了比较有代表性的双、多 CPU（Central Processing Unit，中央处理单元/中央处理器）及分级控制系统。

对于不同类型的机器人，控制器的设计方案也不一样。例如，直角坐标型机器人售价低，运动控制相对简单，多采用"运动控制卡+工控机"；多关节型机器人和 SCARA 型机器人售价高，结构紧凑，运动控制较为复杂，多采用嵌入式运动控制器。

控制器硬件中，计算机性能的提升让以往计算成本很高的控制算法也已能够实时处理，另外计算机处理器不断缩小体积和降低能耗，使得控制器的小型化成为可能。

② 控制器软件。软件部分是工业机器人的"心脏"，也是目前国内外控制器差距最大的地方。

控制器软件开发发挥了更强大的作用。快速可靠的算法、全面的信息库和新形式的高级语言编程，使机器人控制器的性能不断攀升。

从控制器系统软件来看，软件的实时性是制约机器人性能的关键因素，多采用专用实时操作系统或在弱实时操作系统上进行实时扩展，也可采用分级控制，管理功能和插补功能在上位机实现，位置控制和传感器检测反馈在下位机实现。

从控制算法方面来看，控制性能优劣的前提是对机器人机械系统动力学特性的深入分析，只有掌握了机械系统的动力学特性，才能更好地控制机器人运动。由于机器人在运动时不但要求精度高，还要求运动既快又稳，加减速过程要平滑，这就和机器人机械系统特性密切相关，要想控制好机器人必须采用动力学控制，而不仅仅是采用运动学控制。控制算法应该不断优化，需要控制理论和机械系统特性的有机结合。

（2）机器人控制器功能

机器人控制属于运动控制，主要用于运动轴的位置和轨迹控制，与数控机床所使用的数控系统（CNC）并无本质的区别。

工业机器人控制器主要控制机器人坐标轴在工作空间中的运动位置、姿态和轨迹，以及操作顺序和动作时间，并进行 DI/DO（Digital Input/Digital Output，数字输入/数字输出）信号的逻辑运算、通信处理等。机器人末端执行器的运动轨迹，同样需要插补运算生成，但机器人运动轴多，且多为回转轴，插补运算比以直线轴为主的数控机床更为复杂。

机器人控制器用于控制机械臂关节和连杆的运动，在工作空间内驱动机器人完成特定任务。机器人每个关节上都装有电机，控制器通过给电机驱动器发送指令来控制手臂的位置。机器人的运动轨迹由用户或机器人程序设定，轨迹由一系列工作空间内的点构成，而该程序决定机器人停留或经过这些空间点。机器人程序通常也包括逻辑监控，同时能够控制安装在机械手上或与机器人相配合的加工设备。

（3）主流机器人控制器与编程语言

目前，国际上还没有专业生产厂家统一生产、销售专门的机器人控制器（Industrial Robot Controller，IRC），现有的机器人控制器是由机器人生产厂商自行研发、设计和制造的。

国外主流机器人厂商控制器均为在通用多轴运动控制器平台基础上自主研发，各品牌机器人均有自己的控制系统与之匹配，主流机器人控制器如表 1-3 所示。

表1-3　国际上的主流机器人控制器

机器人品牌	机器人控制器	机器人品牌	机器人控制器
ABB	IRC5	日本欧姆龙（OMRON）	SmartController EX
库卡	KRC5	日本电装（DENSO）	RC8A
发那科	RobotR-30iA	川崎	E 系列
安川莫托曼（Motoman）	YRC1000	法国史陶比尔（Stäubli）	CS9
奥地利科控（KEBA）	KeMotion R5000	柯马	CG5

由于机器人是一种能够独立运行的自动化设备，为了使机器人能执行作业任务，就必须将作业要求以控制器能够识别的命令形式告知机器人。这些命令的集合就是机器人的作业程序，编写程序的过程称为编程。

目前，还没有统一的机器人编程语言，不同厂商使用的编程语言千差万别。主流的机器人编程语言如表 1-4 所示。

表1-4　国际上的主流机器人编程语言

机器人品牌	机器人编程语言	机器人品牌	机器人编程语言
ABB	RAPID	川崎	AS
库卡	KRL	史陶比尔	VAL3
发那科	Karel	柯马	PDL2
安川	INFORM	丹麦优傲（UR）	URScript

现阶段机器人的程序还不具备通用性，采用不同编程语言的程序，在程序形式、命令表示、编辑操作上都有所区别，但程序结构、命令功能及编程方法类似。

1.2.1.2　PLC

PLC 是一种以微处理器为核心，集计算机技术、自动化技术、通信技术于一体的通用工业控制装置，如图 1-12 所示。

图1-12　PLC 外形

（1）PLC 功能

PLC 是硬接线继电器控制技术发展中的替代产品，现代 PLC 早已超出开关控制的范围，具有高速计数、斜坡、浮点数运算能力，具有 PID（Proportion Integration Differentiation，比例-积分-微分）调节、温度控制、精确定位、步进驱动、报表统计、网络通信等功能。

PLC 是一种数字运算操作的电子系统，专为工业环境下应用而设计。它采用可编程的存储器，用来在内部存储执行逻辑运算、顺序控制、定时、计数和算术运算等操作的指令，并通过数字式、模拟式的输入和输出，控制各种机械或生产过程。PLC 及有关外部设备，都按易于与工业系统连成一个整体、易于扩充功能的原则设计。

PLC 以结构紧凑、灵活、可靠性高、功能强、体积小巧、价格合理等优点已成为工业控制的主流技术，在微型化、集成化和开放化方面正不断取得进步。

（2）PLC 模块

PLC 由电源模块、CPU 模块、I/O 模块、内存、底板或机架组成，属于总线式开放式结构，其 I/O 能力可按用户需要进行扩展或组合。

① 电源模块。电源模块通常是与 CPU 模块合二为一，为 PLC 的各种模块提供工作电源，有的还为输入电路提供 24V 工作电源。电源模块的供电电源为 220V AC 或 24V DC。

② CPU 模块。CPU 模块是 PLC 的核心，它按系统程序赋予的功能接收并存储用户程序和数据，用扫描的方式采集现场输入信号并存入暂存器中，诊断电源和 PLC 内部电路的工作状态、编程中的语法错误，检测 PLC 的工作状态。PLC 运行时，CPU 逐条读取用户程序指令，按指令规定的任务产生控制和输出信号。

③ 存储器。存储器用于存储程序及运行数据，通常采用 RAM（Random Access Memory，随机存取存储器）、EEPROM（Electrically EPROM，电可擦除可编程只读存储器）、CF（Compact Flash，紧凑型闪存）卡或 SD（Secure Digital，安全数字）卡。存放系统软件的存储器称为系统程序存储器，存放应用软件的存储器称为用户程序存储器。

④ I/O 模块。PLC 的 I/O 模块分为开关量 I/O 模块和模拟量 I/O 模块两种。单台 PLC 携带 I/O 模块的最大数受电源模块的供电能力和 CPU 模块管理能力限制。输入模块直接接收现场信号，输出模块可驱动外部负载。

⑤ 通信模块。PLC 大多具有网络通信功能，能够实现自动化集成系统中 PLC 与 PLC 之间、PLC 与上位机之间、PLC 与机器人控制器之间、其他传感器和辅助设备的信息交互。不同的通信模块配备有各种通信接口，如 CAN（Control Area Network，控制区域网）、RS（Recommend Standard，推荐标准）232、RS485、RS422、以太网（Ethernet）口、USB（Universal Serial Bus，通用串行总线）、本地扩展接口、远程扩展接口等。

⑥ 智能模块。PLC 还有一些专用的智能模块，如 PID 模块、高速计数模块、温度模块、总线模块、称重控制器模块等。

（3）PLC 工作原理

PLC 采用"顺序扫描，不断循环"的方式进行工作。

在 PLC 运行时，CPU 根据用户按控制要求编制好并存于用户存储器中的程序，按指令步序号（或地址号）做周期性循环扫描，如无跳转指令，则从第一条指令开始逐条顺序执行用户程序，直至程序结束；然后重新返回第一条指令，开始下一轮新的扫描。

当 PLC 投入运行后，工作过程分为三个阶段，即输入采样、程序执行和输出刷新。

① 输入采样阶段。PLC 以扫描工作方式，输入电路时刻监视着输入状况，并将其暂存于输入映像寄存器中。

② 程序执行阶段。PLC 按顺序对程序进行串行扫描处理，并分别从输入映像寄存器和输出映像寄存器中获得所需的数据进行运算、处理，再将程序执行结果写入寄存执行结果的输出映像区中进行保存。

③ 输出刷新阶段。在执行完用户所有程序后，PLC 将运算的输出结果送至输出映像寄存器中，CPU 按照 I/O 映像区内对应的状态和数据刷新所有的输出锁存电路，再经输出电路驱动相应的外设，这时才是 PLC 的真正输出。

完成上述三个阶段称作一个扫描周期。在整个运行期间，PLC 的 CPU 以一定的扫描速度重复执行上述三个阶段。

（4）PLC 编程语言

PLC 编程语言具有多样性、易操作性、灵活性、兼容性、开放性、可读性、安全性和非依赖性等特点。IEC（International Electrotechnical Commission，国际电工技术委员会）61131-3 定义了下述几种编程语言：

① 梯形图（Ladder Diagram，LD）。梯形图与继电器控制系统电路图很相似，国内的 PLC 编程人员使用最多。由于逻辑关系简单明了，梯形图在逻辑、时序控制方面非常实用。

② 功能块图（Function Block Diagram，FBD）。功能块图源于信号处理领域，和梯形图相比，在数值转换和计算时更加简洁。

③ 顺序功能图（Sequential Function Chart，SFC）。顺序功能图在过程上不是很复杂，而且在固定的流程控制上比较实用，一旦流程的分支多了之后，顺序功能图会很复杂。

④ 指令表（Instruction List，IL）。指令表是汇编语言的发展，一般难以理解，阅读不太方便，但是功能最为强大，常常用来完成系统 FC（Function，功能）、FB（Function Block，功能块）的初始化。

⑤ 结构化文本（Structured Text，ST）。结构化文本是类似 Pascal（一种结构化编程语言）的高级编程语言，在数据计算方面有很大的优势。

⑥ 连续功能图（Continuous Function Chart，CFC）。连续功能图是一种可以自由移动的 FBD。

其中，ST 和 LD 专注的是算法，IL 专注的是执行效率。如果把稍微复杂点的 LD 转换成 IL 后，会多出一些无须关注的语句，IL 中这些语句有或没有，对程序的逻辑结果没有影响。

IL 类似于汇编语言，直接操作物理内存，效率更高；LD 在复杂逻辑处理方面更胜一筹；ST 在复杂算法方面比 LD 和 IL 更优。至于具体使用哪种语言，需要看程序的侧重点。

1.2.1.3　PLCopen 运动控制集成开放式标准

（1）不同运动控制类型的特点

运动控制技术是装备领域和制造行业的核心技术。这是因为机械装备的制造加工功能一般是通过相关部件的运动来实现。尽管制造加工的原理常常有很大的差异，但是都离不开机械部件的运动。从这个意义上说，运动是机械装备的本质特征。

运动控制泛指通过某种驱动部件（如液压泵、直线驱动器或电机，通常是伺服电机）对机械设备或其部件的力或力矩、位置、速度、加速度和加速度变化率进行控制，从而达到预设的结果。由此可见，运动控制系统是确保数控机床、机器人及各种先进装备高效运行的关键环节。机器人和数控机床的运动控制要求更高，其运动轨迹和运动形态不同于其他行业专用的机械装置（如包装机械、印刷机械、纺织机械、装配线、半导体生产设备等）。提高定位精度，在确保运动轨迹的同时合理地选择运动的速度、加速度及过渡参数，不同机械部件运动的同步或配合，都使得运动控制的过程相当复杂。

PLC 可容易地控制数字和模拟设备的过程，但对更复杂、连续过程的编程要比用高级编程语言（如 BASIC、C 语言或 C#）更加困难。多年来，PLC 已经进化到可以用 BASIC 或 C 语言编程的水平，但大部分仍然依赖于梯形图逻辑。很多低端 PLC 通过步进和方向输出支持运动控制。一些更高水平的运动控制可以通过昂贵的专用模块来实现，但必须添加到基本系统。尽管这样，大多数设备用梯形图逻辑编程，需要熟悉编程环境、制造工艺，以及使用专门的功能块才能实现需要的功能。

机器人控制器已经被用于实现某些复杂机械设备的最优控制。大多数控制器都是为某个特定设备定制生产，需要使用厂家自有的专门编程语言进行编程，这些编程语言因产品平台不同而有很大差异，只有机器人程序员才能理解。如果机器人控制器用于控制定制的对象，效率很高，但其在通信性能、集成性能及可编程能力方面则不是最好的。

现在，提供部分机器人类型指令的运动控制器更为常见。机器人控制器和运动控制器之间的界限正在变得模糊，但是仍需要编程人员在不同的系统之间进行协调，因为每个系统的编程都使用了为某个特定目的而专门设计的语言。

目前，运动控制器应用广泛多样，通常使用 PC（Personal Computer，个人计算机）库或其他专有语言来编程。一般的运动控制器通常包括插补功能（直线插补或圆弧插补）、协同运动、齿轮、凸轮和事件触发动作（使用传感器和位置锁存）等功能。

在处理联动的运动时，运动控制器无法与机器人控制器竞争。如果想把末端执行器移动到一个特定点，运动控制器必须为每个轴找出正确的位置，需要对机器人和有机械连接的其他机器使用反向运动学方法来编程。使用时需要进行公式计算，在物理空间中，需要把特定点转换为各自的位置，描述每个关节（或轴）需要移动至所述机械连接机构的终点。同样，这些系统应用广泛多样，需要熟悉它们的特定编程环境。

在自动化环境中，PLC、运动控制器和机器人需要紧密集成。许多不同组件集成到机器设备的设计中，而每种组件需要通过专用语言才能呈现自己的特长。

越来越多的最终用户要求把机器人控制器、运动控制器和 PLC 都用熟悉的 PLC 语言进行编程。这些语言对机器设备制造商的程序员来说更容易理解，也使最终用户的服务人员更容易维护。为了减少复杂性，协调这 3 个不同的平台的外观、感觉和功能，PLCopen（可编程逻辑控制器开放标准，全球唯一的工业控制器编程标准）工作组为运动控制提供了一套标准化工具，能在 PLC 编程环境下直接对运动控制编程。

（2）PLCopen 运动控制标准化

PLCopen 对运动控制进行了标准化，逻辑定义了机器控制编程的所有内容，使用一种容易理解、多数制造商都常用的语言，这是一种集成 PLC、机器人和运动控制的最佳尝试。

PLCopen 开发运动控制规范的目的在于：在以 IEC 61131-3 为基础的编程环境下，在开发、安装和维护运动控制软件的各个阶段，协调不同的编程开发平台，使它们都能满足运动控制功能块的标准化要求。换句话说，PLCopen 在运动控制标准化方面所采取的技术路线是在 IEC 61131-3 编程环境下，建立标准的运动控制应用功能块库。这样较容易让运动控制软件做到：开发平台独立于运动控制的硬件，具有良好的可复用性，在各个阶段都能满足运动控制功能块的标准化要求。总而言之，IEC 61131-3 为机械部件的运动控制提供了一种良好架构。

PLCopen 为运动控制提供功能块库，最显著的特点是：极大增强了运动控制应用软件的可复用性，从而降低了开发、培训和技术支持的成本；只要采用不同的控制解决方案，就可按照实际要求实现运动控制应用的可扩可缩；功能块库的方式保证了数据的封装和隐藏，进而使之能适应不同的系统架构，譬如说集中的运动控制架构、分布式的运动控制架构，或者既有集中又有分散的集成运动控制架构；更值得注意的是，它不但服务于当前的运动控制技术，而且也能适应正在开发的或今后的运动控制技术。

PLCopen 标准建立了 PLC、数控（CNC）、机器人和运动控制之间的一座桥梁。现在可以用一种和 PLC 一样的编程环境，完成一台机器的全部控制。这个标准使机器人控制器、运动控制器成为控制系统的一个部分，而不是独立系统。集成运动控制和逻辑控制是现代机械控制的两个主要需求，具有明确的优点：在一个程序包中同时具有运动控制和逻辑控制，包括但不限于，在逻辑和运动之间几乎无限制地交换数据，而不存在传统系统中可能限制性能的延迟。事实上，现在有可能使用机器控制器完美同步机器人与附加伺服轴，这种技术以前只能在机器人控制器的领域来实现。

PLCopen 标准的最终目标是让控制程序代码完全独立于硬件或特定制造商。当不同的硬件厂商支持相同的底层代码和以同样的方式运行时，程序员将从学习每个制造商专有语言的噩梦中解放出来。PLCopen 标准使这种开发减少了工程复杂性和专业性培训，使整个系统更容易被 PLC 编程人员所熟悉。

PLCopen 标准不仅覆盖一般运动控制，同时也实现了机器人的协调运动控制，该标准将 PLC、数控、机器人和运动控制集成到一起。目前，很多机器人公司（如库卡、史陶比尔、欧姆龙等）的机器人控制器的实现方案均参照此标准。

在机器人自动化集成制造中，关键就是 PLC、CNC 和机器人等制造单元的开放架构问题。当 PLC、CNC 和 PC 集成交互使用时，许多任务就都能够实现高效和经济的自动化。自动化集成制造技术的实现也要求 PLC、CNC、机器人和其他制造单元及设备之间建立开放性的网络和软件接口。PLC 及运动控制技术、机器人技术和 CNC 技术正在呈现融合发展的趋势。

1.2.2 通信系统

为了提高自动化生产的性能和灵活性，制造现场的设备（包括传感器、执行器、分析器、驱动器、视觉、视频和机器人等）都需要连接通信。在这种环境下的工业自动化集成系统需要开放的通信代码、数据定义、框架和应用程序交换标准。

1.2.2.1 信息集成

在自动化集成系统中，机器人控制器、PLC、视觉系统、辅助装置之间需要进行信息交互和数据传递，包括控制指令信号、传感检测信息、视觉定位数据、人机交互信息、设备组态数据、运行状态信息、故障报警信息等信息。

传感检测信息与控制输出信号是系统传递的数据。机器人系统接收传感器输出信号，检测系统运行参数，经过运算处理后，发出有关控制信号，驱动系统按规划功能运行。

人机交互信息是操作者与机器人系统之间进行的信息交换，可以分为输入信息与输出信息两种。系统通过输出信息向操作者显示系统的各种状态、运行参数及结果等，操作者利用输入信息向系统输入各种控制命令，干预系统的运行状态，以实现所要求完成的任务。

工业装备的大型化、连续化、高参数化，对自动化产品的要求不断提高。为了达到工业设备的安全启/停、稳定运行、优化操作、故障处理、低碳经济等要求，必须把不同厂家的各种设备和系统无缝集成为一个协调的信息系统，处理这些设备、系统之间的数据传递、信息共享、协调操作等以满足用户的要求。在自动化集成系统中完成信息的获取、转换、显示、传递、处理和执行等功能就是信息化的重要组成部分。

自动化集成化涉及多个方面，包括产品与产品、系统与系统、产品与系统、系统与上位机的集成等，真正的集成需要有通畅的数据传递能力、良好的协调操作能力，能够帮助客户实现设备控制、安全保护、信息共享、生产调度、设备管理、生产优化等功能。

制造业正在进入信息化时代。现在，设备之间的数据交换变得越来越频繁。同时，远程控制、远程诊断以及许多新的服务方式都是建立在良好的通信基础上的，通信也为自动化的未来提供了更多的可能。

1.2.2.2　通信技术

目前，集成控制中应用的通信方法主要有：串行通信方法、制造自动化协议（Manufacturing Automation Protocol，MAP）通信技术和现场总线技术。

由于工业自动化生产线上设备的通信接口具有差异性，在构成控制网络时必须克服通信网络之间的互通障碍。自动化生产线上许多设备还具有以 RS232 为代表的串行通信接口，对于这些通信接口可以采用串口服务器中转的方式来解决和以太网之间的互通难题。随着以太网技术的广泛应用，工业自动化生产线设备绝大多数都集成了以太网接口，已经不需转化就可实现互连。能够实现同所有被控设备的通信，还能够实现信息的动态处理，是实现生产线集成控制的关键。

由于现场总线控制技术具有分散性、智能化、全数字化及网络化等特点，所以是目前生产线设备集成控制的主要使用方式。但是在其应用推广道路上依然有许多阻碍因素存在：现场总线的国际标准就有十几种之多，而且各个协议之间还不能互相兼容，这就使得想要实现互操作性难度很大；现场总线在传输速率方面相较于其他通信方式还处于较低水平；另外，生产数据通过现场总线和上层网络实现交互也具有很大难度。

作为工业自动化大家族中一颗耀眼新星，以太网技术已经在企业上层网络通信中占据了重要地位，并且大有向下扩展至设备层的阵势。虽然以太网集众多优势于一身，但是也还存在着一些不足之处：以太网的抗干扰（电磁干扰，Electro Magnetic Interference，EMI）性能差；由于以太网的通信可靠性随负荷的增大而降低，所以作为控制系统的通信网络时，还达不到实时性条件；此外，以太网也没有向现场仪表供电的能力。

工业以太网（Industrial Ethernet）是建立在 IEEE（Institute of Electrical and Electronic

Engineers，电气和电子工程师学会）802.3 系列标准和 TCP/IP（Transmission Control Protocol/Internet Protocol，传输控制协议/互联网协议）上的分布式实时控制通信网络。工业以太网可以兼容 TCP/IP 协议，其中 TCP 是使用有连接的服务，而 UDP（User Datagram Protocol，用户数据报协议）是使用无连接的服务。目前，运用最为普遍的局域网技术就是工业以太网，工业以太网之所以具有明显优势，是由它的低成本、开放性和广泛的软硬件支持等特点决定的。工业以太网的应用典型形式是 Ethernet+TCP/IP 形式。因为目前使用的工业以太网和在工厂中使用的信息网络的底层通信协议是一致的，工业以太网能够完成控制和信息两种网络之间的无障碍通信。

1.2.2.3　数据传递与信息交互

自动化集成系统中的数据指生产过程中采集、保存在自动化设备存储器中的过程变量，这些数据反映了设备状态。通过数据传递，将各种自动化设备有机连接在一起。同时，操作者需对自动化设备进行控制管理，通过人机界面实现人和设备之间的信息交互。

（1）机器人通信

I/O 信号是机器人与末端执行器、外部装置等系统的外围设备进行通信的电信号。可分为通用 I/O 和专用 I/O 两种。

① 通用 I/O 是由用户自定义而使用的 I/O，包括数字输入输出 DI/DO、群组输入输出 GI/GO（Group Input/Group Output）和模拟输入输出 AI/AO（Analog Input/Analog Output）三种。

② 专用 I/O 是用途已经确定的 I/O，包括外围设备专用信号 UI/UO（User Operator Panel Input/User Operator Panel Output，用户操作面板输入/用户操作面板输出）、操作面板 SI/SO（Standard Operator Panel Input/Standard Operator Panel Output，标准操作面板输入/标准操作面板输出）、机器人 RI /RO（Robot Input/Robot Output，机器人输入/机器人输出）三种。

机器人控制器通过 I/O 接口与外界联系。机器人接收到信号后，并不会对信号进行处理，而是通过总线或网络将信号传递给机器人控制器，再由机器人控制器经过处理后进行相应的信号反馈或控制机器人机械臂进行相关动作。

（2）PLC 通信

机器人自动化集成系统根据使用环境的不同，除了机器人外还会配备各种外围设备，通常需要大量的信号通信和指令控制，PLC 的使用成为了必然。

PLC 通过执行用户预先编制好的程序指令，根据接收到的输入信号，经过逻辑运算和判断后输出相应信号，并将 PLC 的输出信号转化为机器人 I/O 板的输入信号。

在机器人自动化系统中，PLC 可通过 TCP 通信与机器人交互数据，在机器人的存储器中设置一些共用的存储空间，让通信双方都可以对其进行访问。但是 PLC 和机器人对同一个存储空间进行访问时，访问的级别是不一样的，PLC 能够进行写操作的存储空间，机器人只能以只读的方式访问；反之，机器人能够进行写操作的存储空间，PLC 也只能以只读的方式访问。这样避免了 PLC 和机器人同时对同一存储空间进行写操作时，造成数据冲突。

（3）机器视觉通信

机器人自动化集成系统中，视觉系统的检测结果可通过 TCP 通信发送至主控 PLC，由主控 PLC 处理后发送至工业机器人，驱动机器人按照规定的工作流程执行相应操作。

对被检测工件进行处理的时候，需要先从视觉系统中获取测量数据。在主控 PLC 中建立一个视觉系统输入数据块，PLC 从视觉系统读入视觉检测数据后，对工件信息进行处理，把工件在视觉系统坐标系下的坐标数据转换为在工业机器人坐标系下的坐标数据，再发送给机器人控制器。机器人控制器接收 PLC 发送的工件坐标数据后，对工件进行定位补偿，最终实现对工件的准确抓取。

（4）人机交互通信

① 人机交互主要功能包括显示和状态监视功能、数字输入功能、控制功能、实时报警功能和网络通信功能五种。

人机界面（Human Machine Interaction，HMI）如图 1-13 所示，又称用户界面，是人与计算机之间传递、交换信息的媒介和对话接口。人机界面是系统和用户之间进行交互的媒介，它可实现信息的内部形式与人类可以接受的形式之间的转换。

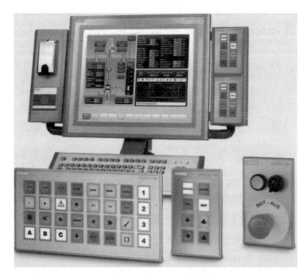

图 1-13 人机界面

在控制领域，HMI 一般指用于操作人员与控制系统之间进行对话和相互作用的专用设备。人机界面按工业现场环境应用来设计，它是各种控制器的最佳搭档。

② 人机界面的主要任务有：

a. 动态显示过程数据和开关量的状态；

b. 用图形界面来控制过程，用按钮控制设备、修改参数；

c. 显示报警和数据记录，打印报表和报警记录；

d. 控制程序指令输入与系统参数组态管理。

HMI 用组态软件设计画面，实现与控制器的通信。

③ 人机界面的工作原理有：

a. 对画面组态。人机界面用组态软件来生成监控画面，用画面中的图形对象来实现功能，用项目来管理画面。通过各种输入方式，将控制命令和设定值传送到控制器。

b. 人机界面的通信功能。人机界面几乎都有以太网接口，有的还有 RS485 串口和 USB

接口。组态时将图形对象与控制器存储器地址联系起来，就能实现二者之间的数据交换。

　　c．编译和下载项目文件。编译是将画面和组态参数转换成人机界面可以执行的文件。编译成功后，需要将可执行文件下载到人机界面的 Flash EPROM（闪存）中。

　　d．运行阶段。人机界面和控制器之间通过通信来交换信息，从而实现各种功能。

1.2.3　视觉系统

1.2.3.1　概述

　　机器视觉系统指通过摄像头将被摄取目标转换成图像信号，传送给图像处理系统，根据像素（Pixel）分布和亮度、颜色等信息，转变成数字化信号；图像处理系统对这些信号进行各种运算来提取目标的特征，根据判别结果控制现场的设备动作。

　　目前，机器人涉及的技术领域越来越广。机器视觉系统可让机器人"观察"并适应不同工作环境的需要，增强机器人的柔性和智能性，让机器人根据工作时的具体情况进行自我调整，从而提高机器人的技术性能和经济效益。

　　工业机器人的高重复定位精度（一般不超出±0.02mm）使其在制造业的应用激增，并成为许多行业不可或缺的设备。当需要这种等级的重复精度时，工业机器人可以在短时间内完成这一任务。如果需要从一个位置到另一个位置以高重复精度移动零件，可以安装机器人并进行路径示教。机器人可以轻松实现零件切换，并消除使用夹具时所需的成本。

　　尽管这种重复精度是值得的，但它要求被拾取的部件也处于可重复的位置。这需要设计和制造一个定制的工装，以保持部件准确到位，这是机器人生产系统中最不灵活的部分。允许机器人将部件放置在一个简单的平板或传送带上，而不是放置在定制的工装中，将会增加制造系统的整体灵活性，降低成本，减少设计时间。利用机器视觉来定位任何位置的工件，可以提高工业机器人制造系统的灵活性，并且成本更低。

　　机器视觉系统可以快速获取大量信息，而且易于自动处理，也易于同设计信息及加工控制信息集成，因此，在自动化生产过程中得到了广泛应用。机器视觉系统的特点是提高生产的柔性和自动化程度。在一些不适合人工作业的危险工作环境或人工视觉难以满足要求的场合，常用机器视觉来替代人工视觉；同时在大批量工业生产过程中，人工视觉检测效率低且精度不高，机器视觉检测方法可以大大提高生产效率和生产的自动化程度。机器视觉易于实现信息集成，是实现自动化集成制造的基础技术。机器视觉系统正成为机器人自动化集成制造系统若干领域的行业标准。

　　机器视觉将摄像头与机器人控制器相结合，增加了机器人系统的灵活性。可以将一个或多个摄像头安装在机器人本体或旁边，机器视觉系统利用摄像头来测量工件的位姿，并引导机器人运动使之能够动态操作工件，快速做出调整以适应工件位姿的任意变化。

　　机器视觉系统要达到实用的目的，需满足以下几方面的要求：

　　① 实时性。随着视觉传感器分辨率的提高，每帧图像的信息量大增，识别一帧图像往往需要十几秒，这显然不实用。随着硬件技术和算法的发展，识别一帧图像的时间可在1s以内，这样能满足大部分作业的要求。

　　② 可靠性。因为视觉系统若做出错误识别，轻则损坏工件和机器人，重则可能危及

操作人员的生命，所以必须要求视觉系统工作可靠。

③ 柔性。视觉系统应能适应物体的变化和环境的变化，工作对象应比较多样，应能用于各种不同的作业。

④ 价格要适中。一般视觉系统占整个机器人价格的 10%～20% 比较适宜。

在空间中判断物体的位置和形状一般需要两类信息，即距离信息和明暗信息。视觉系统主要用来获得这两方面的信息。当然，物体视觉信息还包括色彩信息，但对物体的识别来说，它不如前两类信息重要，所以在视觉系统中用得不多。获得距离信息的方法有超声波法、激光反射法、立体摄像法等，而明暗信息主要靠电视摄像机、CCD（Charge Coupled Device，电荷耦合器件）固态摄像机来获得。

与其他传感器工作情况不同，视觉系统对光线的依赖性很大，往往需要好的照明条件，以便使物体所形成的图像最为清晰，识别的复杂程度最低，检测到的所需信息增多，不至于产生不必要的阴影、低反差、镜面反射等问题。

1.2.3.2　基本组成

典型的机器视觉系统主要包括图像采集、图像处理和运动控制等部分。基于 PC 的视觉系统基本组成部分如图 1-14 所示。

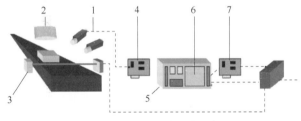

图 1-14　视觉系统基本组成

1—相机与镜头；2—光源；3—传感器；4—图像采集卡；5—PC 平台；6—视觉处理软件；7—控制单元

① 相机与镜头。这部分属于成像器件，通常的视觉系统都是由一套或多套这样的成像系统组成。如果有多路相机，可以由图像采集卡切换来获取图像数据，也可以由同步控制同时获取多相机通道的数据。根据应用需要，相机的输出可以是标准的单色视频 RS-170/CCIR（Consultative Committee of International Radio，国际无线电咨询委员会）、复合信号 Y/C（Traditional symbol for luminance Chrominance，亮度的传统符号/色度）、RGB（Red Green Blue，红绿蓝）信号，也可以是非标准的逐行扫描信号、线扫描信号、高分辨率信号等。

② 光源。光源作为辅助成像器件，对成像质量的好坏往往起到至关重要的作用，各种形状的 LED（Light Emitting Diode，发光二极管）灯、高频荧光灯、光纤卤素灯等都容易得到。

③ 传感器。传感器通常以光纤开关、接近开关等形式出现，用以判断被测对象的位置和状态，触发图像传感器进行准确采集。

④ 图像采集卡。图像采集卡通常以插入卡的形式安装在 PC 中，主要工作是把相机输出的图像输送给计算机主机。它将来自相机的模拟或数字信号转换成一定格式的图像数据

流，同时还可以控制相机的一些参数，如触发信号、曝光/积分时间、快门速度等。图像采集卡通常有不同的硬件结构以针对不同类型的相机，同时也有不同的总线形式，如 PCI（Peripheral Component Interconnect，外围部件互联）、PCI64、Compact（紧凑型）PCI、PC104、ISA（Industry Standard Architecture，工业标准结构）等。

⑤ PC 平台。计算机是一个 PC 式视觉系统的核心，用于完成图像数据的处理和实现绝大部分的控制逻辑，对于检测类型的应用，通常都需要较高频率的 CPU，这样可以减少处理的时间。同时，为了减少工业现场电磁、振动、灰尘、温度等的干扰，必须选择工业级的计算机。

⑥ 视觉处理软件。机器视觉处理软件用来完成输入的图像数据的处理，然后通过一定的运算得出结果，这个输出的结果可以是 PASS/FAIL（通过/失败）信号、坐标位置、字符串等。常见的机器视觉处理软件以 C/C++（作为 C 语言的继承，是一种面向对象的程序设计语言）图像库、ActiveX（活动型对象）控件、图形式编程环境等形式出现，可以是专用功能［如仅用于 LCD（Liquid Crystal Display，液晶显示器）检测、BGA（Ball Grid Array，球栅阵列）检测、模板对准等］，也可以是通用目的（定位、测量、条码/字符识别、斑点检测等）。

⑦ 控制单元。控制单元包含 I/O、运动控制、电平转化单元等。一旦视觉处理软件完成图像分析（除非仅用于监控），紧接着需要和外部单元进行通信以完成对生产过程的控制。简单的控制可以直接利用部分图像采集卡自带的 I/O，相对复杂的逻辑/运动控制则必须依靠附加可编程逻辑控制单元/运动控制卡来实现必要的动作。

1.2.3.3　基本原理

为了使机器人系统和相机一起工作，需要从相机空间到机器人工作空间进行标定。标定时会生成一张包含摄像头参数（以像素为单位）和机器人参数（以毫米为单位）的列表，并计算出一个数学映射，将被采集的像素单元转换成以毫米为单位的方位值来引导机器人。

机器视觉系统需从待识别工件图像中选择特征进行训练。图像训练完成后需放置在视场中任意位置并被定位，同时将此位置设置为参考位置；然后将工件放置在视场中的参考位置，并对机器人进行示教。此时，存在一个视觉参考位置和一个相应的机器人参考位置。

生产过程中，机器视觉系统首先定位工件，然后将当前位置与参考位置进行比较，并计算这两个位置之间的差值，这个差值称为偏移量。偏移量被传送给机器人控制器，叠加到机器人的参考拾取位置，使机器人移动到工件的当前位置，不管这个位置在相机视场的哪个地方。

机器视觉系统通过摄像机获取环境对象的图像，经 A/D（Analog/Digital，模拟/数字）转换器转换成数字量，将数字化图像传输到专用的图像处理器中，经过计算处理，获得物体的外形特征和空间位置，最后根据预设的阈值和其他条件输出结果，实现自动识别或定位。机器视觉系统的工作流程如图 1-15 所示。

具体步骤如下：

① 工件定位检测传感器探测到物体已经运动至接近摄像系统的视野中心，向图像采集部分发送触发脉冲；

② 图像采集部分按照事先设定程序和延时，分别向摄像机和照明系统发出启动脉冲；

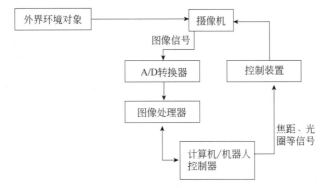

图 1-15　机器视觉系统工作流程

③ 摄像机停止目前的扫描，重新开始新的一帧扫描，或者摄像机在启动脉冲到来之前处于等待状态，启动脉冲到来后启动一帧扫描；

④ 摄像机开始新的一帧扫描之前打开曝光机构，曝光时间可以事先设定；

⑤ 另一个启动脉冲打开灯光照明，灯光的开启时间应该与摄像机的曝光时间匹配；

⑥ 摄像机曝光后，正式开始一帧图像的扫描和输出；

⑦ 图像采集部分接收模拟视频信号，通过 A/D 将其数字化，或者是直接接收摄像机数字化后的数字视频数据；

⑧ 图像采集部分将数字图像存放在处理器或计算机的内存中；

⑨ 处理器对图像进行处理、分析、识别，获得测量结果或逻辑控制值；

⑩ 处理结果可控制传送线的动作、进行定位、纠正运动的误差等。

1.2.3.4　图像传感器

图像传感器是采用光电转换原理，将被测物体的光像转换为电子图像信号输出的一种大规模集成电路光电元件，通常采用 CCD 或 CMOS（Complementary Metal Oxide Semiconductor，互补型金属氧化物半导体）传感器，如图 1-16 所示。

(a) CCD　　　　　　　　(b) CMOS

图 1-16　图像传感器外形

CCD 使用一种高感光度的半导体材料制成，能把光线转变成电荷，通过模数转换器芯片转换成数字信号，可以轻而易举地把数据传输给计算机，并借助计算机的处理手段，根据需要修改图像。CCD 由许多感光单位组成，通常以百万像素为单位。当 CCD 表面受到光线照射时，每个感光单位会将电荷反映在组件上，所有的感光单位所产生的信号加在一起，就构成了一幅完整的画面。

CMOS 和 CCD 一样同为可记录光线变化的半导体。CMOS 的制造技术和一般计算机芯片没什么差别，主要是利用硅和锗这两种元素做成的半导体，使其在 CMOS 上共存带 N 极和 P 极的半导体，这两个互补效应所产生的电流即可被处理芯片记录和解读成影像。然而，CMOS 的缺点是太容易出现杂点，这主要是因为早期的设计使 CMOS 在处理快速变化的影像时，由于电流变化过于频繁而会产生过热的现象。

CCD 的优势在于成像质量好，但是由于制造工艺复杂，只有少数的厂商能够掌握，所以导致制造成本居高不下，特别是大型 CCD，价格非常高昂。在相同分辨率下，CMOS 价格比 CCD 便宜，但是 CMOS 器件产生的图像质量相比 CCD 来说要低一些。

CMOS 传感器的优点之一是电源消耗量比 CCD 低。CCD 为提供优异的图像品质付出的代价是较高的电源消耗量，为使电荷传输顺畅，噪声降低，需由高压差改善传输效果。但 CMOS 传感器将每一像素的电荷转换成电压，读取前便将其放大，利用 3.3V 的电源即可驱动，电源消耗量比 CCD 低。CMOS 传感器的另一优点是与周边电路的整合性高，可将 ADC（A/D Converter，模/数转换器）与信号处理器整合在一起，使体积大幅缩小。

CCD 与 CMOS 传感器是当前被普遍采用的两种图像传感器，二者都是利用光电二极管（Photodiode）进行光电转换，将图像转换为数字数据。二者的主要差异是数字数据传送的方式不同：CCD 传感器中每一行每一个像素的电荷数据都会依次传送到下一个像素中，由最底端部分输出，再经由传感器边缘的放大器进行放大输出；而在 CMOS 传感器中，每个像素都会邻接一个放大器及 A/D 转换电路，用类似内存电路的方式将数据输出。

造成这种差异的原因是：CCD 的特殊工艺可保证数据在传送时不会失真，因此各个像素的数据可汇聚至边缘再进行放大处理；而 CMOS 的工艺使得数据在传送距离较长时会产生噪声，因此，必须先放大，再整合各个像素的数据。

CMOS 传感器捕获光信息的方式是逐行获取，而 CCD 传感器则是一次性获取，二者的差别如图 1-17 所示。

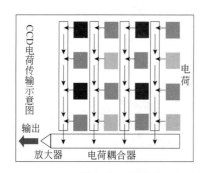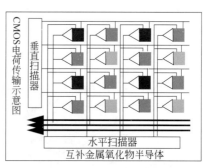

图 1-17　CCD 和 CMOS 传感器捕获光信息方式的差别

CCD 传感器在灵敏度、分辨率、噪声控制等方面都优于 CMOS 传感器，而 CMOS 传感器则具有低成本、低功耗以及高整合度的特点。不过，随着 CCD 与 CMOS 传感器技术的进步，二者的差异有逐渐缩小的态势。

CCD 图像传感器在市场上已经出现了很长的时间，而且成熟得多，但 CMOS 传感器的快速发展使其将逐渐成为现代工业机器视觉的首选。

现在所接触到的 CCD 尺寸的说法是参考传统摄像机内的真空摄像管的对角线长短来衡量的，它严格遵守了 OF（Optical Format，光学格式）规范，其数值称为 OF 值，单位为英寸。因此，CCD 尺寸的标准 OF 值计算方法是其实际对角线长度（单位：16mm），也就是说数码相机中的 1 英寸长度不是工业上的 25.4mm，而是 16mm。

1.2.3.5　智能相机

智能相机（Smart Camera）也称嵌入式机器视觉系统，它并不是一台单纯的相机，而是一种高度集成化的微小型机器视觉系统，能胜任 PC 式视觉系统同样的检测任务。它将图像的采集、处理与通信功能融为一体，可直接输出影像处理结果，从而提供了具有多功能、模块化、高可靠性、易于实现的机器视觉解决方案。同时，由于应用了 DSP（Digital Signal Processor，数字信号处理器）、FPGA（Field Programmable Gate Array，现场可编程门阵列）、CPLD（Complex Programmable Logic Device，复杂可编程逻辑器件）及大容量存储技术，智能化程度不断提高，可满足多种机器视觉的应用需求。智能相机具有易学、易用、易维护、安装方便等特点，可在短期内构建可靠而有效的机器视觉系统。

（1）技术优势

① 智能相机结构紧凑，尺寸小，易于安装在生产线和各种设备上，且便于装卸和移动；

② 智能相机实现了图像采集单元、图像处理单元、图像处理软件、网络通信装置的高度集成，通过可靠性设计，可以获得较高的效率及稳定性；

③ 智能相机固化了成熟的机器视觉算法，用户无须编程就可实现有/无判断、表面/缺陷检查、尺寸测量、OCR/OCV（Optical Character Recognition/Optical Character Verification，光学字符识别/光学字符验证）、条码阅读等功能，极大提高了应用系统的开发速度。

（2）基本组成

智能相机一般由图像采集单元、图像处理单元、图像处理软件、网络通信装置等构成。

① 图像采集单元。在智能相机中，图像采集单元相当于普通意义上的 CCD/CMOS 相机和图像采集卡。它将光学图像转换为模拟/数字图像，并输出至图像处理单元。

② 图像处理单元。图像处理单元类似于图像采集/处理卡，它可对图像采集单元的图像数据进行实时存储，并在图像处理软件的支持下进行图像处理。

③ 图像处理软件。图像处理软件主要在图像处理单元硬件环境的支持下，完成图像处理功能，如几何边缘的提取、Blob（斑点检测）、灰度直方图、OCR/OCV、简单的定位和搜索等。在智能相机中，以上算法都封装成固定的模块，用户可直接应用而无须编程。

④ 网络通信装置。网络通信装置是智能相机的重要组成部分，主要完成控制信息、图像数据的通信任务。智能相机一般均内置以太网通信装置，并支持多种标准网络和总线协议，从而使多台智能相机构成更大的机器视觉系统。

1.2.3.6　机器视觉系统特点

① 非接触测量。对于视觉系统和被测物都不会产生任何损伤，提高系统可靠性。在不适合人工操作或检测的危险工作环境或人工视觉难以满足要求的场合，常用机器视觉替代人工视觉。

② 具有较宽的光谱响应范围。机器视觉可以采用人眼看不见的红外测量，扩展了视觉范围。

③ 连续性。机器视觉能够长时间稳定工作。人类难以长时间对同一对象进行观察，而机器视觉可以长时间做测量、分析和识别任务。

④ 成本低、效率高、精度高。机器视觉系统的操作和维护费用非常低，在大批量工业生产过程中，用人工视觉检测产品质量效率低、精度差，用机器视觉检测方法可以大大提高生产效率和精度。

⑤ 易于实现信息集成，提高自动化程度。机器视觉系统可快速获取大量易于处理的数据信息，并易于和其他设备、系统实现信息集成，在自动化生产中被广泛应用于工况监视、产品检测、质量控制、物料定位等领域。

⑥ 灵活性。机器视觉系统能够进行各种不同的测量，当检测对象发生变化后，只需要软件进行相应的变化或升级以适应新的需求即可，具有较好的灵活性。

1.3
接口技术

机器人自动化集成系统中，各要素和子系统相接处必须具备一定联系条件，这个联系条件被称为接口，即各子系统之间及子系统内各模块之间相互连接的硬件及相关协议软件。

1.3.1 系统接口

1.3.1.1 接口分类

接口按输入输出功能可分为：机械接口、物理接口、信息接口、环境接口。

① 机械接口。根据输入/输出部位的形状、尺寸精度、配合、规格等进行机械连接的接口，如联轴器、管接头、法兰盘、万能插口、接线柱、接插头与接插座等。

② 物理接口。受通过接口部位的物质、能量与信息的具体形态和物理条件约束，如受电压、频率、电流、电容、传递转矩的大小、气（液）体成分（压力或流量）约束的接口。

③ 信息接口。受规格、标准、法律、语言、符号等逻辑软件的约束的接口，如GB（国标）、ISO（International Organization for Standardization，国际标准化组织）、ASCII（American Standard Code for Information Interchange，美国信息交换标准码）、RS232C、FORTRAN（Formula Translation，公式翻译，一种用于科学和工程计算的程序设计语言）、C、C++、VC++（Visual C++，可视化 C++）、VB（Visual Basic，可视化 Basic）等。

④ 环境接口。对周围环境条件（温度、湿度、磁场、火、振动、放射能、水、气、灰尘）有保护作用和隔绝作用的接口，如防尘过滤器、防水连接器、防爆开关等。

1.3.1.2 人机接口

人机接口实现人与机器（或设备）的信息交流及信息反馈，保证对机器的实时监测与有效控制。人机接口包括输入接口与输出接口两种类型。通过输入接口，操作者向系统输入各种命令及控制参数，对系统进行控制；通过输出接口，操作者可对系统的运行状态、各种参数进行监测。

人机接口作为人机之间进行信息传递的通道，具有以下一些特点：

① 专用性。每一种设备都有其自身的特定功能，对人机接口有着不同的要求，所以人机接口的设计方案要根据产品具体的要求而定。

② 低速性。与控制微机的工作速度相比，大多数人机接口设备的工作速度是很低的，在进行人机接口设计时，要考虑控制微机与接口设备间的速度匹配，提高控制微机的工作效率。

③ 高性能价格比。在进行人机接口设计时，在满足功能要求的前提下，输入/输出设备配置以小型、微型、廉价为原则。

1.3.1.3 机电接口

由于机械系统与微电子系统在性质上有很大差别，两者间的联系须通过机电接口进行调整、匹配、缓冲，因此机电接口具有非常重要的作用。

按照信息和能量的传递方向，机电接口又可分为信息采集接口与控制输出接口两种。信息处理系统通过信息采集接口接收传感器输出的信号，检测机械系统运行参数，经过运算处理后，发出有关控制信号，经过控制输出接口的匹配、转换、功率放大后，驱动执行元件，以调节机械系统的运行状态，使其按要求动作。

机电接口的主要作用有：

① 电平转换和功率放大。一般计算机的 I/O 信号是 TTL（Transistor-Transistor Logic，晶体管-晶体管逻辑）电平，而控制设备则不一定，因此必须进行电平转换。另外，在大负载时还需要进行功率放大。

② 抗干扰隔离。为防止干扰信号的串入，可以使用光电耦合器、脉冲变压器或继电器等把计算机系统和控制设备在电气上加以隔离。

③ 进行 A/D 或 D/A 转换。当被控对象的检测和控制信号为模拟量时，必须在计算机和被控对象间设置 A/D 和 D/A（Digital to Analog，数字/模拟）转换电路，以保证计算机处理的数字量与被控模拟量的匹配。

1.3.2 工业通信网络

目前，计算机技术、通信技术、IT（Information Technology，信息技术）的发展已经渗入工业自动化领域，其中最主要的表现就是工业现场总线技术和工业以太网技术，它们为自动化技术带来了深刻变革。

1.3.2.1 现场总线

现场总线是智能装备从单机生产到连线生产的一个重要技术阶段，总线已经普遍应用于各个装备制造领域。现场总线应用在生产现场，用于连接智能现场设备和自动化测量控制系统的数字式、双向传输、多分支结构的通信网络。它是一种工业数据总线，是自动化领域中底层数据通信网络。

IEC 对现场总线的定义为：现场总线是一种应用于生产现场，在现场设备间、现场设备与控制装置之间实行双向、串行、多节点数字通信的技术。

现场总线是当今自动化领域的热点技术之一，它的出现标志着自动控制技术又一个新时代的开始。现场总线技术的出现使传统的控制系统结构产生了革命性的变化，使自控系统朝着"智能化、数字化、信息化、网络化、分散化"的方向进一步迈进，形成新型的网络通信的全分布式控制系统——现场总线控制系统（Fieldbus Control System，FCS）。

（1）总线分类

机器与系统的控制需求在不断发生变化，更为高效的生产系统需要通过互联来降低机器各个单元之间的停顿，以便形成连续的生产系统，这也使得现场总线得到了快速发展。不同的自动化公司开发了不同的现场总线，不同的现场总线使得不同系统之间难以相互连接。

现场总线还没有形成真正统一的标准，多种标准并行存在，都有自己的生存空间。德国西门子（Siemens）开发了 Profibus（Process Fieldbus，过程现场总线）DP（Decentralized Periphery，分布式外设），美国罗克韦尔 AB（Rockwell AB）开发了 DeviceNet（CIP over CAN bus，CAN 总线上的通用工业协议），德国力士乐（Rexroth）开发了 SERCOS（Serial Real-time Communication System，串行实时通信系统）用于运动控制连接，德国博世（Bosch）开发了 CAN（Control Area Network，控制区域网）总线，三菱（Mitsubishi）开发了 CC-Link（Control & Communication Link，控制与通信链路），以美国艾默生(Emerson)为首的现场总线基金会（Fieldbus Foundation，FF）开发了 HSE(High Speed Ethernet，高速以太网，又称 H2)，德国菲尼克斯（Phoenix）开发了 Interbus(一种串行现场总线)，美国莫迪康（Modicon）开发了 Modbus（一种现场总线）。目前主流的现场总线如表 1-5 所示。

表1-5 目前主流现场总线

名称	推广组织/厂商	说明
CAN	Bosch	常用的现场总线，由 CiA、ODVA、SAE 等协会管理与推广
ControlNet	CI	AB、Rockwell 制定的现场总线，应用于工业控制领域
Profibus	PNO	德国 Siemens 制定，欧洲现场总线标准三大总线之一
WorldFIP	WorldFIP	法国制定，欧洲现场总线标准三大总线之一
Interbus	InterbusClub	德国 Phoenix 制定，应用于工业控制，欧洲现场总线标准三大总线之一
H1、H2	FF	基金会现场总线控制系统，适用于石油化工领域
IEC 61375	ISO	国际标准列车通信网 TCN，包括 MVB 与 WTB 两类
LonWorks	Echelon	美国 Echelon 制定与维护，应用于建筑自动化、列车通信
HART	HART	早期的一种现场总线标准，适用于智能测控仪表
CC-Link	Mitsubishi	工业 PLC 与运动控制领域的现场总线

注：CiA—CAN in Automation，自动化 CAN 用户和制造商协会；ODVA—Open DeviceNet Vendors Association，开放式设备网供应商协会；SAE—Society of Automotive Engineers，国际汽车工程师协会；ControlNet—CIP over dedicated network，专用网络上的通用工业协议；CIP—Common Industrial Protocol，通用工业协议；CI—ControlNet International，ControlNet 控制网国际有限公司；AB—Allen-Bradley，艾伦·布拉德利，美国罗克韦尔公司子公司；PNO—Profibus and Profinet Nutzerorganisation，Profibus 和 Profinet 组织；WorldFIP—World Factory Instrumentation Protocol，世界工厂仪表协议；InterbusClub—Interbus 设备生产厂家和用户的全球性组织；H1—现场总线基金会发布的低速总线标准；H2—现场总线基金会发布的高速总线标准，后称 HSE；TCN—Train Communication Network，列车通信网；MVB—Multifunction Vehicle Bus，多功能车辆总线；WTB—Wire Train Bus，绞线式列车总线；LonWorks—Local Operating Networks，局部操作网络；Echelon—美国埃施朗公司；HART—Highway Addressable Remote Transducer，可寻址远程传感器高速通道。

（2）机器控制对于总线的性能需求

① 实时控制的需求更为迫切。不同于过程控制的温度、液位、压力、流量测量与控制，机器控制更多地使用光电、运动速度、位置、转矩、张力等快速变化量来完成，因此，要求响应能力比过程控制更快。例如，对于高速凹版印刷机组、机器人等控制，循环周期往往低至 200μs，甚至可能更低。

② 网络延时对于控制质量的影响。由于极高的运动速度，如全轮转新闻纸印刷机，其印刷速度甚至达到 1000m/min，这一速度对于控制而言，1μs 的延时意味着控制质量已经超出了 0.016mm 的印刷精度需求。

③ 数据容量的需求。机器控制对于伺服驱动的应用越来越多，一台机器甚至可以拥有超过 100 个伺服轴，为实现更丰富的功能，需要对驱动器的大量参数进行采样，这使得网络数据量更大，对于 100 个伺服轴的网络，仅位置、速度、电流这些基本参数的传输就会产生上千字节的数据传输需求。

④ 热插拔。为了让机器在运行期间能对其中组件（如 I/O、驱动）进行检测，需要 PLC 的 I/O 支持热插拔。总线网络也要对热插拔提供支持，而不会被认为是网络中断。

⑤ 直接交叉通信需求。直接交叉通信对于多 CPU 的通信而言是较为高效的数据交换方式，或者对于多个伺服轴的同步控制而言，交叉通信意味着数据无须被主站处理，而仅在从站间自主传输并计算，这就满足了智能驱动控制、智能控制单元的应用需求。

（3）总线优缺点

① 优点有：

a. 现场控制设备具有通信功能，便于构成工厂底层控制网络；

b. 通信标准的公开、一致，使系统具备开放性，设备间具有互可操作性；

c. 功能块与结构的规范化使相同功能的设备间具有互换性；

d. 控制功能下放到现场，使控制系统结构具备高度的分散性；

e. 现场总线使自控设备与系统步入信息网络行业，其应用开拓了更为广阔的领域；

f. 一对双绞线上可接挂多个控制设备，便于节省安装费用；

g. 节省了维护开销；

h. 提高了系统的可靠性；

i. 为用户提供了更为灵活的系统集成主动权。

② 缺点有：

网络通信中数据包的传输延迟、通信系统的瞬时错误和数据包丢失、发送与到达次序的不一致等，都会破坏传统控制系统原本具有的确定性，使得控制系统的分析与综合变得更为复杂，使控制系统的性能受到负面影响。

1.3.2.2　工业以太网

工业以太网是指技术上与商用以太网兼容，但在实时性、可靠性、环境适应性等方面满足工业现场的需要，是继现场总线之后最被认同也最具发展前景的一种工业通信网络。工业以太网的本质是以太网技术办公自动化走向工业自动化。

（1）操作要求

① 工业生产环境存在高温、潮湿、空气污浊以及腐蚀性气体，要求工业级的产品具有气候环境适应性，并要求耐腐蚀、防尘和防水。

② 工业生产现场存在粉尘、易燃易爆和有毒气体，需要采取防爆措施保证安全生产。

③ 工业生产现场的振动、电磁干扰大，工业控制网络必须具有机械环境适应性（如耐振动、耐冲击）、电磁环境适应性或电磁兼容性（Electro Magnetic Compatibility，EMC）。

④ 工业网络器件的供电，通常是采用柜内低压直流电源标准，大多工业环境中控制柜内所需电源为低压 24V 直流。

⑤ 采用标准导轨安装，安装方便，适用于工业环境安装的要求，工业网络器件要能方便地安装在工业现场控制柜内，并容易更换。

（2）工业以太网与传统以太网

工业以太网是按照工业控制的要求，发展适当的应用层和用户层协议，使以太网和 TCP/IP 技术真正应用到控制层，并延伸到现场层，而在信息层又尽可能采用 IT 行业一切有效最新的成果。因此，工业以太网与传统以太网在工业中的应用不是同一个概念。

工业以太网与传统以太网的比较如表 1-6 所示。

表 1-6　工业以太网与传统以太网的比较

项目	传统以太网	工业以太网
应用场所	普通办公场所	工业场合、工况恶劣、抗干扰要求较高
拓扑结构	支持线形、环形、星形结构	支持线形、环形、星形结构，并便于各种结构的组合和转换，安装简单，有最大的灵活性和模块性，以及高扩展能力
可用性	一般的实用性需求，允许网络故障时间以秒或分钟计	极高的实用性需求，允许网络故障时间小于 300ms 以避免产生停顿
网络监控和维护	网络监控必须由专门人员使用专用工具完成	网络监控成为工厂监控一部分，网络模块可被 HMI 软件网络监控，故障模块容易更换

（3）实时以太网

以太网发展迅速，相对于传统的现场总线有很大优势，工业界尝试将其应用于工业领域。但是工业领域的一些应用需求使得基于 IEEE 802.3 的以太网无法在工业现场应用。

为了充分利用以太网技术的优势而避免其劣势，奥地利贝加莱（B&R）率先在 2001 年将所开发的 Ethernet POWERLINK（以太网上的 CANopen）实时以太网技术应用于实际项目，在实现更高的传输速率的同时，可以达到微秒级的数据循环周期。西门子的 ProfiNet（Process Field Net，过程现场网络）、罗克韦尔 AB 的 Ethernet/IP（Ethernet/ Industrial Protocol，以太网/工业协议）、SERCOSⅢ（第三代 SERCOS）、EtherCAT（Ethernet for Control Automation Technology，控制自动化技术以太网）等技术相继问世，用于解决传统以太网无法实现实时性的问题。目前主流的实时以太网技术如表 1-7 所示。

不同的工业应用对网络的实时性、数据量、冗余等需求不同，具体差异如表 1-8 所示。

表 1-7　常见的实时以太网技术比较

项目	Profinet	POWERLINK	SERCOSIII	EtherCAT	Ethernet/IP
发布时间/年	2004	2001	2005	2003	2001
冗余支持	是	是	是	否	是
应用层协议	Profibus	CANopen	SERCOS	CANopen	DeviceNet
交叉通信	是	是	是	否	是
循环周期/μs	31.25	100	31.25	12.5	100
抖动/ns	20	20	20	20	100
技术实现	ASIC	无 ASIC	ASIC	ASIC	无 ASIC
开放性	需购买授权	主从均开源	主站开源	需购买授权	从站开源
通信模式	轮询机制	轮询机制	集束帧	集束帧	轮询机制
时钟标准	IEEE 1588	IEEE 1588	IEEE 1588	IEEE 1588	IEEE 1588
节点数	—	240	511	65535	—
安全支持	ProfiSafe	openSAFETY	SERCOS Safe	FSoE	CIP Safety

注：CANopen—higher level protocols standardized on top of CAN bus，CAN 总线之上更高级别的标准化协议；ASIC—Application Specific Integrated Circuit，专用集成电路；ProfiSafe—基于 PROFIBUS 和 PROFINET 通信协议的功能安全通信行规；openSAFETY—符合 POWERLINK 规范的开源功能安全协议；SERCOS Safe—符合 SERCOS 规范的功能安全协议；FSoE—FailSafe over EtherCAT，符合 EtherCAT 规范的功能安全协议；CIP Safety—以 CIP 为基础的符合 Ethernet/IP，规范的功能安全协议。

表 1-8　不同工业应用对网络需求的差异

项目	机器控制	过程控制	工厂自动化
数据量	小	大	大
实时性指标	μs	ms	10ms 以上
是否有冗余需求	否	是	否
是否有安全需求	是	是	否
异步数据传输	较低	较低	较高
数据容量	较低	较高	较高

对于装备制造业而言，随着分布式驱动技术的应用，以及更为高速的机器生产要求，控制系统的实时性也变得越来越苛刻，传统的现场总线已经逐渐不能满足需求。另外，技术进步也使得实时以太网的成本变得更低。因此，未来的机器控制将基于实时以太网开发。

1.3.3　OPC 技术

OPC 是 OLE（Object Linking and Embedding，对象连接与嵌入）for Process Control 的缩写，即应用于过程控制的对象连接与嵌入。OPC 是为了给工业控制系统应用程序之间的通信建立一个接口标准，在工业控制设备与控制软件之间建立统一的数据存取规范。它给工业控制领域提供了一种标准数据访问机制，将硬件与应用软件有效分离开来，是一套与厂商无关的软件数据交换标准接口和规程，主要解决控制系统与数据源的数据交换问题，可以在各个应用之间提供透明的数据访问。

工业控制领域存在大量现场设备，在 OPC 出现以前，软件开发商需要开发大量的驱动程序来连接这些设备。硬件与应用软件耦合性大，底层变动对应用影响较大，即便硬件供应商在硬件上做了一些小小改动，应用程序也可能需要重写。不同领域现场设备品种繁多，不同设备之间的通信及互操作困难。不同设备甚至同一设备不同单元的驱动程序也有可能不同，软件开发商很难同时对这些设备进行访问来实现优化操作。

为了消除硬件平台和自动化软件之间互操作性的障碍，研究人员建立了 OPC 软件互操作性标准。开发 OPC 的最终目标是在工业控制领域建立一套数据传输规范。OPC 技术的应用与制造商无关，几乎所有的软件和硬件制造商都执行 OPC 接口。OPC 标准能够将多种不同的软件和硬件组合在一起，允许不同制造商的不同设备之间交互数据。所有不同设备可以使用相同方式开发 OPC 服务器（Server）和 OPC 客户端（Client）。OPC 标准的特点是很容易通过 C++、C#、Visual Basic、VBA（Visual Basic for Applications，VB 应用程序）编制特定应用程序。

1.3.3.1　工作原理

OPC 标准是以 OLE/DCOM（Distributed Component Object Model，分布式组件对象模型）技术为底层依据的，可以使生产线智能单元和用户应用程序不在同一个网络节点上，这就使得采集分布式网络数据不再是空中楼阁那般遥不可及。OPC 技术以服务器和客户端的方式分布在工业控制的数据访问应用中。OPC 服务器的作用是搭建用户与现场设备之间的通信通道，以 OPC 数据接口为重要组件读取现场设备的数据，并实现与 OPC 客户端之间的数据传递。OPC 客户端应用程序通过 OPC 数据接口实现 OPC 服务器的访问。OPC 客户端若想访问 OPC 服务器中的数据，进一步实现应用程序和工业现场设备的互通，必须符合 OPC 数据接口的协议。

如图 1-18 所示，OPC 服务器和 OPC 客户端之间的连接方式大致分为两类：第一类是在本地集成控制系统中以 OPC 接口为媒介和 OPC 服务器直接通信；第二类是通过工业以太网访问 OPC 服务器，达到工业设备信息远程访问的目的。

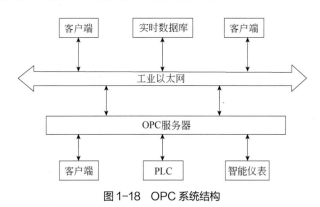

图 1-18　OPC 系统结构

在开发 OPC 用户应用程序的时候，只需符合 OPC 数据的接口协议，就能够利用数据访问接口得到所需数据，不需要了解设备底层程序是如何开发的，也不需要关心硬件设备的特征，这就实现了工业设备与应用程序之间信息互通的便捷性，为开发适用于大多数设备的数据信息获取应用程序提供了支持。

OPC 服务器与客户端的连接方式有很多，最典型的应用方式是单台 PC 上的服务器与客户端的连接。此外，还有 OPC 服务器与不同的多客户端连接，OPC 客户端与一个 OPC 服务器通过网络连接，OPC 服务器与另一个 OPC 服务器连接实现彼此共享数据的目的。

OPC 服务器的工作部分由服务器对象、组对象、项对象和 OPC 浏览器对象 4 大部分组成。OPC 服务器对象的主要功能是给出能与其通信的应用程序的通信接口及组对象创建和管理接口。OPC 组对象的基本任务是管控 OPC 项对象，同时读写服务器内部信息。OPC 项对象是工业制造中现场设备的信息载体，负责记录设备内部的控制变量和系统信息。

OPC 服务器的数据组织形式如图 1-19 所示，OPC 服务器对象、OPC 组对象、OPC 项对象是依次包含的关系，OPC 服务器与 OPC 服务器对象是一一对应的关系，而一个 OPC 组集合能够管理几个 OPC 组对象，每一个 OPC 组对象又可以包括一个 OPC 项集合，而每一个 OPC 项集合可以管控多个 OPC 项对象。除此之外，OPC 服务器还包含着一个 OPC 浏览器对象，作用是可以浏览 OPC 服务器名称空间，浏览器对象是可选的。

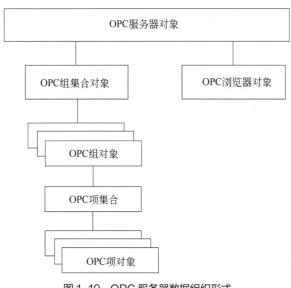

图 1-19　OPC 服务器数据组织形式

1.3.3.2　接口与通信

（1）数据接口

OPC 服务器的作用就是在与 OPC 客户端通信中充当输送数据的角色，而 OPC 客户端的开发从根本上来看就是对 OPC 服务器接口的声明、调用并访问的流程。OPC 接口如图 1-20 所示，本地客户端程序连接 OPC 服务器并读取其中的数据信息是通过客户端接口（Custom Interface）和自动化接口（Automation Interface）来实现的。其中，COM（Component Object Model，组件对象模型）的底层封装在自动化接口中，该接口提供了实现读写并保存用于过程控制信息及自动配置的办法，使 OPC 客户端程序编写人员可以比较容易地获取服务器信息。OPC 客户端接口对信息的获取是用操作 OPC 组对象的方式实现的，这可以应用在实现最佳性能的访问程序上。通过对 OPC 服务器接口的调用，客户端不必知道设备的生产布局、运行情况和硬件信息，就能够完成跨平台信息采集工作。

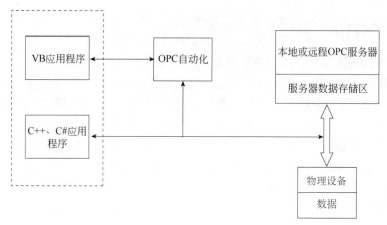

图1-20　OPC 接口示意图

（2）通信方式

OPC 客户端和服务器有同步、异步、数据订阅 3 种通信方式。

在使用同步通信方式时，客户端必须处于就绪等待状态，这就使得有许多的数据请求或同时有大量的 OPC 客户端访问申请时，OPC 服务器的负担一定会加重，而这就导致 OPC 客户端运行卡顿，使用效率降低。所以，OPC 同步通信方式只适用于那些处理少量的数据请求服务或是 OPC 客户端的情况。

异步通信方式虽然克服了同步通信的不足之处，但是依然需要客户端主动反复发送请求，这就可能导致客户端不能及时获取实时数据。

而数据订阅方式就解决了同步及异步通信的短板，当 OPC 客户端在和数据项建立连接后，客户端将不需反复申请，而是交给 OPC 服务器自身来检测数据项是否变化，有变化则调用相应事件来通知客户端获取最新数据。OPC 数据订阅方式如图 1-21 所示。

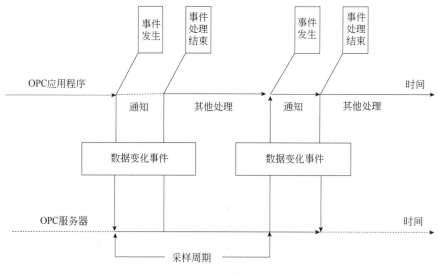

图1-21　OPC 数据订阅方式

OPC 客户端在开发过程中数据的读取应采用订阅方式，即在 OPC 项对象变化的情况下会自动刷新，而在数据变化间隙 OPC 客户端可以进行其他处理。

1.3.3.3 OPC UA

OPC 是开放的通信平台，UA（Unified Architecture）是面向服务的统一架构，OPC UA 就是 OPC 统一架构，是新一代的 OPC 标准。

OPC UA 接口协议包含了之前的 A&E（Alarm & Events，报警&事件）、DA（Data Access，数据访问）、OPC XML DA（基于 XML 的 OPC 数据访问）、HDA（Historical Data Access，历史数据访问），使用一个地址空间就能访问之前所有的对象。OPC UA 带来的最根本好处就是跨平台性，它打破了原有的 Windows 系统中 DCOM 的局限性，可以让各种操作系统、各种平台进行 OPC 通信。OPC UA 通过单一端口进行通信，具有标准安全协议的特点，为数据安全性提供保障。

OPC UA 不再是基于分布式组件对象模型（DCOM），而是以面向服务的架构（Service Oriented Architecture，SOA）为基础，可以连接更多设备，成为连接企业级计算机与嵌入式自动化组件的桥梁。在建模方面，OPC UA 将架构由"数据建模"扩展为"信息建模"。

OPC UA 规范中包括 3 个核心功能：

① 通信支持。为了实现互联，OPC UA 支持各种工业现场通信规约。

② 信息模型支持。在 OPC UA 的规范中，最为核心的是信息建模。信息建模就是对信息构建模型，把数据形成一个"包"，这样在数据的配置、读写操作、升级时会有较大的便利，无须编写复杂的程序。

③ 安全机制。OPC UA 同时也支持各种安全信息传输机制，保障数据传输安全。

如果没有 OPC，软件厂商需要分别开发大量驱动程序，若硬件改动，应用程序就可能需要重写。有了 OPC，硬件供应商无须考虑应用程序的多种需求和传输协议，软件开发商也无须了解硬件的实质和操作过程。在"工业 4.0"的环境下运用 OPC，目的不是要取代机械装置内已普遍使用的确定性通信手段，而是为不同厂商生产的成套装置、机械设备和部件之间提供一种统一的通信方式。OPC 是"工业 4.0"的赢家，已经成为"工业 4.0"未来标准的主要候选者。

思考题与习题

1-1 工业机器人有哪些主要技术指标？

1-2 根据机械结构形态，工业机器人主要分为哪几种类型？

1-3 常用的 PLC 编程语言有哪几种？

1-4 PLCopen 对 PLC、机器人和运动控制有什么意义？

1-5 基于 PC 的机器视觉系统包括哪些基本组成部分？

1-6 智能相机是一台单纯的相机吗？

1-7 按输入输出功能，系统接口可分为哪几类？

1-8 机器控制对总线有哪些性能要求？

1-9 工业以太网和传统以太网相比有何不同？

1-10 OPC 对工业自动控制有什么意义？

第2章

数字孪生技术

本章思维导图

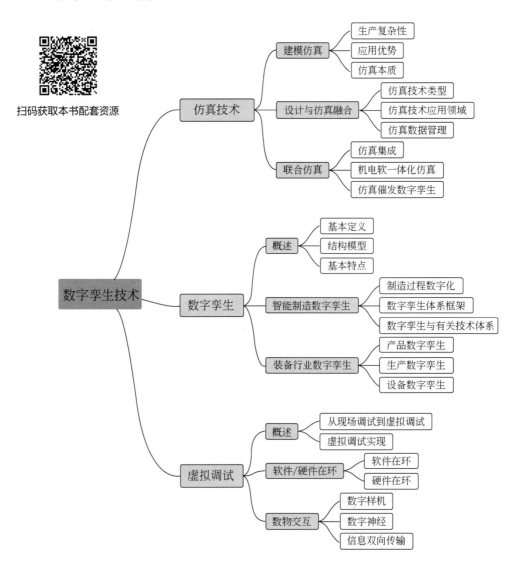

扫码获取本书配套资源

本章学习目标

（1）了解建模仿真的本质；

（2）熟悉仿真技术类型；

（3）了解数字孪生的基本定义；

（4）掌握数字孪生结构模型；

（5）熟悉智能制造数字孪生体系框架；

（6）了解装备行业数字孪生应用类型；

（7）了解现场调试和虚拟调试；

（8）熟悉虚拟调试的基本流程；

（9）掌握软件在环和硬件在环；

（10）了解数字神经的特点。

德国在 2013 年汉诺威博览会（Hannover Messe）上推出了"工业 4.0"战略，引发了世界主要国家决策层的广泛关注。为在新一轮产业变革中占得先机，世界各国纷纷推出了适应自身工业特点的新的发展战略，其中包括我国提出的"中国制造 2025"战略。对比世界主要工业大国制定和实施的工业发展战略，虽然具体策略和方针各不相同，但根本目的都是推动工业从自动化向智能化转变。实现制造业成功转型并快速抢占"第四次工业革命"的市场份额，需要设备制造产品向高自动化、数字化、智能化方向发展，制造企业最大限度压缩新产品的生产准备周期。

信息化和网络化发展正给传统制造业带来前所未有的变革，虚拟调试（Virtual Commissioning）在制造业的新时代要求下逐渐成为产品设计周期内的重要环节。虚拟调试是在新开发或改造的设备进行实际调试之前，通过运行物理设备在虚拟空间中的映射模型来检测和优化设备的全新产品设计环节。虚拟调试要求仿真技术与控制技术相结合，以物理设备的数字孪生（Digital Twin）为对象在虚拟环境中运行生产制造过程，并得以评估和检验产品设计的合理性。虚拟调试的基础是创建测试物理设备的数字孪生，数字孪生技术是虚拟调试的核心技术。

2.1
仿真技术

仿真是利用虚拟模型替代真实世界的物理模型，在计算机中对真实世界进行模拟，从而以较低的成本和较短的时间，获得对真实世界更为完整和全面的理解。

仿真可用于透视产品特性，看到产品的运行本质和规律，预测产品性能。采用仿真技术可以快速进行虚拟试验，大量减少实物试验次数。与实物试验相比，仿真能看到实物试验看不到的数据，提前发现缺陷，如预测寿命、运行故障及引起故障的原因。同时，仿真具有低成本和高效率的特点，因此可以做遍历仿真，发现新方案，验证创新思路的可行性。

2.1.1 建模仿真

如果没有模型作为基础，仿真将无法真正落地，因为模型是数字世界与物理世界连接的桥梁。此外，仿真技术使得在复杂变化的制造现场可以实现非常多的虚拟测试、早期验证，降低制造业的整体成本。

2.1.1.1 生产复杂性

究竟机器的生产有多么复杂？在每个行业，生产的复杂度都包含多个维度：

① 材料的复杂性。在印刷中，纸张或薄膜都有数千种可能性；而在纺织机械领域，天然的纤维（如棉花、丝、羊绒等）都是随着产地不同而纤维特性不同；在塑料领域，颗粒种类也千变万化，它们都拥有不同的流体加热变形属性；在灌装领域，瓶子的材料、规格也是多种多样。

② 工艺的复杂性。对于印刷，有柔版、凹版、胶印多种形式，包括轮转与单张的组合，还有涂布、裁切等的组合；对于纺纱，也包含了转杯纺、涡流纺、气流纺、环锭纺等多种形式。

③ 流程的复杂性。生产的工序也随着生产任务的不同而变化，如灌装不同类型的饮料时所需的电子阀动作流程也不同，碳酸饮料与非碳酸饮料，都会组合成不同的工序流程。

如图 2-1 所示，一台机器如果希望具有广泛的适应力，那么，在材料、工艺、流程 3 个方面就会有成千上万种组合，这是制造复杂的地方，也是必须进行建模仿真的原因。

材料　　　　　　工艺　　　　　　流程

图 2-1　机器的变化组合

如果不采用建模仿真来进行模型构建，机器开发就必须进行大量的物理测试与验证，成本巨大。尽管采用测绘方式可减少测试验证环节的投入，一台机器的研发仍然投入巨大，尤其是具有"高端"定位的机器，其必须拥有稳定可靠、适应变化生产的能力。

2.1.1.2 应用优势

从全流程看机器的开发，包括概念设计、原型设计、测试验证三个步骤。

对于机器与系统的开发，V-Mode（V 形模式）是被普遍应用的模式，如图 2-2 所示。

在整个设计开发阶段，从概念到需求、功能规范、子系统设计再到实现，各个阶段都对应有测试与验证，集成测试验证用于确保每个流程都能保证任务的质量与进度得到控制，顺利完成整个研发过程。在这些过程中，真正需要耗费大量成本的往往是测试验证过程。

在传统的机器设计中，这个环节往往需要按照严格的流程来进行，而通过建模仿真所实现的虚拟测试与验证可以使这个环节被提前，缩短整个流程周期。有了建模仿真的开发工具和方法，可以实现电气控制与应用软件和机械的并行开发，如图 2-3 所示。

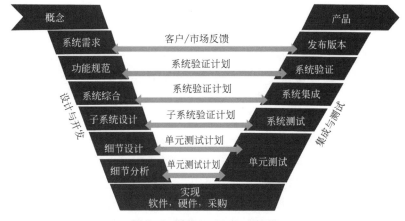

图 2-2　基于 V-Mode 的开发

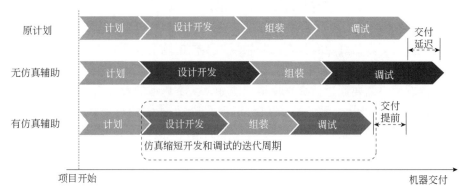

图 2-3　并行工程

建模仿真可以给机器的开发带来非常多的便利，包括以下几个方面：

① 缩短开发周期与降低成本。对材料的工艺特性、机械传动、控制的联合测试，只有在虚拟环境中，对参数进行最优调整才最节省成本，只有几乎完成最优后，再下载到物理对象上进行验证，才能更好地实现成本降低；否则，大量机器功能会造成巨额测试成本。例如印刷机，如果要进行某种材料测试，在 300m/min 的速度下，一卷纸十几分钟就用完了，几千块材料费用很快消耗掉。

② 降低安全风险。对于一些设备而言，虚拟测试与验证还可以降低安全风险。例如，风力发电对于各种安全机制的测试，包括在一些大型机械装备的开发中，如果没有良好的安全机制保障，那么就会有潜在的安全风险。因此，测试可以在虚拟环境中进行。

③ 复用的组件开发。对于很多具有共性的应用软件来说，如张力控制模型针对塑料薄膜、印刷的纸张、纺织的纱线、金属板材的开卷校平、弹簧送丝等各种场景，可以开发各种控制模式下（闭环、开环、伺服电机调节等）的模型及参数验证，然后封装为可复用的共性组件，在应用开发中，直接配置模式、参数等，加速机器的配置，快速响应市场变化需求。

因此，建模仿真是一种显著降低成本的方案，而且有了这些模型后，可实现针对未来的数据应用。

2.1.1.3 仿真本质

① 仿真不是仅仅用于展示的简单动画。在智能制造领域的从业人员应该多少都知道仿真，数字孪生离不开建模仿真。很多人将仿真和动画联系起来，在设计方案展示时千方百计地想把方案做成仿真模型用于展示，要求炫酷第一，以简单、直观、生动、形象的画面在汇报或展示过程中吸引眼球，获得关注。也有人直接把仿真叫作仿真动画，认为这就是一个动画制作过程，在模型中想做成什么效果就能"杜撰"成什么样子。

但是事实中人们往往忽略的问题是，在仿真"魅力容颜"的背后，有着一颗细腻的内心，它就是建模和数据分析作为坚实的灵魂支撑。其实一开始的仿真并不是现在这样注重外在的精致，在看到的仿真模型运转的画面背后实质是一套数理模型在不停运作。

其实动画背后的建模、数据和分析才是仿真的真正内在，炫酷的动画只是为了让非专业的人员能够形象化认识、理解并接受仿真技术。

② 仿真不是无所不能的。如同人各有所长，仿真也是有能力边界的。不是一种仿真软件就能够包打天下，仿真也有很多细分领域，不然市场上也不会有这么多种类型的仿真软件。

简单的问题也不需要通过仿真来模拟。例如，一个典型的数学问题，已知小车的加速度与速度，求从点 A 到点 B 需要的运输时间。但是当把小车的数量增加到 10 台，把它放在工厂车间物料配送的背景中，路径有干涉碰撞的情况，且小车还存在可靠性、充电问题，那么这就体现出仿真的价值与意义了。

③ 仿真建模要以解决问题为导向。仿真就是模拟，不可能完全代替实物，具有一定的偏差是正常的，因为会涉及不同的假设条件。因此，在建模的过程中一定要树立以问题为导向的建模思路，不要一味追求将模型建得大而全、炫而酷，最重要的是还原本真的逻辑，应当简化不必要或对目标不产生影响的次要部分内容。对于建模的针对性、准确性及效率有极大的帮助。

④ 建模需要专业知识及对场景的理解与经验支持。有些模型细看就是徒有华丽的外表，缺乏有魅力的灵魂。一方面，仿真技术是有一定门槛的，建一个简单的模型较容易，但是建模的架构、仿真的分析是需要经验与技术支持的。另一方面，随着自动化、智能化风潮涌动，自动建模与仿真，或傻瓜式建模的方法已经比较常见。不可否认自动建模与仿真已经能够对特定场景进行结构化抽象，使得未经培训的技术人员也能参考指导手册对模型进行参数修改与重构，或通过元模型及语义分析进行程序自动建模。但是从本质上来说，这种自动建模的可移植性和复用性是难以得到保证的。这种定制过程不是自动化的，仍然是专业人员智力的结晶，所以说离开了专业人士与应用场景的理解，仿真的价值也将大打折扣。

2.1.2 设计与仿真融合

计算机辅助设计（Computer Aided Design，CAD）与计算机辅助工程（Computer Aided Engineering，CAE）曾经是两个泾渭分明的阵营，少数工业软件才会横跨这两个领域。而现在，设计已经跟仿真紧密地结合在一起了。

设计既出，仿真即行。同源数据，共生验证。设计即仿真，将成为工业领域的标配。

这种融合的力度，正在得到空前的加强。传统的 CAD 和 CAE 分而治之的局面，正在由 CAD 厂商率先打破。CAD 与 CAE 的融合，意味着制造端的前置，它使得设计要更多担负起传统上样机与测试的功能。

2.1.2.1　仿真技术类型

仿真最直接的作用是对设计各阶段的结果进行验证。设计过程具有需求定义、功能分解、系统综合、物理设计和工艺设计等过程。对每一个设计子过程都有相应的仿真验证手段。因此，仿真可以分为五大类：指标分析、功能分析、系统分析、物理仿真和制造仿真。

习惯上，把指标分析、功能分析和系统分析统称为系统仿真。系统仿真的模拟对象是系统架构，属于抽象模型；而物理仿真和制造仿真的模拟对象是产品实体，属于实物模型。因此，系统仿真往往用来在概念阶段确认产品的总体架构，实物仿真通常用来确认物理产品的初步设计、详细设计、工艺设计和制造过程。

到了物理设计阶段，产品的形态已经比较具体，仿真的类型开始丰富。根据分析的目的不同，物理仿真分为单场仿真、多场仿真、多体仿真和虚拟现实四种，制造仿真分为工艺仿真、干涉检查、装备仿真、机构仿真和 6σ（六西格玛）分析等几种。根据分析的对象不同，又分为机械仿真、流体仿真、电气仿真、电子仿真、液压仿真等几种类型。

仿真技术指使用模型来模拟真实系统，并通过对模型操作的结果来分析、预测真实系统的行为。其中，模型有实物模型也有虚拟模型。实物模型是指与真实系统动力学行为相同或相近的，经放大或缩小后的实际系统；虚拟模型则是指用于描述系统动力学行为的数学方程或数字模型。在自动化集成系统的仿真中大多使用虚拟模型。

仿真软件可以对一个模型进行虚拟机械和多物理场应力分析来验证设计和材料选择的正确性，而不需要制造出一个实体模型去检验。仿真软件可以让 3D 数字模型实现虚拟测试，结果以带颜色的图形在计算机屏幕上显示出来。这些机械和物理仿真结果和在实验室中实验的结果很接近，在很多情况下实验可以省略。这将减少制作实体样机所需的时间和费用，也可以加快整个设计的过程，缩短上市周期。

虚拟仿真软件使得在计算机屏幕上进行 3D 新产品设计和旧产品改进成为可能，这些软件可以对产品虚拟模型用不同颜色的片或块来处理，并重新定义它的尺寸，以便完成机械设计，这些设计本身还包含制造工艺参数。仿真软件可以分解 3D 图形，在同一个屏幕上分解的 3D 图形的形状、材料和形式在重新装配或改进产品设计前都是可以改变的。设计者可以和其他专家一起合作来实现有效的设计。在产品被制造前，设计都可进行调整。

在不同的设计阶段采用不同的方法、工具和软件来优化设计。整个设计过程是集成化的、反复拟合的、从简单到复杂的仿真优化过程。

在概念设计阶段，在三维实体模型的基础上，借助简单的刚性多体仿真模型来确定设备的配置和运动特性，检验运动拓扑是否合理、几何尺寸是否正确、部件运动时是否干涉等。借助有限元分析（Finite Element Analysis，FEA）软件，如 ANSYS（大型通用有限元分析软件）、SolidWorks Simulation（SolidWorks 有限元分析模块）等，可以进一步设计和优化设备的主要部件和整机在各种载荷下表现的性能。有限元分析和仿真的结果可以预测设备的静态和动态性能，用于改进设备的设计。

设计阶段还要借助机电耦合和柔性多体动力学仿真软件，如 ADAMS（Automatic Dynamic Analysis of Mechanical Systems，机械系统动力学自动分析）、MATLAB Simulink（MATLAB 仿真模块），来分析设备结构动力学和控制回路的相互作用。仿真结果，特别是机电耦合柔性多体仿真结果，还需要通过实验加以验证。只有通过不断验证，积累经验，才能逐步提高虚拟样机（Virtual Prototype，VP）的有效性。

仿真设计主要包括机、电、控的分类仿真和联合仿真。分类仿真有三大类：机械系统的运动、干涉、时序、有限元、振动、装配与工艺仿真，电气系统的电路、器件、元件与布线仿真，控制系统的参数、算法、性能仿真。联合仿真将机、电、软三个子系统在虚拟环境中集成在一起，通过基于物理场的交互式仿真，实现数字化模型虚拟调试，利用 PLC 或控制器驱动数字化 3D 虚拟机电模型，虚拟模型的运动行为和真实机器一致，能做到"所见即所得"。

除采用虚拟模型进行仿真外，也可以进行硬件在环（Hardware in Loop，HiL）仿真。先建立除实物部件外系统其他部件及外界环境的虚拟模型，再将实物部件与虚拟模型通过计算机接口连接后进行联合仿真。实质是为物理部件创造一个模拟实际运行的仿真环境，并使用物理实物进行仿真。这样可使无法准确建模的部件直接进入仿真回路，验证实物部件对系统性能的影响。

2.1.2.2　仿真技术应用领域

仿真技术产生之初主要是为产品设计服务，用于对产品运行的特性进行提取或确认。随着技术和应用的发展，仿真技术逐步拓展到制造模拟和试验模拟。当前，仿真应用集中在 3 个方面：产品仿真、工艺（制造）仿真和试验仿真，分别应用于产品生命周期的 3 个阶段，即产品设计、产品制造和试验验证。

（1）产品仿真

产品仿真是产品研发设计过程中的主要仿真类型，使产品研发模式从过去的试验驱动模式转变为仿真驱动模式。试验驱动模式的特点是串行，仿真是在试验之后再进行分析确认。这种模式下，仿真的作用很小，处于辅助地位。串行模式在产品周期和成本方面都有较大风险。仿真驱动的研发模式：在概念设计后建立虚拟样机，利用仿真手段进行大量循环迭代，对各种可能的工况和参数进行模拟，获得确认后再进行详细设计、物理样机试验和产品投产。这种模式下，仿真是最重要的工具，对节约研发成本和缩短周期作用巨大。

① 通常，产品设计可分为以下三类，每类对仿真的需求不同，作用也不同：

a．在现有产品基础上改进设计，这种设计模式对仿真需求较小，有时甚至不需要仿真；

b．在现有产品基础上的系列化设计，这种设计模式对仿真有一定的需求，不同参数的选取对产品性能的影响需要进行研究；

c．全新产品设计（开发新产品），这种设计模式对仿真的需求是最大的。

② 在产品研发的各个阶段，仿真的价值各不相同：

a．产品研发早期，仿真可以探索新设计，发现新方案，在几个可选项中正确挑选设计方案，以预测产品性能；

b．产品研发中期，仿真可以确认参数正确性，修正不合理的设计细节，优化设计参数；

c. 产品研发后期，仿真可以帮助产品定型，在制造过程中返回设计问题时选择最优方案，当产品在市场中出现质量问题时选择最需要召回的批次。

仿真技术和软件的终极目的是对产品进行优化甚至创新。工业技术的任何一次革命性的进步都可能让传统产品焕发新生，仿真技术总是在这种革命性时刻发挥巨大作用。

（2）工艺仿真

目前，仿真已经广泛应用在工艺设计中。在引入仿真技术之前，工艺设计的特点是利用大量实物试验确认工艺的可行性。而在引入仿真技术之后，工艺方案制定完毕后，通过仿真手段进行确认和优化，在形成最优方案后，进行实物试验确认。通过仿真确认和优化后，只需要经过很少的实物试验即可形成最终方案，在成本和周期方面具有巨大效益。常见的工艺仿真包括铸造仿真、体成型仿真、板成型仿真和热处理仿真等几种类型。

（3）试验仿真

即使产品仿真和工艺仿真可以在计算机中对产品和工艺进行虚拟运行，并确认产品和工艺的可行性和合理性，但在实践中有时仍然需要进行实物试验，以作为一种最终确认。此处的试验仿真特指用仿真方法对试验过程进行模拟，以提高试验策划、方案设计及试验执行的效率，对试验结果的解读也大有裨益。试验仿真的完成不仅是仿真技术和工具的使用，还需要建立完整的体系和平台。这种以数字化研制技术改进实物试验的方法，将过去纯粹的实物试验方法升级为虚实结合的验证方法，是试验和测试技术发展的必然趋势。

2.1.2.3　仿真数据管理

仿真数据在研发过程中是一类较为复杂的数据，在管理和使用方面都具有独特性，需要特殊系统来处理，不能使用传统的产品数据管理（Product Data Management，PDM）系统简单替代。

仿真数据管理主要是对仿真几何模型、仿真网格数据、仿真载荷数据、仿真边界条件数据、中间结果数据、最终结果数据、仿真流程模型数据、仿真计算报告等的管理。

（1）仿真数据管理系统的建设目的

① 目前仿真过程数据主要散落于仿真人员的本地计算机之中，通过仿真数据管理系统可以实现统一规范化管理。

② 目前多工具、多专业协同仿真过程主要以手工方式进行数据处理与传递，多学科多轮迭代分析的效率较低，未来可以实现基于仿真数据管理支撑自动化的多学科协同仿真。

③ 在产品仿真过程中，如果发现存在设计质量问题，目前主要通过手工方式进行数据的反向检索与追溯，未来可以实现基于仿真数据管理支撑研发过程的问题快速追溯。

（2）仿真数据管理的主要特点

① 每次协同仿真过程涉及的数据量大，但这些数据都是为了完成某个特定的分析任务而产生的，不可分散管理，需要按照仿真特点建立逻辑关系。

② 仿真过程数据的类型多种多样，既有参数型数据，也有文件型数据。数据既可能是个体参数、参数表格、矩阵、一维/二维/三维数据模型、文件，也可能是图片、表格等表现形式。数据格式与类型的多样化为仿真数据规范化管理带来了难度。

③ 仿真工作有时需要涉及多部门、多专业、多人员、多工具协同完成，数据协同较复杂，需要进行大量的数据前后处理工作，耗时耗力。

④ 协同仿真过程往往需要进行多轮迭代分析，每轮分析都会产生大量的过程数据，如果没有有效的信息化管理手段，数据大都零散存储于仿真人员的本地计算机之中，各版本数据的关联性差，产生问题之后的数据追溯困难。

仿真数据管理主要实现对协同仿真过程相关数据的规范化管理，并实现仿真过程数据与仿真工具和流程的紧密结合，支持多人、多学科协同设计仿真分析，支持多轮迭代快速设计与仿真分析。

（3）仿真数据管理的主要功能要求

① 支持对仿真过程中各类文件型数据与参数型数据的规范化管理，如几何模型数据、网格划分数据、载荷数据、边界条件数据、中间结果数据、输出结果数据等。

② 支持对个人多工具、多轮迭代分析过程数据的规范化管理，包括对各仿真步骤相关输入、输出、参数或约束条件设置等数据与信息的全程记录、跟踪等内容。

③ 支持对多部门、多专业、多人员协同仿真数据的规范化管理，支持个人数据向公共协同数据的发布管理。

④ 支持从输入数据、中间过程数据、结果数据之中进行相应的元数据抽取，结合仿真报告模板快速生成相应的仿真分析报告。

⑤ 支持仿真数据向任务交付数据、成熟产品数据的转换与提交，支持对数据版本、数据权限的管理。

2.1.3 联合仿真

2.1.3.1 仿真集成

仿真的学科种类繁多，而且各学科之间无可替代。但各学科所分析的产品对象是同一个，它们之间必然具有关联。事实上，在产品定型的过程中，不同的设计参数会对不同学科的性能有不同影响，而这些影响之间往往是冲突的，必须权衡折中解决。

（1）工具封装与集成

通过软件调用接口、参数解析和封装工具，对在研发过程中使用的各类仿真软件进行封装，可对单个工具的应用方式进行标准化改造，从而实现"前端参数化设置、后端自动化运行"的应用模式。工具封装还是过程集成的基础，针对已有的各种工具、算法、设计分析过程的封装，形成专业化的应用组件。封装好的组件可以发布到组件服务器中，用于后续在过程集成模块中搭建各类过程模型，或被计算节点调用执行。主要封装过程包括：输入文件参数解析、软件驱动方式设计和输出文件参数解析等。

（2）多学科仿真流程定制

多学科集成环境支持通过拖拉的方式进行多学科协同设计仿真过程流程/模板定制，依次把需要的组件从平台客户端拖拽（Drag and Drop，DnD）到分析视图中，并通过定义各个实例化组件变量（参数和文件）之间的关联关系，建立自动化分析过程。多学科集成仿真过程模型支持顺序、并行、嵌套、循环、条件分支等多种控制模式。在工具封装与集成基础上，通过可视化编辑环境实现仿真流程设计、模板定制、参数提取、数据关联等功能。

仿真集成环境提供数据链接编辑器，针对工具组件对应的输入输出文件进行解析，进行关键参数的定义与提取，建立各工具组件之间的数据传递关系，从而建立各个仿真分析变量之间的关联关系，形成仿真分析任务的多学科集成过程模型。组装好的多学科集成过程模型可提交给运行环境，以自动化方式完成仿真任务。多学科仿真过程运行环境能够访问分析服务器上的所有可用服务，能把模板库中的组件自动部署到分析服务器中，并自动驱动多个组件按分析流程依次运行，使仿真数据自动地从一个组件传递到另一个组件。

（3）专业界面定制环境

为简化常用专业软件及提升自研程序的人机交互体验，可通过非编程的方式进行专业界面定制。根据各专业的业务需求，利用控件可以快速实现专业系统界面定制，还可以将相应的工程研制经验、质量控制要求等嵌入界面。

2.1.3.2 机电软一体化仿真

自动化集成系统遇到的最基本挑战是需要把机械、电子、软件等不同领域结合在一起。如果一个领域是参数模式，另一个领域是纯代码形式的硬件描述语言，两个领域彼此之间怎样才能相互理解就是把两个领域连接在一起的关键所在。

设计开发工具是从不同的学科衍生而来，如计算机辅助机械设计（Mechanical CAD，MCAD）软件、计算机辅助电子/电气设计（Electronic/Electrical CAD，ECAD）软件和运动控制软件。

很多情况下，设计开发工具的销售商往往都是努力创建自有的设计与仿真产品集群。由于这些产品要放在一起使用，所以从一个阶段到另一个阶段的信息传递应该是无缝传递。但在现实世界中，情况并不会总是这样。当通过购买为设计链增加工具时，有时就会出问题。无论是哪种情况，都要千方百计地开发设计工具与仿真工具之间的接口。但是，即使有这样的接口也不能满足所有需求，这个问题最困难的地方是运动控制软件的集成。进行运动控制的产品设计，需要在进行实际运作测试之前有一个能够进行模拟设计的环境，这一需求转向了虚拟原型方面，因为虚拟原型包含了实际装置所具有的表现。

在设计过程的这个节点上会出现机电软一体化的真正问题，如代码错误会引起机械装置的碰撞或制造出尺寸不合适的部件。机器也可能被设计过度，不仅会变得很慢，还会消耗更多的电力。一旦能够把控制软件与仿真和模型软件连接在一起，那么就是在模拟不同的概念设计方面真正走上正轨了：可以进行对比，改变大小规模，使零部件变得更轻或更坚硬，加大电机功率，为了缩短周期时间来设定控制代码使之同时能并行进行更多工作。

即使各设计开发工具之间这些特定的接口界面能够有所帮助，它们也不能构成一个完美的系统。具有能够跨越程序编码、电子和机械元件行业专业知识的工程师很少见。这些工具专业性很强，并且工程团队的不同成员使用不同的语言。在一个开发团队中，通常没有哪一个主管能掌握每个人所使用的语言。

机电软一体化实质上是一个多领域的问题，必须在数据交换和转换工具上进行投入以保证该问题能够得到解决。

自动化集成系统设计时，各个学科软件是分散的，软件的综合效能很难被有效利用。集成各个不同学科领域软件，可以极大程度地发挥出不同领域软件的功能，为解决复杂机电软一体化系统多学科设计问题提供了一条有效途径。建立基于仿真模型的系统集成优化平台，可以减少建立各子系统精确模型的复杂程度，有的子系统很难建立精确的分析模型，从而大大减少系统优化难度。

基于复杂系统仿真思想构建的多学科设计优化集成平台，充分利用了虚拟样机技术，通过软件接口将各 CAD/CAE 软件同多学科设计优化（Multidisciplinary Design Optimization，MDO）技术有机集成起来。利用专家经验来提高系统数字化模型的参数提取及信息知识描述能力，采用 CAD 软件三维建模能力建立系统的实体模型，经过不同领域的 CAE 软件进行并行分析和后处理，然后通过模型转换方法将系统 CAD 模型转换为数学优化模型，进行系统多学科设计优化，再将设计优化结果反馈给原数字化设计模型，反复进行驱动设计分析过程，形成了闭环的系统自动化设计优化流程。同时，系统设计优化结果将通过虚拟样机的仿真特性显示出来，通过系统工作状态的虚拟测试与验证，最终获得改进了的优化设计方案，从而实现复杂系统设计性能的整体优化。

机电软一体化系统涉及多个领域，对这样系统的建模、仿真和优化称为多学科建模、协同仿真和集成优化，本质是将来自机械、电气、传感、控制和软件等多个不同系统领域的模型，有机地组合成一个更大的仿真优化模型，相互协调共同完成仿真优化的运行。在设计过程中，为了使系统获得更好的运动、力学特性，一般需要优化设计系统整体及零部件结构。在设计方案确定后，首先要利用三维设计软件建立参数化模型，然后进行虚拟装配，再进行干涉检查。利用数据接口将三维软件建立的机械子系统模型导入动力学分析软件，建立机械动力学模型，再利用控制分析软件创建控制子系统模型。利用集成接口技术，将三维设计软件、动力学分析软件、控制分析软件有机地集成到商用集成优化软件中，利用其强大的自动化功能、集成化功能和最优化功能，完成系统的优化设计。

2.1.3.3　仿真催发数字孪生

仿真作为工业生产制造中必不可少的重要技术，已经被广泛应用到工业生产各个领域中，是推动工业技术快速发展的核心技术。"工业 4.0"时代，仿真软件开始和智能制造技术相结合，在研发设计、生产制造、试验运维等各环节发挥更重要的作用。

在工业界，人们用软件来模仿和增强人的行为方式，如绘图软件最早模仿的是人在纸面上作画的行为。发展到人机交互技术较成熟阶段后，人们开始用 CAD 软件模仿产品的结构与外观，用 CAE 软件模仿产品在各种物理场情况下的力学性能，用计算机辅助制造（Computer Aided Manufacturing，CAM）软件模仿零部件和夹具在加工过程中的刀具轨迹情况，用计算机辅助工艺过程设计（Computer Aided Process Planning，CAPP）软件模仿工艺过程，用计算机辅助测试（Computer Aided Test，CAT）软件模仿产品的测量/测试过程。

软件仿真的结果，最初是在数字虚拟空间产生一些没有与物理实体空间中的实体事物建立任何信息关联，但是画得比较像的二维图形，继而是经过精心渲染的、长得非常像某些实体事物的三维图形。

当人们提出希望数字虚拟空间中的虚拟事物与物理实体空间中的实体事物之间具有可以连接的通道、可以相互传输数据和指令的交互关系之后，数字孪生的概念就成形了。

伴随着软件定义机器概念的落地，数字孪生作为智能制造的一个基本要素，逐渐走进了人们的视野。

数字孪生，不过是长期以来，人们用数字世界的数字虚拟技术来描述物理世界的物理实体的必然结果。

仿真是将包含了确定性规律和完整机理的模型转化成软件来模拟物理世界的一种技术。只要模型正确，并拥有了完整的输入信息和环境数据，就可以基本正确地反映物理世界的特性和参数。如果说建模是模型化对物理世界或问题的理解，那么仿真就是验证和确认这种理解的正确性和有效性。数字化模型仿真技术是创建和运行数字孪生、保证数字孪生与对应物理实体实现有效闭环的核心技术。

数字孪生这个术语和与之相关的技术，并非突然产生的新生事物，而是多元化计算机辅助技术（Computer Aided X，CAX）发展的必然结果。数字孪生的突破在于，它不仅仅是物理世界的镜像，也要接收物理世界的实时信息，更要反过来实时驱动物理世界。仿真是实现数字孪生诸多关键技术中的一部分，数字孪生是仿真应用的新巅峰。

2.2
数字孪生

数字孪生是"工业 4.0"时代催生的新生技术名词。在智能制造的实践过程中，为解决信息空间与物理空间的交互与融合这一瓶颈问题，提出了数字孪生的解决方法。

数字孪生是充分利用物理模型、传感器更新、运行历史等数据，集成多学科、多物理量、多尺度、多概率的仿真过程，在虚拟空间中完成映射，从而反映相对应的实体装备的全生命周期过程。数字孪生具有两个特点：一是将物理对象中的各类数据与元数据进行分类集成，数字孪生是物理对象的忠实映射；二是数字孪生可以真实地反映物理产品的全生命周期变化，并且不断累积相关知识，与物理对象共同优化分析当前状况，从而完成改进工作。依照数字孪生的技术特点，数字孪生技术可应用于产品设计、设备运维、增材制造等过程，其中虚拟调试就是数字孪生在产品设计过程中的典型应用。

2.2.1　概述

2.2.1.1　基本定义

数字孪生概念起源于美国航空航天局（National Aeronautics and Space Administration，NASA）的阿波罗计划（Apollo Program）。在该计划中，NASA 至少建造了两个相同的虚拟太空飞行器来反映处于飞行任务中的太空飞行器的状态。2002 年，美国密歇根大学（University of Michigan）的迈克尔·格里夫斯（Michael Grieves）教授首次提到数字孪生的专用术语，并在产品生命周期管理的背景下将其定位为已制造设备的虚拟展示。2013 年，美国国家标准与技术研究院（National Institute of Standards and Technology，NIST）为更加标准化地创建产品和企业的数字孪生，制定了基于模型的定义（Model Based Definition，

MBD）和基于模型的企业（Model Based Enterprise，MBE）两种基本模式。

数字孪生基本含义是指在整个生命周期中，通过软件定义，在数字虚拟空间中所构建的虚拟事物的数字模型，形成与物理实体空间中的现实事物所对应的，在形态、行为和质地上都相像的虚实精确映射关系。

数字孪生的工作原理是创建一个或一系列和物理对象完全等价的虚拟模型，虚拟模型通过对物理对象进行实时性仿真，从而能够监测整个物理对象当前运行的实时状况，甚至根据从物理对象中采集的实时运行数据来完善优化虚拟模型的实时仿真分析算法，从而得出物理对象的后续运行方式及改进计划。

数字孪生在"工业 4.0"时代得到了世界范围内的广泛关注，正在逐渐成为未来一项重要的经济产业。目前，数字孪生的研究与应用主要集中在物联网（Internet of Things，IoT）、航空航天和工业制造业领域。

数字孪生技术对物联网的成熟发展具有重要价值。物联网是将任何设备连接到互联网和其他连接设备的概念。物联网连接的设备需要将自身信息实时传输到物联网中，而物理设备的信息分为静态数据和动态数据两类。静态数据包括：设备名称、出厂时间、几何尺寸等不随时间变化的静态信息，动态数据包括设备状态、环境信息、运动状态等随时间变化的动态信息。数字孪生是阐述物理世界和虚拟空间之间信息融合状态的有效手段，在物联网平台上激活和注册的每个设备所需的动态数据可获益于设备数字孪生的实现。

数字孪生的概念引起工业制造业的关注，通过对物理对象进行完全数字化重构，从而实现忠实信息映射，并借助模型对物理设备的智能设计、制造、调试和运行维护等全生命周期进行管理。

数字孪生，是信息/赛博物理系统（Cyber-Physical Systems，CPS）中的必备技术构成。要搞好智能制造、工业 4.0、工业互联网等新工业发展战略，就必须研究和实施 CPS。要做好 CPS，就必须充分认识数字孪生。

2.2.1.2　结构模型

数字孪生由物理世界的实体产品、虚拟空间的虚拟模型、物理世界和虚拟空间二者之间交互数据的接口 3 个部分组成。

数字孪生五维结构模型逐渐成为被数字孪生领域广泛接受的应用准则，如图 2-4 所示。

可以看出，数字孪生五维结构模型由物理对象、虚拟模型、连接、数据和服务系统 5 个部分组成。其中，物理对象是指物理世界真实存在的设备，具有特定于设备自身的静态和动态信息，能够通过设备子系统的密切协作来实现生产制造用途；虚拟模型是物理对象在虚拟世界的忠实映射，集合有物理对象的属性、几何、行为和物理信息等基本要素；连接是物理对象和虚拟模型的信息传输通道，通过信息传输技术将采集的物理对象信息反映到虚拟模型中，同时虚拟模型的运行状态也实时反馈到物理对象中；数据是物理对象和虚拟模型全部信息的总称，由多重

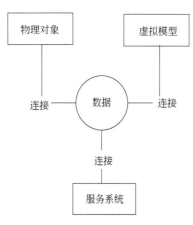

图 2-4　数字孪生五维结构模型

领域数据融合而成，并根据物理对象和虚拟模型的信息变化而不断迭代优化；服务系统包括了整个系统的关键信息，实时显示物理对象和虚拟模型的状态变化以便及时优化，保证精确可靠的服务质量。

数字孪生的实现需要把握的基本原则如下：

① "物理对象"是基石。实际物理对象的工作机制、虚拟模型的创建、服务系统的应用方向与价值等环节都离不开物理对象的物理信息。物理对象是数字孪生应用的服务对象，如果将物理对象与数字孪生脱离开来，那么数字孪生将体现不出应用价值。

② "虚拟模型"是引擎。虚拟模型是物理对象在虚拟空间的数字化重构，可以反映物理对象的基本工作机制和状态。在数据的传输驱动下，虚拟模型将应用功能从理论变为现实，是数字孪生应用的"心脏"。因此，没有虚拟模型，数字孪生应用就失去了核心。

③ "连接"是动脉。连接是数据传输通道，是虚拟模型在虚拟空间映射物理对象的必要前提，也是物理对象映射的基础。如果缺少各个组成部分之间的连接，数字孪生各个部件将陷入孤立地位，数字孪生的应用范围将会产生局限性，数字孪生的应用也会失去活力。

④ "数据"是驱动。数据可以反映数字孪生中物理对象、虚拟模型和服务对象的基本信息。数据在数字孪生的应用过程中得到优化和处理，最终又反映到数字孪生各个组成部分中。因此，数据的迭代推动了数字孪生应用的运转，失去数据驱动，则数字孪生将陷入停滞。

⑤ "服务系统"是监测与应用。服务系统是虚拟模型运转数据的分析和处理系统，是数字孪生的价值升华。通过对虚拟模型的状态进行整合和计算，可以判断和预测物理对象在实际运转中发生的问题和状况。

数字孪生技术是虚拟调试应用的核心技术，虚拟调试的应用框架构建以数字孪生理论的五维结构模型为应用准则。

2.2.1.3　基本特点

数字孪生具有以下几个典型特点：

① 互操作性。数字孪生中的物理对象和数字空间能够双向映射、动态交互和实时连接，因此数字孪生具备以多样的数字模型映射物理实体的能力，具有能够在不同数字模型之间转换、合并和建立"表达"的等同性。

② 可扩展性。数字孪生技术具备集成、添加和替换数字模型的能力，能够针对多尺度、多物理量、多层级的模型内容进行扩展。

③ 实时性。数字孪生技术要求数字化，即以一种计算机可识别和处理的方式管理数据，以对随时间轴变化的物理实体进行表征。表征的对象包括外观、状态、属性、内在机理四个方面，以形成物理实体实时状态的数字虚体映射。

④ 保真性。数字孪生的保真性指描述数字虚体模型和物理实体的接近性。要求虚体和实体不仅要保持几何结构的高度仿真，在状态、相态和时态上也要仿真。值得一提的是，在不同的数字孪生场景下，同一数字虚体的仿真程度可能不同。

⑤ 闭环性。数字孪生中的数字虚体，用于描述物理实体的可视化模型和内在机理，以便于对物理实体的状态数据进行监视、分析推理、优化工艺参数和运行参数，实现决策功能，即赋予数字虚体和物理实体一个大脑。因此，数字孪生具有闭环性。

2.2.2　智能制造数字孪生

如图 2-5 所示，数字孪生模型是以数字化方式为物理对象创建的虚拟模型，来模拟其在现实环境中的行为。在虚拟世界与现实世界的连通中，数字孪生模型从产品设计与测试、物料清单、软件开发计划、工艺、实际建造等诸多方面进行管理，从而形成更合理的制造规划及更清晰的生产控制。

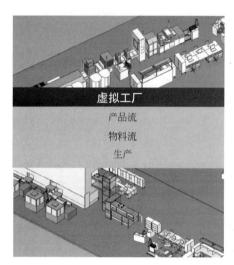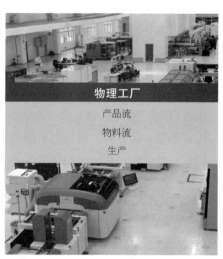

图 2-5　制造工厂数字孪生

2.2.2.1　制造过程数字化

制造企业通过搭建整合制造流程的生产系统数字孪生模型，能实现从产品设计、生产计划到制造执行的全过程数字化，如图 2-6 所示。

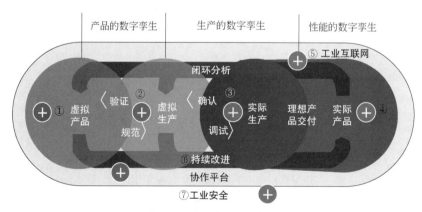

图 2-6　制造全过程数字化

① 虚拟产品，虚拟数字化产品模型，对其进行仿真测试和验证，以便降低验证成本和缩短上市时间。

② 虚拟生产，利用虚拟生产模拟生产流程，从而识别生产瓶颈，分析问题根本原因，

进而缩短调试时间、优化生产。

③ 实际生产，通过基于网络和数据分析的人工智能驱动端到端流程优化服务，提高性能。

④ 实际产品，使用数据增值服务将设计和行为数据反馈到虚拟产品中进行持续优化。

⑤ 工业互联网，开发边缘和物联网应用程序，将设备和数据从现场无缝集成到云端。

⑥ 持续改进，使企业级的设备综合效率（Overall Equipment Effectiveness，OEE）数据透明，使机器和设备能够持续改进。

⑦ 工业安全，使用防御策略保护知识产权和生产力，以抵御所有潜在威胁。

数字孪生突破了虚拟与现实的界限，让人们能在物理与数字模型之间自由交互与行走。其主要应用意义在于：

（1）预见设计质量和制造过程

在传统模式中，完成设计后必须先制造出实体零部件，才能对设计方案的质量和可制造性进行评估，这意味着成本和风险的增加。而通过建立数字孪生模型，任何零部件在被实际制造出来之前，都可以预测其成品质量，识别是否存在设计缺陷，如零部件之间的干扰、设计是否符合规格等。找到产生设计缺陷的原因后，在数字孪生模型中直接修改设计，并重新进行制造仿真，查看问题是否得到解决。

制造系统中，只有当所有流程都准确无误时，才能顺利进行生产。一般的流程验证方法是获得配置好的生产设备后再进行试用，判断设备是否运行正常，但到这个时候再发现问题为时已晚，有可能导致生产延误，而且此时解决问题所需的花费将远远高于流程早期。

当前自动化技术应用最具革命性意义的是机器人开始出现在操作人员身旁，引入机器人需要评估机器人是否能在生产环境中准确执行人的工作，机器人的尺寸和伸缩范围会不会对周围的设备造成干扰，以及它有没有可能导致操作人员受到伤害。机器人成本昂贵，更需要在早期就完成这些工作的验证。

高效的方法是建立包含所有制造过程细节的数字孪生模型，在虚拟环境中验证制造过程，发现问题后只需要在模型中进行修正。例如，机器人发生干涉时，改变工作台的高度、输送带的位置、反转装配台等，然后再次进行仿真，确保机器人能正确执行任务。

借助数字孪生模型在产品设计阶段预见性能并加以改进，在制造流程初期就掌握准确信息并预见制造过程，保证所有细节都准确无误，这些无疑是具有重要意义的，因为越早知道如何制造出色的产品，就能越快地向市场推出优质的产品，从而抢占先机。

（2）推进设计和制造高效协同

随着产品制造过程越来越复杂，制造中的一切过程都需要进行完善的规划。而一般的过程规划是设计人员和制造人员基于不同的系统独立工作。设计人员将产品创意提交给制造部门，由他们去思考如何制造。这样容易导致产品信息流失，使得制造人员很难看到实际状况，增加出错的概率。一旦设计发生变更，制造过程很难实现同步更新。

而在数字孪生模型中，所需要制造的产品、制造的方式、资源及地点等各个方面可以进行系统规划，将各方面关联起来，实现设计人员和制造人员的协同。一旦发生设计变更，可以在数字孪生模型中方便地更新制造过程，包括更新面向制造的物料清单、创建新的工序、为工序分配新的操作人员三个步骤，在此基础上进一步将完成各项任务所需的时间及所有不同的工序整合在一起，进行分析和规划，直到产生满意的制造过程方案。

除了过程规划之外，生产布局也是复杂的制造系统中重要的工作。一般的生产布局是用来设置生产设备和生产系统的二维原理图和纸质平面图，设计这些布局图往往需要大量的时间精力。由于竞争日益激烈，企业需要不断向产品中加入更好的功能，以更快的速度向市场推出更多的产品，这意味着制造系统需要持续扩展和更新。但静态的二维布局图由于缺乏智能关联性，修改又会耗费大量时间，制造人员难以获得有关生产环境的最新信息来制定明确的决策和及时采取行动。

借助数字孪生模型可以设计包含所有细节信息的生产布局，包括机械、自动化设备、工具、资源甚至是操作人员等各种详细信息，并将之与产品设计进行无缝关联。例如，一个新的产品制造方案中，机器人干涉到一条传送带，布局工程师需对传送带进行调整并发出变更申请，当发生变更时，同步执行影响分析来了解生产线设备中哪些会受到影响，以及对生产调度会产生怎样的影响，这样在设置新的生产系统时，就能在需要的时间获得正确的设备。

基于数字孪生模型，设计人员和制造人员实现协同，设计方案和生产布局实现同步，这些都大大提高了制造业务的敏捷度和效率，帮助企业面对更加复杂的产品制造挑战。

（3）确保设计和制造准确执行

如果制造系统中所有流程都准确无误，生产便可以顺利开展。但万一生产进展不顺利，由于整个过程非常复杂，制造环节出现问题并影响到产出时，很难迅速找出问题所在。

最简单的方法是在生产系统中尝试一种全新的生产策略，但是面对众多不同的材料和设备选择，清楚地知道哪些选择将带来最佳效果又是一个难题。

针对这种情况，可以在数字孪生模型中对不同的生产策略进行模拟仿真和评估，结合大数据（Big Data）分析和统计学技术，快速找出有空档时间的工序。调整策略后再模拟仿真整个生产系统的绩效，进一步优化，实现所有资源利用率的最大化，确保所有工序上的所有人都尽其所能，实现盈利能力的最大化。

为了实现卓越制造，必须清楚了解生产规划及执行情况。企业经常抱怨难以确保规划和执行都准确无误，并满足所有设计需求，这是因为如何在规划与执行之间实现关联，如何将在生产环节收集到的有效信息反馈至产品设计环节，是一个很大的挑战。

解决方案是搭建规划和执行的闭合环路，利用数字孪生模型将虚拟生产世界和现实生产世界结合起来，具体而言就是集成产品生命周期管理（Product Lifecycle Management，PLM）系统、制造运营管理（Manufacturing Operation Management，MOM）系统及生产设备。过程计划发布至制造执行系统（Manufacturing Execution System，MES）后，利用数字孪生模型生成详细的作业指导书，与生产设计全过程进行关联，如果发生任何变更，整个过程都会进行相应的更新，甚至还能从生产环境中收集有关生产执行情况的信息。

此外，还可以使用大数据技术，直接从生产设备中收集实时的质量数据，将这些信息覆盖在数字孪生模型上，对设计和实际制造结果进行对比，检查二者是否存在差异，找出存在差异的原因和解决方法，确保生产能完全按照规划来执行。

2.2.2.2 数字孪生体系框架

如图2-7所示，智能制造领域的数字孪生体系框架主要分为六个层级：基础支撑层、数据互动层、模型构建层、仿真分析层、功能层和应用层。

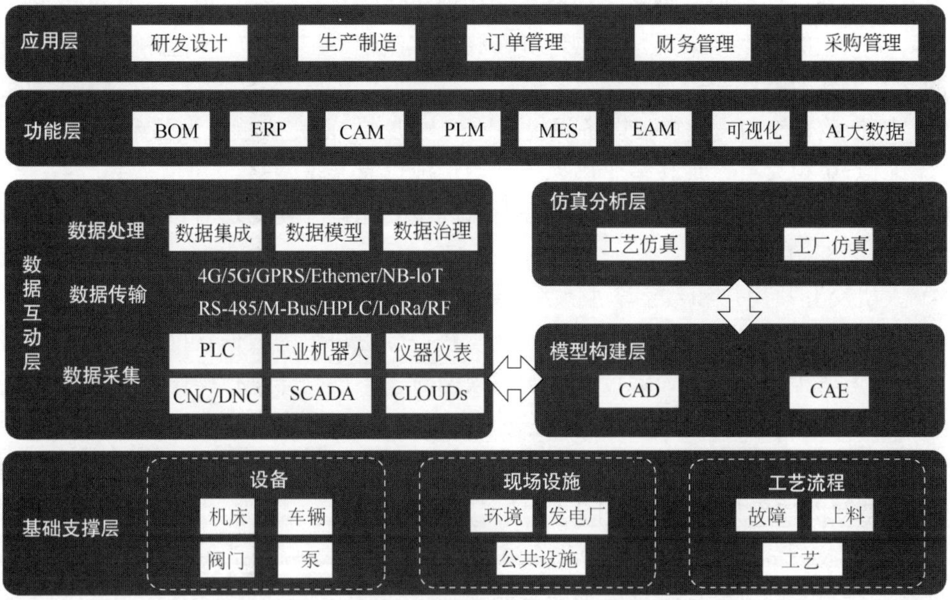

图 2-7　智能制造领域数字孪生体系框架

BOM—Bill of Materials，物料清单；ERP—Enterprise Resource Planning，企业资源计划；EAM—Enterprise Asset Management，企业资产管理；4G/5G—4th/5th Generation Mobile Communication Technology，第四/五代移动通信技术；GPRS—General Packet Radio Service，通用分组无线服务；NB-IoT—Narrow Band Internet of Things，窄带物联网；M-Bus—Meter BUS，户用仪表总线；HPLC—High speed Power Line Carrier，高速电力线载波；LoRa—Long Range，远距离(无线协议)；RF—Radio Frequency，无线射频；DNC—Distributed Numerical Control，分布式数控；SCADA—Supervisory Control and Data Acquisition，监控与数据采集；CLOUDs—云端

（1）基础支撑层

建立数字孪生是以大量相关数据作为基础的，需要给物理过程、设备配置大量的传感器，以检测获取物理过程及环境的关键数据。传感器检测的数据可分为三类：

① 设备数据，包括行为特征数据（如振动、加工精度等）、设备生产数据（如开机时长、作业时长等）和设备能耗数据（如耗电量等）三种类型；

② 环境数据，如温度、大气压力、湿度等；

③ 流程数据，即描述流程之间逻辑关系的数据，如生产排程、调度等。

（2）数据互动层

工业现场数据一般通过分布式控制系统（Distributed Control System，DCS）、PLC 系统和智能检测仪表进行采集。随着深度学习（Deep Learning，DL）、视觉识别技术的发展，各类图像、声音采集设备也被广泛应用于数据采集中。

数据传输是实现数字孪生的一项重要技术。数字孪生模型是动态的，建模和控制基于实时上传的采样数据进行，对信息传输和处理时延有较高的要求。因此，数字孪生需要先进可靠的数据传输技术，具有更高的带宽、更低的时延，支持分布式信息汇总，并且具有更高的安全性，从而能够实现设备、生产流程和平台之间的无缝、实时的双向整合/互联。5G 无线网络因低延时、大带宽、泛在网、低功耗的特点，为数字孪生技术的应用提供了基础技术支撑，包括更好的交互体验、海量的设备通信及高可靠、低延时的实时数据交互。

交互与协同，即虚拟模型实时动态映射物理实体的状态，在虚拟空间通过仿真验证控制效果，将产生的洞察结果反馈至物理资产和数字流程，形成数字孪生的落地闭环。数字孪生的交互方式包括：

① 物理-物理交互：使物理设备间相互通信与协作，以完成单个设备无法完成的任务。

② 虚拟-虚拟交互：连接多个虚拟模型，形成信息共享网络。

③ 物理-虚拟交互：虚拟模型与物理对象同步变化，并使物理对象可以根据虚拟模型的直接命令动态调整。

④ 人机交互：用户和数字孪生系统之间的交互。使用者通过数字孪生系统迅速掌握物理系统的特性和实时性能，识别异常情况，获得分析决策的数据支持，并能便捷地向数字孪生系统下达指令。例如，通过数字孪生模型对设备控制器进行操作，或在管控供应链和订单的系统中进行更新。人机交互技术和 3R 技术，即虚拟现实（Virtual Reality，VR）、增强现实（Augmented Reality，AR）、混合现实（Mixed Reality，MR），是相互融合的。

（3）模型构建层与仿真分析层

建立数字孪生过程包括建模与仿真两方面。建模即建立物理实体虚拟映射的 3D 模型，这种模型在虚拟空间真实地再现物理实体的外观、几何、运动结构、几何关联等属性，并结合实体对象的空间运动规律而建立。仿真则是基于构建好的 3D 模型，结合结构、热学、电磁、流体等物理规律和机理，计算、分析和预测物理对象的未来状态。

如图 2-8 所示，数字孪生由一个或多个单元级数字孪生按层次逐级复合而成。例如，产线尺度的数字孪生是由多个设备耦合而成。

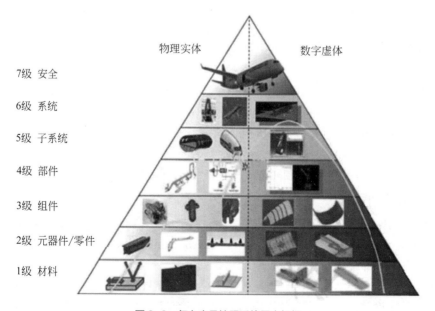

图 2-8　复杂产品按照系统层次解耦

建立仿真模型的基础可以是知识、工业机理和数据，这三种建模方式各有利弊：

① 基于知识建模：要求建立专家知识库并且有一定的行业沉淀。优势在于模型较简

单，但模型精度、及时性、可迁移性较差，成本较高。

② 基于工业机理建模：模型覆盖变量空间大、可脱离物理实体、具有可解释性，但要求大量的参数，计算复杂，无法对复杂流程工业中相互耦合的实体情况进行建模。

③ 基于数据建模：模型精度较高、可动态更新，但对数据数量、数据质量和精度要求更高，并且无法解释模型。

目前，数字孪生建模通常基于仿真技术，包括离散时间仿真、基于有限元的模拟等技术，通常基于通用编程语言、仿真语言或专用仿真软件编写相应的模型。数字孪生建模语言主要有自动化标记语言（Automation Markup Language，AutomationML）、统一建模语言（Unified Modeling Language，UML）、系统建模语言（Systems Modeling Language，SysML）及可扩展标记语言（eXtensible Markup Language，XML）等。工业仿真软件主要指计算机辅助软件，包括通常意义的 CAD、CAE、计算流体动力学（Computational Fluid Dynamics，CFD）、电子设计自动化（Electronic Design Automation，EDA）等软件。

（4）功能层和应用层

利用数据建模得到的模型和数据分析结果实现预期的功能。这种功能是数字孪生系统最核心的功能价值的体现，能实时反映物理系统的详细情况，并实现辅助决策等功能，提升物理系统在寿命周期内的性能表现和用户体验。

2.2.2.3　数字孪生与有关技术关系

利用数据传递映射物理实体的数字孪生技术，对工业诸领域产生了颠覆性影响。

（1）数字孪生与 CAD 模型

当完成 CAD 的设计，一个 CAD 模型就出现了。然而，数字孪生与物理实体的产生紧密相连，没有到实体被制造出来的那一刻，就没有它对应的数字孪生。

CAD 模型往往是静态的，它的作用是往前推动，在绝大多数场合，它就像中国象棋里面一个往前拱的小卒；而数字孪生，则是一个频频回头的在线风筝，两头都有力量。

3D 模型在文档夹里无人问津的时代已经过去。数字孪生可以回收产品设计、制造和运行数据，并注入全新的产品设计模型中，使设计发生巨大变化。知识复用变得越来越普及。

数字孪生是基于高保真的三维 CAD 模型，它被赋予了各种属性和功能定义，包括材料、感知系统、机器运动机理等内容。它一般储存在图形数据库，而不是关系型数据库。

最值得期待的是，有了数字孪生，也许可能取代昂贵的物理原型。因为它在前期就可以识别异常功能，从而在没有生产的时候，就已消除产品缺陷。

数字孪生就是物理实体的一个数字替身，可以演化到万物互联的复杂生态系统。它不仅仅是 3D 模型，而且是一个动态的、有血有肉的、活生生的 3D 模型。

数字孪生，是 3D 模型的点睛重生，也是物理原型的超级新替身。

（2）数字孪生与 CPS

CPS 把物理、机械与模型、知识整合到一起，实现系统自我适应与自动配置，主要用于非结构化流程自动化，缩短循环时间和提升产品与服务质量。数字孪生主要用于物理实体的状态监控、控制。

CPS 要义在于 Cyber（赛博），是控制的含义，它与物理实体进行交互。从这个意义上说，CPS 中 Physics（物理）必须具有某种可编程性（包括嵌入式或用软件进行控制）。因此，CPS 中物理层与数字孪生所对应的物理实体有相同的关系，可以靠数字孪生来实现。

数字孪生是 CPS 建设的一个重要基础环节。但数字孪生并非一定要用于 CPS，它有时不是用来控制，而只是用来显示。

（3）数字孪生与工业互联网

工业互联网是数字孪生的孵化床。物理实体的各种数据收集、交换，都要借助于工业互联网来实现。它将机器、物理基础设施都连接到数字孪生上，将数据的传递、存储分别放到边缘（Edge）或者云端（Cloud）。可以说，工业互联网激活了数字孪生的生命，它天生具有的双向通路的特征，使得数字孪生真正成为一个有生命力的模型。

数字孪生的核心是：在合适的时间、合适的场景，做基于数据的、实时正确的决定。这意味着可以更好地服务客户。数字孪生是工业互联网的重要应用场景，也是工业应用程序（Application，App）的完美搭档。工业 App 可以调用数字孪生，一个数字孪生可以支持多个 App。工业 App 可以分析大量的关键绩效指标（Key Performance Indicator，KPI）数据，包括生产效率、宕机分析、失效率、能源数据等数据，形成评估结果，可以反馈并储存到数字孪生，使产品与生产的模式都可以得到优化。

（4）数字孪生与智能制造

智能制造的范畴宽泛，包括数字化、网络化和智能化的方方面面，而数字孪生很集中。智能制造包含着大量的数字孪生的影子，智能生产、智能产品和智能服务，其中涉及智能的地方，都会多少用到数字孪生。

数字孪生是智能服务的重要载体。这里包含三类数字孪生：一类是功能型数字孪生，指示一个物体的基本状态，如开或关、满或空；一类是静态数字孪生，用来收集原始数据，以便用来做后续分析，但尚没有建立分析模型；最重要的一类是高保真数字孪生，它可以对一个实体做深入的分析，检查关键因素，包括环境，用于预测和指示如何操作。

在过去，产品一旦交付给用户，就到了截止点，成为产品孤儿，产品研发就出现断头路。而现在通过数字孪生，可以从实体获取营养和反馈，成为研发人员最宝贵的优化方略。"产品孤儿"变成了"在线宝宝"。换言之，数字孪生成为了一个测试沙盒。许多全新的产品创意，可以直接通过数字孪生传递给实体。数字孪生正在成为一个数字化企业的标配。

智能制造包括的设计、制造和最终的产品服务都离不开数字孪生的影子。它起源于设计、形成于制造，最后以服务的形式，在用户端与制造商之间保持联系。

从一个产品的全生命周期过程而言，数字孪生发源于创意，从 CAD 设计开始，到物理产品实现，再到进入消费阶段的服务记录持续更新。然而，生产一个产品的制造过程，本身也可能是一个数字孪生。也就是说，工艺仿真、制造过程，都可能建立一个复杂的数字孪生，进行仿真模拟，并记录真实数据进行交互。产品的测试也是如此。而在一个工厂的建造上，数字孪生同样可以发挥巨大作用。

2.2.3 装备行业数字孪生

数字孪生技术是制造企业迈向"工业 4.0"战略目标的关键技术,通过掌握产品信息及生命周期过程的数字思路将所有阶段（产品创意、设计、制造规划、生产和使用）衔接起来，并连接到可以理解这些信息并对其做出反应的智能生产设备。

数字孪生应用领域包括产品数字孪生、生产数字孪生和设备数字孪生三方面，如图 2-9 所示。

图 2-9 数字孪生技术在装备行业应用领域

2.2.3.1 产品数字孪生

在产品的设计阶段，利用数字孪生可以提高设计的准确性，并验证产品在真实环境中的性能。这个阶段数字孪生的关键能力包含数字模型设计及模拟和仿真。

产品数字孪生将在需求驱动下，建立基于模型的系统工程产品研发模式，实现"需求定义—系统仿真—功能设计—逻辑设计—物理设计—设计仿真—实物试验"全过程闭环管理，从细化领域来看，其包含 6 个方面，如图 2-10 所示。

图 2-10 产品数字孪生

① 产品系统定义。包括产品需求定义、系统级架构建模与验证、功能设计、逻辑定义、可靠性、设计五性（可靠性、维修性、安全性、测试性及保障性）分析、失效模式和效果分析（Failure Mode and Effect Analysis，FMEA）这几个方面。

② 3D 创成式设计。创成式设计（Generative Design）是根据一些起始参数，通过迭代

并调整，来找到一个（优化）模型。拓扑优化（Topology Optimization）是对给定的模型进行分析，常见的是根据边界条件进行有限元分析，然后对模型变形或删减来进行优化，是一个人机交互、自我创新的过程。根据输入者的设计意图，通过"创成式"系统，生成潜在的可行性设计方案的几何模型，然后进行综合对比，筛选出设计方案推送给设计者进行最后决策。

③ 结构设计仿真。指机械系统的设计和验证，包含机械结构模型建立、多专业学科仿真分析（涵盖机械系统强度、应力、疲劳、振动、噪声、散热、运动、灰尘、湿度等方面）、多学科联合仿真（包括流固耦合、热电耦合、磁热耦合及磁热结构耦合等内容）及半实物仿真等。

④ 电子电气设计与仿真。包括电子电气系统的架构设计及验证、电气连接设计及验证、电缆和线束设计及验证等方面。相关仿真包括电子电气系统的信号完整性、传输损耗、电磁干扰、耐久性、PCB（Printed Circuit Board，印刷电路板）散热等方面的分析。

⑤ 软件设计、调试与管理。包括软件系统的设计、编码、管理、测试等内容，同时支撑软件系统全过程的管理与 Bug（错误、故障、漏洞）闭环管理。

⑥ 设计全过程管理。包括系统工程全流程的管理和协同，即设计数据和流程、设计仿真和过程、各种 MCAD/ECAD 设计工具和仿真工具的整合应用与管理。

2.2.3.2 生产数字孪生

在产品的制造阶段，生产数字孪生的主要目的是确保产品可以被高效、高质量和低成本地生产，它所要设计、仿真和验证的对象主要是生产系统，包括制造工艺、制造设备、制造车间、管理控制系统等内容。

利用数字孪生可以加快产品导入的时间，提高产品设计的质量，降低产品的生产成本和加快产品的交付速度。产品生产阶段的数字孪生是一个高度协同的过程，通过数字化手段构建起来的虚拟生产线，将产品本身的数字孪生同生产设备、生产过程等其他形态的数字孪生高度集成起来。生产数字孪生的具体实现功能如图 2-11 所示。

图 2-11　生产数字孪生的具体实现功能

BOP—Bill of Process，工艺清单

①　工艺过程定义。将产品信息、工艺过程信息、工厂产线信息和制造资源信息通过结构化模式组织管理，达到产品制造过程的精细化管理，基于产品工艺过程模型信息进行虚拟仿真验证，同时为制造系统提供排产准确输入。

②　虚拟制造评估-人机/机器人仿真。基于一个虚拟的制造环境来验证和评价装配制造过程和装配制造方法，通过产品 3D 模型和生产车间现场模型，实现机械加工车间的数控加工仿真、装配工位级人机仿真、机器人仿真等提前虚拟评估。

③　虚拟制造评估-产线调试。数字化工厂（Digital Factory）柔性自动化生产线建设投资大、周期长，自动控制逻辑复杂，现场调试工作量大。按照生产线建设的规律，发现问题越早，整改成本越低，因此有必要在生产线正式制造、安装、调试之前，在虚拟的环境中对生产线进行模拟调试，解决生产线的规划、干涉、PLC 的逻辑控制等问题，再综合加工设备、物流设备、智能工装、控制系统等各种因素全面评估生产线的可行性。

生产周期长、更改成本高的机械结构部分采用在虚拟环境中进行展示和模拟；易于构建和修改的控制部分采用由 PLC 搭建的物理控制系统实现模拟。由实物 PLC 控制系统生成控制信号，虚拟环境中的机械结构作为被控对象，模拟整个生产线的动作过程，从而发现机械结构和控制系统的问题，在物理样机制造时予以解决。

④　虚拟制造评估-生产过程仿真。在产品生产之前，通过虚拟生产的方式来模拟在不同产品、不同参数、不同外部条件下的生产过程，实现对产能、效率及可能出现的生产瓶颈等问题的提前预判，加速新产品导入的过程。将生产阶段的各种要素，如原材料、设备、工艺配方和工序要求，通过数字化手段集成在一个紧密协作的生产过程中，并根据既定的规则，自动完成在不同条件组合下的操作，实现自动化的生产过程。同时，记录生产过程中的各类数据，为后续分析和优化提供依据。

⑤　关键指标监控和过程能力评估。通过采集生产线上各种生产设备的实时运行数据，实现全部生产过程可视化监控，并且通过经验或机器学习（Machine Learning，ML）建立关键设备参数、检验指标的监控策略，对出现违背策略的异常情况及时进行处理和调整，实现稳定并不断优化的生产过程。

2.2.3.3　设备数字孪生

作为客户的设备资产，产品在运行过程中将设备运行信息实时传送到云端，以进行设备运行优化、可预测性维护与保养，并通过设备运行信息对产品设计、工艺与制造进行迭代优化，如图 2-12 所示为设备数字孪生。

（1）设备运行优化

通过工业物联网（Industrial Internet of Things，IIoT）技术实现设备连接云端、行业云端算法库以及行业应用 App。下面以西门子 MindSphere 云服务平台为例说明运营数字孪生的架构：

①　连接层 MindConnect。支持开放的设备连接标准，如 OPC UA，实现西门子与第三方产品的即插即用，对数据传输进行安全加密。

②　平台层 MindSphere。为客户个性化 App 的开发提供开放式接口，提供多种云基础设施，如 SAP（思爱普）、AWS（Amazon Web Services，亚马逊云服务）、Microsoft Azure

（微软云服务），并提供公有云、私有云及现场部署。

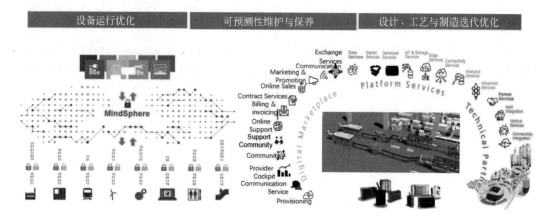

图 2-12　设备数字孪生

Digital Marketplace—数字化市场；Exchange Services—交换服务；Communication—通信；Marketing & Promotion—营销与推广；Online Sales—在线销售；Contract Services—合同服务；Billing & invoicing—计费和发票；Online Support—在线支持；Support Community—支持社区；Community—社区；Provider Cockpit 供应商管理；Communication Service—通信服务；Provisioning—供应；Platform Services—平台服务；Technical Partner—技术合作伙伴

③ 应用层 MindApps。应用来自西门子与合作伙伴的 App，或由企业自主开发的 App，以获取设备透明度与深度分析报告。

（2）可预测性维护与保养

基于时间的中断修复维护不再能提供所需的结果。通过对运行数据进行连续收集和智能分析，数字化开辟了全新的维护方式，通过这种洞察力，可以预测维护机器与工厂部件的最佳时间，并提供各种方式以提高机器与工厂的生产力。

预测性服务可将大数据转变为智能数据。数字化技术的发展可让企业洞察机器与工厂的状况，从而在实际问题发生之前，对异常和偏离阈值的情况迅速做出响应。

（3）设计、工艺与制造迭代优化

复杂产品的工程设计非常困难，产品工程设计团队必须将电子装置和控件集成到机械系统，使用新的材料和制造流程，满足更严格的法规，同时在更短期限内、在预算约束下交付创新产品。

传统的验证方法不再足够有效。现代开发流程必须变得具有预测性，使用实际产品的数字孪生驱动设计并使其随着产品进化保持同步，此外还要求具有可支撑的智能报告和数据分析功能的仿真和测试技术。

产品工程设计团队需要一个统一且共享的平台来处理所有仿真学科，而且该平台应具备易于使用的先进分析工具，可提供效率更高的工作流程，并能够生成一致结果。设备数字孪生能帮助用户比以前更快地驱动产品设计，以获得质量更好、成本更低且更可靠的产品，并能更早地在整个产品生命周期内根据所有关键属性预测性能。

无论如何，在未来的日子，数字孪生技术都将飞速发展，以数字孪生为核心的产业、组织和产品将如雨后春笋般诞生、成长和成熟。每个行业、每个企业不管采用何种策略和路径，数字孪生将在未来几年之内成为标配，这也是数字化企业与产品差异化的关键。

2.3
虚拟调试

虚拟调试技术，就是在真实工厂调试之前，在一个软件环境里模拟一种或多种硬件系统的性能，以实现虚拟世界到真实世界的无缝转化，以求在真实设备进厂调试之前将所有硬件设备与程序调试到最佳的状态。

虚拟调试旨在减少甚至消除对实际机械设备的依赖，最大程度降低各方的风险和成本。虚拟调试使用 3D 建模来测试功能、评估功能，并基于数字模型（数字映射）识别潜在的改进，无须等待实际制造完成。虚拟调试可以在不同的层次上进行，既可以模拟一条完整的生产线，也可以仅模拟某个工作单元或单个装配任务。

虚拟调试是否可以满足机器调试要求，取决于在确定性仿真和分析无法可靠预测的过程中是否使用计划的设备。例如，那些需要人力进行交互的任务，直到人们自由地与机器进行交互之前，许多问题可能也一直无法被发现。由于实际的机器要等到后期才能使用，所以往往导致与人相关的问题在实机调试后才被发现，发现问题过晚而使得成本增加。

与产品调试模式相比，加入虚拟调试环节的产品调试模式在产品测试过程中能够有效节约设备调试时间，降低产品调试环节的生产资料成本和人力成本，使得制造产品以较短的设计制造周期优势抢占更大的市场份额，如图 2-13 所示。

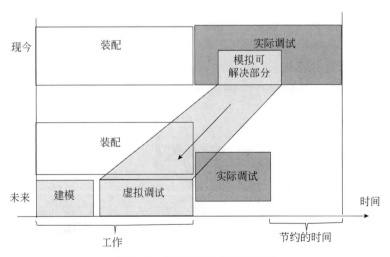

图 2-13　产品调试模式对比示意图

2.3.1　概述

通过仿真及并行工程设计可提高机器实施效率。此举旨在提升上市速度，以及避免高成本的重复劳动。随着软件复杂度的攀升及模块化软件组件组合数量的增长，在物理机上开展综合测试的难度越来越大，耗时也越来越长，其终将演变成为一项无法完成的任务。

在部署物理生产线之前，根据仿真模型通过软件进行虚拟调试，验证是否存在错误并证实是否满足需求变得至关重要。仿真使虚拟调试逐渐成为现实。

2.3.1.1　从现场调试到虚拟调试

数字化是工业领域发展的新阶段，随着大量数字化技术与自动化技术快速融合交汇，机械、电气和自动控制有机结合，展现出蓬勃发展的强大生命力。利用虚拟调试技术极大地缩短调试时间，利用统一的数字化平台使参与各个调试环节的工程师可以有效沟通和协作，再加上制造数据的大量采集分析，数字化为制造业领域带来诸多优势和价值。

长久以来，对于机械设备的调试，都是在设备已经完成电气安装后进行的。对于调试工程师，由于紧张的调试时间和前期测试手段的不足，以及项目的工期要求，无论调试时间、调试质量还是调试难度，都是一项巨大的挑战。一般设备就绪都需要较长的时间，而且直接在实际设备上进行测试也会存在非常大的安全和成本风险。

对于一台设备的自动化方案来讲，实际上是一个机电软一体化的问题。对于一个自动化方案的配置，首先需要了解方案的需求，如运动速度、加速度及力矩等；其次是运动控制的精度及其他要求。对于传动产品，如伺服驱动、减速器及伺服电机的恰当配置，需要考虑设备的传动方式、结构、尺寸及转动惯量等参数。在设计控制方案的时候，如果要达到理想的运动控制效果，那么将机械和电气结合在一起建模仿真就很有必要。

新机器的完整软件通常在机器实体调试时才可测试。如果错误逐渐出现，纠错工作量将十分可观。利用 3D 模型进行虚拟调试可大大减少工程设计的工作量，此外还可提供机器工作时的产能等关于机器行为的具体报告。如果该模型已在各个细节上适配某台特定机器，不仅可被用于模拟其机械行为，甚至可模拟该机器上的整个制造过程，包括设备逻辑、错误管理、模式切换及参数设置等内容。在这一开发阶段，甚至可对机器进行虚拟调试。

随着虚拟调试技术的出现及发展，工程师们可以在设备就绪前采用虚拟调试技术，利用建立的软件模型进行功能测试，验证程序的各种相关功能，而无须担心设备的损坏。采用虚拟调试技术可以大大提高调试效率，如图 2-14 所示。

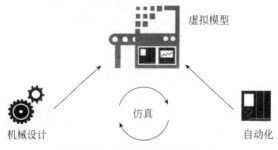

图 2-14　仿真模拟下的虚拟调试

虚拟调试技术在虚拟环境中调试 PLC 或其他控制器的代码，通过虚拟仿真来验证设备自动化，再将这些调试代码下载到真实设备中，从而大幅缩减调试周期。和现场调试不同的是，虚拟调试技术可以在现场改造前期，直接在虚拟环境下对机械设计、工艺仿真、电气调试进行整合，让设备在未安装之前已经完成调试。

在设备设计开发过程中很难预测到生产和使用过程会不会出现问题，而虚拟调试带来的好处之一就是验证设备的可行性。虚拟调试允许设计者在设备生产之前进行任何修改和优化，而不会造成硬件资源的浪费。而且这样可以节省时间，因为用户在测试过程中可以修复错误，及时对程序进行编程改进。

数字模型的使用可以降低工厂更改流程的风险，使企业在生产方面取得显著的改进。例如，汽车制造工厂在制造与装配产品时，可以使用虚拟调试对数百台机器人重新编程，而不需要花费大量时间在现场停机进行调试。

不管是工厂的搭建还是工艺的变更，在虚拟环境中构建和测试设备是非常节省成本和时间的，在测试过程可以及早发现错误，甚至可以预见未来的挑战，最终以最可靠的方案进行生产，并能缓解传统制造停机或生产损失的风险。这比在生产过程中发现产品缺陷好得多，因为制造中的问题修改起来难度大，而且浪费时间和人力资源。

虚拟调试的作用主要有：

① 测试没有机器损坏风险（如碰撞），对操作者没有健康风险；

② 调试可以与机器生产并行进行，能够缩短上市时间；

③ 无须机器、空间、能源、操作员、润滑油等成本；

④ 故障也可以测试，如传感器故障、错误操作；

⑤ 尽可能优化，从而保证最佳的生产率和可靠性；

⑥ 无缝数据流减少了模型创建工作量。

2.3.1.2　虚拟调试实现

虚拟调试就是在虚拟环境（计算机）下完成和现实环境中一样的事件操作，如图 2-15 所示。基于传统 PLC 的自动化技术，其较长的现场调试时间带来了生产的损失，也推迟了新品的上市时间。虚拟调试技术的出现恰好解决了这一技术难题，通过虚拟技术创建物理制造环境的数字复制品，用于测试和验证产品设计的合理性，可以在计算机上模拟整个生产过程，包括机器人和自动化设备、PLC、传感器、相机等单元。

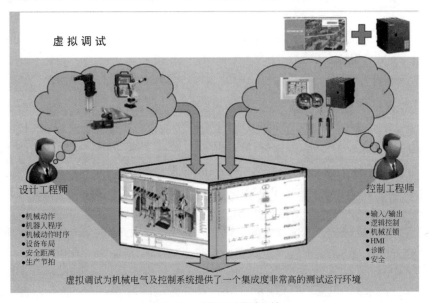

图 2-15　虚拟调试集成环境

（1）虚拟调试软件

虚拟调试需要借助一些必要的软件平台，以西门子为例，对于 PLC 可以使用 S7-PLCSIM（PLC Simulation，PLC 仿真器）或 S7-PLCSIM Advanced（PLC Simulation Advanced，PLC 仿真器高级版）作为仿真平台，同时对机械模型的仿真需要使用 NX（西门子的 CAD 软件）MCD（Mechatronics Concept Designer，机电一体化概念设计）。

NX MCD 作为 NX 软件的一个功能模块，可以进行实时的机械 3D 模型仿真。

NX MCD 与 PLC 仿真软件（如 PLCSIM 或 PLCSIM Advanced）及机器人虚拟控制器（Virtual Robot Controller，VRC）进行集成互连，实现所有的运动控制功能在控制器层面和 3D 机电模型之间进行仿真和测试。

S7-PLCSIM Advanced 提供了应用程序接口（Application Programming Interface，API），可以和 NX 软件进行机电一体化概念设计下的联合虚拟调试。

通过这些软件配合，可以进行机器运行多种功能或控制逻辑的仿真测试，如图 2-16 所示。

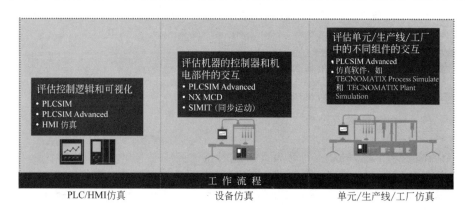

图 2-16　不同级别的虚拟调试

TECNOMATIX—西门子数字化制造软件；Process Simulate—工艺仿真软件；Plant Simulation—工厂仿真软件；
SIMIT—Siemens Industrial Manufacturing Simulation and Test，西门子工业制造仿真和测试软件

除了纯软件之间进行虚拟调试之外，也可以使用真实的 PLC 硬件及 SIMIT 和 I/O 仿真模块 SIMIT UNIT（SIMIT 单元）结合 NX MCD 进行仿真调试。

（2）基本流程

设备虚拟调试的基本流程如下：

① 设计 3D 机械模型。NX 软件是功能十分强大的设计软件，可进行 3D 机械模型的设计，而且该软件支持导入其他 CAD 软件绘制的 3D 机械文件的多种格式，在 NX MCD 模块中定义运动部件。

② PLC 程序仿真。将编写的 PLC 程序下载到 S7-PLCSIM Advanced 软件中进行程序的仿真运行，使用交叉链接功能或使用 SIMIT 软件进行仿真。

③ 配置仿真 PLC 和 NX MCD 之间的通信。NX 12 版本开始支持 NX MCD 功能模块直接读取 S7-PLCSIM Advanced 软件内的变量功能，可在 NX MCD 中直接配置 S7-PLCSIM Advanced 与 NX MCD 之间的通信，或通过 SIMIT 连接 PLC 仿真软件和 NX MCD。

④ 验证机械模型的运行。通过 PLC 程序控制机械模型的工作，校核编写的程序在逻

辑及功能上是否满足控制要求，对于不足之处可随时调整。

除了进行基本的设备仿真外，还可以借助仿真软件进一步进行单元或生产线的仿真。

需要真实机器的数字模型执行虚拟调试运行，3D 模型可以被指定为实际机器的数字孪生，如图 2-17 所示，包括以下 3 个部分：

① 机器的物理和机械模型，使用 NX MCD 功能模块进行定义和配置；

② 机器的行为模型，通过 SIMIT 软件进行处理；

③ 机器的自动控制模型，利用 PLCSIM Advanced 软件功能实现控制器仿真。

图 2-17　机器的数字模型

（3）从仿真到虚拟调试

如图 2-18 所示，虚拟调试是基于事件的仿真，仿真是基于虚拟的事件，包括事件因素、来源等。控制层面包括 HMI、控制器，执行层面包括传感器、执行器，以及整台设备、整个产线甚至整个工厂的信息交互事件，这种基于事件的仿真逻辑和现实中的仿真逻辑是一致的。因为虚拟环境下的 PLC 程序、机器人程序和真实环境下的程序一模一样。

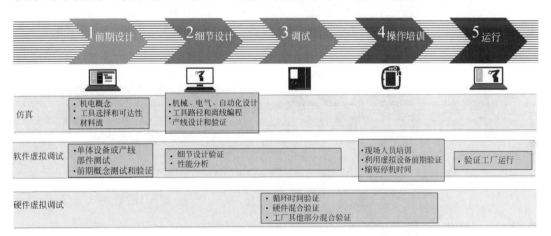

图 2-18　从仿真到虚拟调试

基于真实环境的仿真事件的虚拟调试过程如图 2-19 所示。虚拟调试的实现方式简单来说就是把控制层面的 PLC 程序和 HMI 进行互联，从而控制虚拟的外部设备动作，真实环境中的外部设备与虚拟层面的设备完全按照 1∶1 的输出，从而保证了调试的无缝衔接。

如图 2-20 所示，虚拟调试缩短了从设计到实现的时间。项目从设计开始就已经进入了基于事件的仿真、项目前期的方案验证、节拍验证、可达性、工艺过程等所有事件的仿真，确保方案的可行性。PLC 控制程序设计完成，就可以开始虚拟调试，等到项目安装完成后调试过程已经完成，只需要将程序导入现场设备即可完成整个设备的调试。

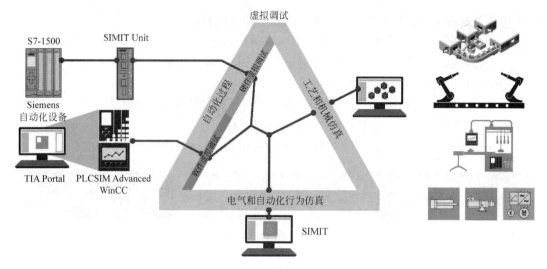

图 2-19　虚拟调试实现方式

TIA Portal—Totally Integrated Automation Portal，全集成自动化博途；
WinCC—Windows Control Center，视窗控制中心

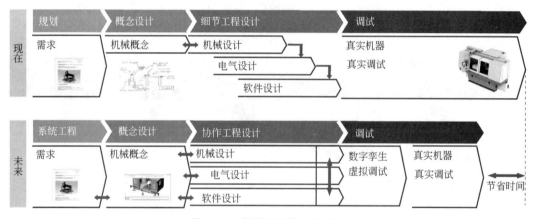

图 2-20　虚拟调试缩短研发时间

2.3.2　软件/硬件在环

如图 2-21 所示，虚拟调试系统可分为软件在环（Software in Loop，SiL）与硬件在环（HiL）两类环境。SiL 把所有设备资源虚拟化，由 VRC、虚拟 HMI、虚拟 PLC、虚拟信号及算法软件等进行模拟仿真。HiL 把全部设备硬件连接到仿真环境中，使用真实物理控制器、真实 HMI、真实 I/O 信号与虚拟环境交互仿真。在 SiL 环境中验证通过后，可替换任一虚拟资源为真实设备，进行部分验证，最终全替换为 HiL，完成物理与虚拟映射的调试。

2.3.2.1　软件在环

（1）基本应用

软件在环虚拟调试可在一个虚拟环境中对设备研发、设计、调试流程进行完整的仿真和测试，显著缩短研发设计周期，从而成为数字化转型的关键要素。

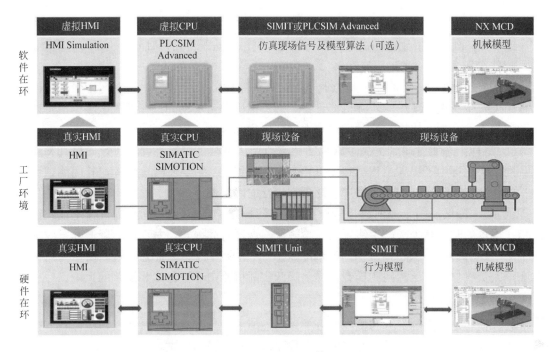

图 2-21　软件在环和硬件在环

SIMATIC—Siemens AutoMATIC，西门子自动化系列；SIMOTION—Siemens MOTION，西门子运动控制系列

软件在环虚拟调试可显著优化设计调试流程，可将原来需要依次完成的流程/步骤改为并行执行，从而显著加快整个流程。数字孪生将应用在机器设备的机械研发、销售、验收的各个环节。

① 机械研发阶段，即可进行电气工程组态过程。在制造出设备原型机之前，借助软件在环虚拟调试，电气工程师就可以开始自动化设计调试工作。这不仅能节省多达 30%的整体研发时间和 60%的现场调试时间，还能够将虚拟工程组态中获得的重要信息，反馈回机械设计，提前发现机械设计错误，从而缩短机械设计在原型机上的验证和修改时间，显著降低原型机的整体成本，加快设备交付给最终用户的速度，抢占市场先机。

② 销售阶段。很多设备使用商在购买设备之前都希望观看所需设备的演示，这在实际中经常是不可能的。制造商使用软件在环虚拟调试可以直观展示设备 3D 模型、运动、功能等内容给最终用户，有助于顺利完成签订合同之前的最后一步，并让最终用户确信采购决策是正确的。

③ 测试验收阶段。很多设备都是为满足使用者的特定需要开发的，制造商和使用者双方会就这些定制化调整事先达成协议，但是，仍存在具体解决方案不能精确符合使用者期望的风险，并且这种风险在最终现场验收设备前无法预计到。基于软件在环虚拟调试，对设备进行初步验收，是最大限度降低设备制造商财务风险的理想解决方案。设备能准时交付也会让使用者受益，尤其是需要立即利用设备生产产品，且在该产品也有明确的交付期的情况下。

（2）主要作用

通常，发现错误越晚，消除错误代价就越高，在开发过程中尽早开始问题排查尤其重要，目标是最大限度减少实际调试期间发生的错误数量，确保不发生故障。由于可在项目规划和组态阶段进行软件在环虚拟调试，这一目标可以实现。在此过程中，将在虚拟环境中对控制程序或可视化画面等规划数据进行验证和优化。这种方法既可缩短时间，也可节省资金。

软件在环调试的主要作用有：

① 调试更快速。软件在环虚拟调试可在办公室中的一个数字化开发环境中进行，而不使用工厂生产设施现场的实际机器设备。通过在机器仿真期间进行的大量测试，可以识别和消除设计及功能错误。这种方法可大大加快实际调试过程。

② 工程组态质量得到提高。软件在环虚拟调试可与工程组态同时进行，仿真和测试得到的结果也可用于提高工程组态质量。使用虚拟控制器对实际 PLC 程序进行的测试可提高控制程序在实际调试期间按客户预期正常运行的确定性。

③ 成本降低。由于提前进行软件在环虚拟调试，实际调试期间只需进行少量纠错，停留在现场的时间减少，产生错误的风险降低，调试时间缩短，从而显著降低开发成本。

④ 风险降低。在软件在环虚拟调试期间，可对所有方面进行无风险测试，无需客户的工厂人员参与。广泛的问题排查可显著降低实际机器中产生错误和缺陷的风险。

（3）实现平台

软件在环是指控制部分和机电部分都采用虚拟部件，在虚拟控制器及程序控制下组成的"虚—虚"结合的闭环反馈回路中进行程序编辑与验证的调试。

要执行虚拟调试，需要真实机器的映像，这个映像称为机器的数字孪生。在数字孪生帮助下，虚拟世界中各个组件之间的交互可以被模拟和优化，而不需要真正的原型。为了降低实际调试风险和工作量，虚拟调试提供了一个有效的替代方案，从而缩短了设计时间，提升了调试质量，节约了成本，使得定制化的产品设计更容易实现。如图 2-22 所示，虚拟机（Virtual Machine，VM）、PLCSIM Adv（即 PLCSIM Advanced）支持软件在环的 PLC 虚拟调试；SIMIT 可以模拟外围设备，如液压、气动元件、驱动元件等；NX MCD 提供基于设备的数字化模型运动仿真，并且实时与控制系统进行信号交换。

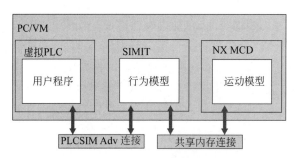

图 2-22　软件在环虚拟调试平台

软件在环（SiL）仿真相当于将编译的生产源代码集成到数学模型仿真中，提供一个实用的虚拟仿真环境来对大型复杂系统进行详细控制策略的开发和测试。

利用 SiL，可以将控制原型直接与被数字模型替换的昂贵测试模型连接，直接进行迭代测试并修改源代码。SiL 能够在对硬件原型初始化之前进行软件测试，大大加速了开发进程。

SiL 能尽早发现系统缺陷和故障，降低后期当元件数量和复杂性提高后故障排查的成本。

SiL 能帮助加快产品面市并保证更有效的软件开发，是硬件在环（HiL）仿真的极佳补充。

2.3.2.2　硬件在环

仿真技术的创新已经为设计和制造过程中的节能提效带来了革命性的变化。硬件在环（HiL）包含硬件或设备的仿真回路，能够解决纯软件仿真的不足。HiL 是在一个通用的仿真环境中将真实的部件和系统模型进行集成。通过将机电系统数字化模型直接与自动化系统连接，进行虚拟测试，从而优化控制算法，验证设计改动是否合理，无须反复试制样机。这种设计方法使最终样机一次性完成，并能够达到满意的设计效果，是工程化设计的一次革命。

（1）基本原理

硬件在环调试是指控制部分用实际控制器，包括 PLC、机器人控制器或 CNC 等硬件，机电部分使用虚拟三维模型，在"虚-实"结合的闭环反馈回路中进行程序编辑与验证的调试。

在做实时测试时有几种选择，其中一种是上台架测试，也就是使用真实硬件。

首先这种方法成本太高，另外实际硬件测试有很多限制。

这个时候就需要使用 HiL 台架，如图 2-23 所示。

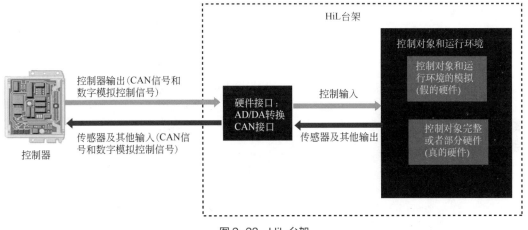

图 2-23　HiL 台架

左边的控制器是"瞎的"，不管右边虚线框里放的是什么设备，只要能正常接收传感器和其他需要的信息（通过 CAN 信号和电信号），然后发送正常的指令即可。

HiL 台架正是利用了控制器的这个特点，通过中间的硬件接口接收控制器的控制指令（如开关开闭的数字信号，或者是阀体的电流控制模拟信号），然后发送控制器需要的传感信号和其他信号（如压力、转矩、温度信号）给控制器。

这个硬件接口接收控制器控制信号用来控制的对象，以及要发送的传感器信号的来源，就是 HiL 台架的核心，也就是最右边的控制对象和运行环境。

那些不能做或难以做的，都可以用数字模型来模拟，这是 HiL 台架中"假的硬件"。

（2）主要作用

① 降低测试成本。复杂机器实时测试的成本高昂，通过 HiL 可以减少现场测试，从而减少现场测试时间，节约测试成本。

② 减小失败风险。采用复杂被控对象，控制系统的故障可能导致灾难性的失败，毁坏设备，或者出现安全灾害。HiL 可以用来在运行物理设备前验证控制器，这可以在项目的初始阶段用来验证一台新的控制器。它也可以在整个开发过程中使用，以减小更换控制器软件而引入新的故障模式的机会。HiL 的这两种应用都降低了遇到不希望发生在物理硬件上的故障概率。

③ 控制系统元部件的并行开发。在控制系统开发项目中，控制器可能在功率变换器、被控对象和反馈传感器可使用之前就能使用了。采用 HiL 在已生产的控制器上的测试，可以在其他部件准备好之前就开始进行。这样可以减少整体开发时间，同时提高控制器的可信度。

④ 测试被控对象的许多变化。被控对象经常发生变化，每种变化后的测试可能都比较昂贵。如果对每种变化都要做一个测试，那么必须构建许多版本的被控对象来进行测试，这个成本是难以承受的。采用 HiL 对可利用的变化的子集进行测试，可以发挥杠杆作用。

⑤ 测试故障模式。HiL 可以对故障模式做更为鲁棒的测试。若测试完全依赖于物理系统，故障模式的全面测试通常是不切实际的。采用 HiL，故障可以通过软件引发，还可以和各种条件保持同步。

（3）实现平台

西门子 TIA Portal 允许创建一个硬件在环（HiL）的场景，以模拟和验证用户程序。硬件组件部署在模拟环境中，如图 2-24 所示。SIMIT Unit 用来模拟外围设备行为。这些工具用于验证机器的机械概念，以及实现在工厂早期开发阶段机械系统、电气系统、软件和用户程序之间的交互。

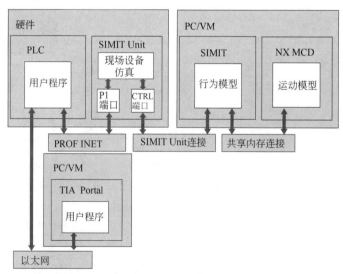

图 2-24　硬件在环虚拟调试平台

CTRL 端口—Control 端口，控制端口；P1—Port1，端口 1

HiL 能够提供全部或更多传统测试进行功能测试，从而弥补了传统测试方法的不足。由于采用 HiL 技术可降低测试复杂系统中存在的风险、成本和时间，HiL 仿真技术已成为全球多数领域的行业标准。

2.3.3　数物交互

在智能制造领域，数字孪生被认为是一种实现制造信息世界与物理世界交互融合的有效手段。数字样机（Digital Prototype，Digital Mockup/DMU）是数字孪生的基础，将数字样机与物理产品或系统的数据关联后，再加上数据分析模型就成了数字孪生。数字孪生将数字产品与物理世界连接起来，能够掌握千里之外的产品实时性能和运行状态，还可以帮助企业更好地设计、制造、运行和维护产品。

2.3.3.1　数字样机

传统产品设计一般采用"物理设计"方式，通过"经验设计+物理样机试制试验"来完成。随着计算机硬件的成本下降，CAD 技术得以迅猛发展。CAD、CAE、CAM 等技术和工具日益成熟，数字化建模、虚拟仿真、数字化工艺设计等逐渐融入产品的研发过程，制造业已改变了研发模式。

随着单点工具在研发过程中的深度应用，工业企业和软件行业均希望通过一套相对统一描述、组织、管理和协同运行的方法，来支撑产品研发全生命周期上的一致表示与信息交换共享，数字样机/数字化样机/虚拟样机等概念逐渐被提出和应用。

数字样机是建立在数字世界的可反映物理样机真实性的数字模型，通过多领域的综合仿真和设备的性能衰减仿真，在物理样机制造之前对设备的性能进行测试和评估，改进设计缺陷，以缩短设计改进周期。数字样机尽管不能完美反映物理样机的实际情况，但可以非常接近。数字样机建立在对设备的机械系统、电气系统和液压系统等全面、综合、真实的描述能力基础上，具备对物理设备全生命周期的映射能力，从而对设备的设计仿真和预测性维护提供有力的分析决策支持。

（1）设计原则

为实现以上功能，数字样机设计需遵循以下原则：

① 综合性原则。数字样机需要具备对物理实体的全面、综合的描述能力，是设备的机械、电气、液压、气动等各单元多领域联合建模的结果。各单元间各自独立又相互耦合，内部通过能量数据转化实现耦合关系。

② 真实性原则。数字样机与物理实体虚实共生，应考虑各种线性和非线性、时变和时不变等特点，真实地实现对物理实体的映射。

③ 动态更新原则。数字样机需要实现对物理实体全生命周期的映射，具备对物理实体维护升级、性能衰减等活动的动态更新能力，始终具备对物理实体每个阶段的动态更新能力。

（2）技术特点

数字样机具有以下技术特点：

① 真实性。数字样机存在的根本目的，是取代或精减物理样机，所以数字样机必须在仿真的重要方面具有同物理样机相当或一致的功能、性能或内在特性，即能够在几何外观、物理特性及行为特性上与物理样机保持一致。

② 面向产品全生命周期。数字样机是对物理产品全方位的一种计算机仿真，而传统的工程仿真是对产品某个方面进行测试，以获得产品该方面的性能。数字样机是由分布的、不同工具开发的，甚至是异构子模型的联合体，主要包括 CAD 模型、外观模型、功能和性能仿真模型、各种分析模型、使用维护模型及环境模型六种类型。

③ 多学科交叉性。复杂产品的设计，通常包括机械、控制、电子、动力等多个不同领域。要对这些产品进行完整且准确的仿真分析，就必须将多个不同学科领域的子系统作为一个整体进行仿真分析，使数字样机能满足设计者进行功能验证与性能分析的要求。

2.3.3.2　数字神经

数字神经（Digital Thread）是穿梭于物理实体和数字孪生之间的通道。数字孪生是一个物理产品的数字化表达，以便于能够在这个数字化产品上看到实际物理产品可能发生的情况。数字神经在设计与生产的过程中，仿真分析模型的参数可以传递到产品定义的全三维几何模型，再传递到数字化生产线加工成真实的物理产品，然后通过在线的数字化检测/测量系统反映到产品定义模型中，进而又反馈到仿真分析模型中。依靠数字神经，所有数据模型都能够双向沟通，因此真实物理产品的状态和参数将通过与智能生产系统集成的 CPS 向数字化模型反馈，使生命周期各个环节的数字化模型保持一致，从而能够实现动态、实时评估系统的当前及未来的功能和性能。

数字神经是一个概念，是指在企业范围内，把机器、数据、生产过程和人连在一起，其特点主要有：

① 首先它是个概念，而不是一个具体的系统或一个产品；

② 数字神经是用来连接原本断开的各个系统的数据和过程；

③ 数字神经承载流动的是数据，这些数据从各个系统/产品的整个生命周期中获取，然后被导入和存储来进行工业物联网的数据分析，最后再闭环回到各个系统中；

④ 数字神经的目的是优化运营，提高效率，从而带来业务价值。

数字神经使真正的数字孪生成为可能，或换句话说，"数字神经使数字孪生更完美"。数字孪生和数字神经是企业数字化转型的两大核心技术，两者相辅相成、相互促进。数字神经是一个连续、无缝的数据链，把从用户需求、产品设计到生产和服务等业务环节的数字模型有机衔接起来；数字孪生展示的是通过数字神经中各具体业务环节的数字模型，结合相应的算法模型进行仿真、分析和优化，并通过视觉化形式推送给前端用户，充分发挥数字化优势。

2.3.3.3　信息双向传输

数字孪生就是在一个设备或系统物理实体的基础上，创造一个数字版的虚拟模型，这个虚拟模型被创建在信息化平台上提供服务。值得一提的是，数字孪生与计算机上的设计图纸不同，相比于设计图纸，数字孪生最大的特点在于，它是对实体对象的动态仿真。也就是说，数字孪生是会动的。数字孪生动的依据，来自实体对象的物理设计模型、传感器反馈的数据，以及运行的历史数据。实体对象的实时状态，还有外界环境条件，都会连接到孪生模型上。

虚实之间双向动态连接：一是虚拟的实体化，如设计一件东西，先进行模拟、仿真，再制作出来；二是实体的虚拟化，实体在使用、运行的过程中，把状态反映到虚拟端去，通过虚拟方式进行判断、分析、预测和优化。

当信息从物理实体传输到数字孪生时，数据往往来源于用传感器观察到的物理实体；反之，当信息从数字孪生传输到物理实体时，数据往往是出自科学原理、仿真和虚拟测试模型的计算，用于模拟、预测物理实体的某些特征和行为。

（1）数字神经贯穿制造流程

在设计与生产过程中，通过数字化检测、测量及传感器等设备收集数据，再通过数字化系统反映到产品定义的三维模型，即可构建物理产品的数字孪生模型，进而对物理世界进行分析。而将分析模型的数据传递到产品三维模型进行优化，再传递到数字化生产线加工成真实的物理产品，则是数字世界对物理世界的反作用。

在数字孪生优化的企业中，有无数这样的收集、分析和反馈流程，这些流程汇聚成了覆盖产品全生命周期与价值链的数字神经。从最初的概念设计、产品设计，到仿真、材料、工艺、制造，乃至销售和运维等每个环节都贯穿在数字神经上，由此驱动以统一数字化模型为核心的产品数据流。

在制造业场景中，如果将数字孪生的核心部件与人类特征相联系，操作设备就好比肌肉，数字孪生平台是大脑，数字神经就是负责连接的神经系统。

就像我们在现实世界中凭直觉用大脑的能力去记忆、记录、分析、处理和预测一样，数字孪生也可以通过分析收集到的数据在数字世界中做同样的事情。在制造业，数据输入有助于数字神经和数字孪生优化操作功能，这有助于增加吞吐量和提高效率。

（2）传感器是工业末梢神经

数字孪生的应用基础是数据，而数据的关键在于采集、处理，以及如何将数据有效应用于分析流程中。如果说数字神经是工业的中枢神经，那么分散在应用场景的每台终端设备上的传感器，就是这条神经系统上的一个个神经末梢。

设备是工业场景的基础设施，针对设备的嵌入式智能升级是数字孪生的首要条件。随着 IIoT 应用的快速增长，大量制造业终端设备制造商都以开放的态度，积极地融入物联网，设备供应商开始越来越多地在设计阶段将智能传感器嵌入到生产设备中。

智能传感器可以将从设备中搜集到的信息，按一定规律变换为电信号或其他形式的信息输出，从而满足信息的传输、处理、存储、显示、记录和控制等要求。其主要特点为微型化、数字化、智能化、多功能化、系统化和网络化。

随着传感器的增多，终端接口及数据流通等工业现场的数据问题逐渐浮上水面。不同设备之间打通数据链接，需要覆盖全面网络、设备协议的平台基础，以及稳定、高效的网络中继。在工业场景下，智能设备的网络连接强度往往超过 Wi-Fi 的性能。因此，越来越多的制造商转向使用 4G/LTE（Long Term Evolution，长期演进）和 5G 专用无线网络，获得可靠、安全的高带宽，满足运营的技术需要。

（3）实时互联打通数据脉络

随着数字孪生和 IoT 的深入发展，越来越多的制造商开始关注人工智能、机器学习、自动化和增强智能。然而，所有这些引人注目的功能都需要一个突出的连接基本条件，即低延迟。

4G/LTE 是提供低延迟和快速响应时间所需的最低无线连接标准，这使得数字孪生能够有效且及时提供数据，并快速响应运营商的需求。随着标准的演变和支持生态系统的发展，5G 为制造业带来了更大的前景。随着 5G 标准的不断发展，后续的版本将具备新的功能，如时效性通信。这将为设备之间的通信和控制提供更紧密的同步，并改善定位和本地化。

在满足这些条件的同时，还必须要考虑系统互联，这强调了在生产设施中使用的各种标准和协议之间进行通信和集成的必要性。网络连接需要提供一种简单的、流线型的数据交换，而工业连接器则是系统之间有效通信的重要组成部分。

总之，自从有了 CAD 等数字化的创作手段，就已经有了数字孪生的源头；有了 CAE 仿真手段，就让数字虚体和物理实体走得更近；有了系统仿真，可以让数字虚体更像物理实体，直至有了比较系统的数字样机技术。发展到现在，在数字世界里的设计和仿真结果，越来越虚实对应，越来越虚实融合，越来越广泛应用，数字虚体越来越赋能物理实体系统。

数字孪生能够突破许多物理条件的限制，通过数据和模型双驱动的仿真、预测、监控、优化和控制，实现服务的持续创新、需求的即时响应和产业的升级优化。基于模型、数据和服务等各方面的优势，数字孪生正在成为提高质量、提高效率、降低成本、减少损失、保障安全、节能减排的关键技术。同时，数字孪生应用场景正逐步延伸拓展到更多和更宽广的领域。

思考题与习题

2-1 仿真可以分为几个大类？

2-2 数字孪生五维结构模型包括哪些组成部分？

2-3 数字孪生实现需要把握哪些基本原则？

2-4 数字孪生具有哪几个典型特点？

2-5 智能制造领域数字孪生体系框架主要分为哪几个层级？

2-6 虚拟调试系统可分为哪两类？

2-7 虚拟调试运行需要哪几类机器数字模型？

2-8 软件在环虚拟调试有哪些主要作用？

2-9 数字样机设计需要遵循哪些原则？

2-10 数字神经对数字孪生有什么作用？

第3章

机电软协同设计

本章思维导图

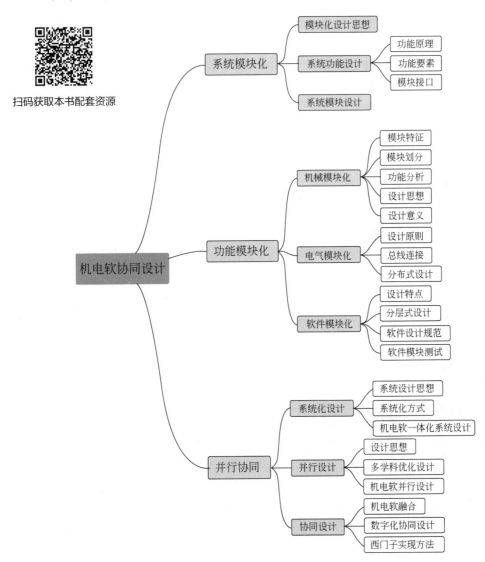

本章学习目标

（1）了解模块化设计思想；

（2）熟悉系统模块设计；

（3）了解自动化装备模块化设计特点；

（4）掌握机械模块主要功能；

（5）掌握电气模块化设计原则；

（6）熟悉软件设计规范；

（7）了解自动化系统的系统化体现方式；

（8）熟悉机电软一体化系统设计内容；

（9）掌握机电软并行设计实现方法；

（10）熟悉机电软数字化协同设计管理。

现代科学技术的不断发展，极大地推动了不同学科的交叉与渗透，导致了工程领域的技术革命与改造。在机械工程领域，由于微电子技术和计算机技术的迅速发展及其向机械工业的渗透所形成的机电一体化技术，使机械工业的技术结构、产品机构、功能与构成、生产方式及管理体系发生了巨大变化，使工业生产由"机械电气化"迈入了以"机电一体化"为特征的发展阶段。

机电一体化综合了自动化技术、机械制造技术、传感器技术、计算机技术和电子电路等众多知识，是一门综合性、多学科交叉的新兴技术，在各行各业得到了广泛应用。机电一体化技术涉及精密机械、电气伺服、传感检测和计算机控制等方面的理论和技术，目的是将"机械、电子、信息、控制"有机结合以实现工业产品和生产过程整体最优化与智能化。机电一体化技术是一个系统工程，"主体"是机械，"核心"是控制和计算机，已形成"机、电、软"系统集成的实际格局。在自动化集成设备上，应该体现机电软一体化。机电系统相互配合、协调和互补，软件在机械设计、系统升级与优化、机械生命周期管理中都起着核心作用。

3.1
系统模块化

3.1.1 模块化设计思想

随着社会发展，市场的需求呈现多样化及个性化发展趋势，不同客户对同一类型产品会有不同的性能需求，这就要求企业将自己的产品进行系列化设计，将同种功能的产品设计为一系列不同的规格供客户选用。传统的设计方法及大规模标准化批量生产使这一过程变得十分漫长，在这种背景下便诞生了模块化设计思想。

复杂的自动化系统是由相互作用和相互依赖的模块组成，每个模块都具有特定的功能，它们经过有序组合、协调工作形成功能强大的系统整体。模块是构成产品的单元，它具有独立功能，具有一致的几何连接接口和一致的输入、输出接口。因为模块是产品部分功能的封装，设计人员使用具体模块时不用关心内部实现，可以使研发人员更加关注顶层逻辑，提高产品工程管理质量和产品的可靠性。

自动化设备越来越复杂，设计时必须在不断变化的环境中应对越来越复杂的工程技术问题。模块化设计可以针对一个系统的每一个功能提供不同的解决方案，这些解决方案局部是标准化的。解决方案拥有统一的对外接口，能无缝连接周边功能模块。模块化设计具有更好的重用性、可维护性、可靠性、易检测性、易扩展性。

任何系统都由多个相对标准的模块加上少数专用模块组成，从一个模块集合中抽取不同的模块组成子集，就可以搭建出不同类型产品，满足不同客户的个性化需求。模块化是解决目前装备制造业的标准化、通用化与定制化、柔性化之间矛盾的可行和有效方案。

在自动化系统设计中，应用模块化的设计思想是建立在机电软融合思想与系统设计思想基础之上的。整机生产企业的产品设计过程是不同模块化产品集成的过程，在这个过程中只有运用系统设计思想，充分考虑各模块性能及与其他模块的配合才能使系统性能达到最优。在集成设计过程中，软件起着极大的作用。

运用模块化设计思想要注意以下 3 个重要因素：

① 模块化的系统架构，无论是机械部分、电气部分，还是控制软件部分，有了模块化的架构，才能像搭积木那样组合成多种多样的设计方案。

② 软件工程，包括软件架构、软件设计、项目管理及产品生命周期管理等内容，这是面向未来工程化的思想，只有在规范化和标准化基础上设计的软件才具备长久的生命力。

③ 知识重复利用，机械制造的关键技术和工艺将越来越多地沉淀到软件设计中，软件将成为机械制造知识产权的核心。将成熟的功能或技术标准化，避免重复的、无谓的开发，将测试过的、验证过的、成熟的知识封装入功能库，以便重复、高效地利用。

模块化是一项重要而艰巨的工程。由于自动化产品种类和生产厂家繁多，研制和开发具有标准机械接口、电气接口、动力接口、环境接口的自动化产品单元是一项十分复杂但又非常重要的事。例如，研制集减速、智能调速、电机于一体的动力单元，具有视觉、图像处理、识别和测距等功能的控制单元，以及各种能完成典型操作的机械装置。这样，可利用标准单元迅速开发出新产品，同时也可以扩大生产规模。这需要制定各项标准，以便各部件、单元的匹配和连接。可以肯定，无论是对生产标准自动化单元的企业还是对生产自动化产品的企业，模块化将给自动化企业带来美好的前景。

模块化设计是将产品根据功能分解为若干模块，将产品中同一功能的单元设计成具有不同性能、可以互换的模块，选用不同模块，就可组成不同类型、不同规格的产品。这就使得产品的设计过程好像搭积木一样简单，从而缩短产品的设计过程，实现产品的系列化，满足市场的多样化需求。另一方面，随着经济全球化及生产分散化，越来越多的功能被专门的厂商进行模块化、系列化生产。例如，过去使用小型电机直驱丝杠传动时，设计者需要单独对电机及丝杠选型，甚至要自主设计丝杠机构，但现在已有许多厂商开始生产系列化的电动缸产品供用户选用。这样更有利于整机设计生产企业应用模块化的思想进行设计与生产，并将精力更多地放在系统集成与整体性能提升等方面。

3.1.2　系统功能设计

3.1.2.1　功能原理

一个系统需要完成的任务称为该系统的功能，而实现该功能的具体系统结构称为该功能的解。对于自动化系统而言，系统整体所要完成的功能，称为系统的总功能。功能原理设计的任务就是求得自动化系统总功能的解。但在实际工作中，要设计的系统往往比较复杂，难以直接求得总功能的解，因此必须采用一定方法对系统进行分解，将总功能分解为多个功能单元，分别对这些较简单的功能单元进行求解，然后将功能单元的解进行合理组合，形成多个实现总功能的解，从而得到需要的功能原理方案。因此，功能原理设计可分为三个阶段，即总功能分解、功能单元求解及功能单元组合。在实际设计过程中，总功能分解与功能单元求解往往在同一步中进行。

在进行总功能分解时需要注意系统众多功能单元可以分为必要功能和非必要功能两种，其中必要功能又可分为基本功能和附加功能两种。对于不同的功能单元，在进行求解、组合时的处理方法也是不同的。基本功能指对于实现的总功能中最关键的、必须保证的功能，这些功能在设计中不能改变。附加功能是指对于完成总功能起到辅助作用的功能，这些功能可随技术条件或结构形式的改变而取舍或改变。非必要功能是指对于总功能的实现没有贡献，是设计者主观加上去的，可有可无的功能，这些功能往往是为了制造、装配、运输等非生产过程提供便利而存在的，虽是可有可无的，但依旧应被设计者给予足够关注。

在上述过程中要注意，对于具有互补性的环节，还需要进一步统筹分配机械与电气的具体设计指标；对于具有等效性的环节，还需要进一步确定具体的实现形式。

在完成系统功能原理设计后，要用各种符号代表各子系统中功能单元，包括控制系统、传动系统、电气系统、传感检测系统、机械执行系统等几部分，根据总体方案的工作原理，画出总体安排图，形成机、电、控有机结合的自动化系统简图，提出采购的技术要求（如特殊的材料、元器件、外购件）。

3.1.2.2　功能要素

自动化产品或设备设计由机械、电气、检测、控制等多个要素的功能部件组成，也可以设计成由若干功能子系统组成，而每个功能部件或功能子系统又包含若干组成要素。这些功能部件或功能子系统经过标准化、通用化和系列化，就成为功能模块。每一个功能模块可视为一个独立体，在设计时只需了解其性能规格，按其功能来选用，而无须了解其结构细节。

作为自动化设备要素的电机、传感器和微型计算机等都是功能模块的实例。例如，交流伺服电机驱动模块就是一种以交流电机或交流伺服电机为核心的执行模块，它以交流电源为主要工作电源，使交流电机的机械输出（转矩、转速）按照控制指令的要求变化。

在新产品设计时，可以把各种功能模块组合起来，形成所需的新产品。采用这种方法可以缩短设计与研制周期，节约工装设备费用，从而降低生产成本，也便于生产管理。例如，将工业机器人各关节的驱动器、检测传感元件、执行元件和控制器做成驱动功能模块，可用来驱动不同的关节，还可以研制机器人的机身回转、肩部关节、臂部伸缩、肘部弯曲、腕部旋转、手部俯仰等各种功能模块，并进一步标准化、系列化，就可以用来组成结构和用途不同的各种工业机器人。

自动化系统的功能要素是通过具体的技术物理效应实现的。一个功能要素可能是一个或几个功能模块，或者是一个系统功能模块，实现某一特定功能的具有标准化、通用化或系列化的技术物理效应。功能模块在形式上，对于硬件表现为具体的设备、装置或电路板，对于软件表现为具体的应用子程序或软件包。

3.1.2.3　模块接口

接口技术的总任务是解决功能模块间的匹配问题。接口设计是对接口输入输出参数或机械结构参数的设计。

① 机械-电机接口。作为机械传动接口，要求连接结构紧凑、轻巧，具有较高传动精度和定位精度，安装、维修、调整简单方便，传动效率高，刚度好，响应快。

② 机械-传感器接口。要求传感器与被测机械量信号源具有直接关系，要使标度（Scale）转换及数学建模精确、可行，传感器与机械本体的连接简单、稳固，能克服机械谐波干扰，正确反映被测参数。

③ 检测接口。作为控制计算机-传感器之间的检测信号传递接口，应满足传感器模块的输出信号与控制器前向通道电气参数的匹配及远距离信号传输的要求，接口的信号传输要准确、可靠，抗干扰能力强，具有较低的噪声容限。接口的输入信号与输出信号关系应是线性关系，以便于控制器进行信号处理。

④ 驱动接口。作为控制计算机-驱动器之间的控制信号传递接口，应满足接口的输入端与控制系统的后向通道在电平上一致，接口的输出端与功率驱动模块的输入端之间不仅电平要匹配，还应在阻抗上匹配。接口必须采用有效的抗干扰措施，防止功率驱动设备的强电回路反窜入微机系统。

3.1.3　系统模块设计

对系统各子功能模块及部件的具体尺寸、型号进行设计或选择，主要包括以下几部分：

① 系统总体设计。包括人机系统、总体布局、工艺协调、未来对策、运行条件等内容。设计过程中要考虑系统性能与各功能模块关系，强调机电软一体化的相互配合、协调与互补，保证系统高性价比、模块标准化、开发周期短、用户使用方便、售后维护简单。

② 机械系统设计。主要是机械本体结构设计和机械工艺设计，包括整机装配、部件设计、工具设计、机械接口等内容。设计过程中注意力学、材料、安装等，以结构简易、使用方便、制造容易、取材便利为首选方式，并考虑电气、检测部件的安装与使用便利。

③ 电气系统设计。主要是电气驱动设计和电气工艺设计，包括伺服驱动、电气元件、接口电路、电源电缆、通信线路、屏蔽接地等方面。设计过程中要考虑与控制系统的配合关系，确保安全、智能、快速，保证机械与电气之间合理、没有冲突。

④ 检测系统设计。主要是传感检测设计，包括传感器选型、信号处理、接口电路、安装布线、隔离保护、调节算法等内容。设计过程中要考虑与控制系统的传递关系，确保可靠、准确、及时，保证与机械的安装配合，与强电的屏蔽保护，检测信号传递无干扰。

⑤ 控制系统设计。主要是控制硬件和软件设计，包括控制器选型、接口模块、通信总线、控制方法、控制顺序、控制回路、控制算法、联锁安全等方面。设计过程中注意和电气系统、检测系统的接口无瓶颈，信号顺畅，控制实时、稳定、可靠。

⑥ 接口设计。主要是各模块之间的安装连接及信号传递设计，包括人机接口、机电接口、总线接口、网络接口、I/O 接口、数据接口等方面。设计过程中要考虑机、电、测、控各模块的特点及需要，保证各模块之间无缝协同、高效规范。

设计开始时要先设计机械系统，再设计电气系统和检测系统，并考虑与控制系统的配合关系，确保安全、无漏洞，最后综合机械与电气是否合理、有无冲突。

3.2
功能模块化

装备制造的核心是机械制造，关键在于力学性能和生产效率的提高，工业自动化技术发挥着越来越重要的作用。机电一体化概念的出现标志着电气系统在机械制造领域重要性的加强，机械和电气在设计和运行过程中相互配合、相互补偿的关系越来越受到重视。仅仅是机电一体化已不能适应装备制造业的需求，软件成为工业自动化集成设计方案的核心。

自动化装备模块化设计正呈现机械单元化、电气标准化、软件组件化的设计特点。自动化装备模块化设计分三个方面：机械模块化、电气模块化和软件模块化。三者紧密关联，电气模块化与机械模块化进行匹配，软件模块化与电气模块化进行匹配，如图 3-1 所示。

机械模块化需要考虑每个部件的功能、性能、材料、尺寸、相对位置、安装等。机械模块的划分结果影响各电气模块之间的接口。机械、电气模块的模块设计影响软件的功能分布。机械、电气、软件模块化不是独立的，存在相互影响和支持关系。

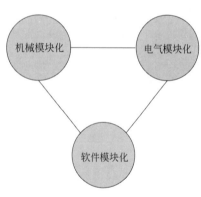

图 3-1　机械-电气-软件模块化

3.2.1　机械模块化

大型机械设备也是由微小型设备演变而来，其根本原理不变。要实现模块化设计，设计者可将大的零部件以微小零部件的视角去思考和设计，通过大变小的设计理念，将大的零部件设计成多种具有统一标准的多种规格的零部件，仿照小零件的批量化和规模化，实行通用零部件，使其具备互换性。在复杂多变的机械行业实现非标准结构的统一化和规模化是模块化设计首先要解决的难题。

随着国民经济的快速发展，机械行业面临着新的挑战与要求。机械产品市场竞争日趋激烈，客户需求逐渐向产品多样化、个性化发展，机械产品研发部门愈来愈注重以多品种、多选装的产品发展策略来应对市场需求，应用模块化设计对机械产品进行优化设计，是提升产品研发水平的一条有效途径。与传统生产方式相比，模块化技术很好地解决了机械元件种类多、同批次产量小、设计周期长以及产品质量差等生产问题。

（1）模块特征

模块化设计指在产品研发设计过程中，通过对产品进行功能分析，划分类别并设计出一系列功能模块，通过模块的选择和组合可构成不同的产品组合，研发设计出满足市场不同需求的现代设计方法。

在设计研发过程中，模块具有以下特征：

① 单个模块应具有相对独立性，可以对模块单独进行设计、制造、调试、修改和存储，便于由不同的专业化企业分别进行设计生产。

② 模块之间应具备互换性，加强模块接口部位的结构、尺寸和参数标准化，容易实现模块间的互换与通用，从而使模块能满足更多批次不同产品的需要。

③ 注重模块通用性，促进有利于产品实现横系列、纵系列间的模块通用，实现跨系列产品间的模块的通用。

推进模块化设计的目的在于用尽量少的产品品种和规格来最大限度满足用户的差异化、个性化产品功能需求。因此，尽量以最少的模块组装成尽可能多的系列产品，并在满足功能要求的基础上使产品具有精度高、性能稳定、结构简单、成本低廉等优点。其中，模块间的联系尽可能简单，促进模块通用性、提高模块重用率是模块化设计的重要原则。

（2）模块划分

在模块化设计方法中，模块划分决定设计产品的质量与效率，需要在保证产品性能的基础上，最大限度地实现设计的优化。划分过程中，需要注意以下几点原则：

① 在模块化过程中，需要保证整体的性能；

② 在模块化的设计中，需要保证结构的独立性；

③ 需要保证功能的完整性；

④ 需要保证连接部分的合理性；

⑤ 需要最大限度控制模块的数量；

⑥ 需要满足精度、性能、成本及结构等多样化的形式；

⑦ 需要保证机构的简单特点。

在模块化的设计中，为了保证系统的整体使用性能，需要根据实际情况，保证系统功能模块的组合性及互换性。在模块的划分中，需要在保证整体功能的基础上，最大限度地降低模块的数量。

（3）功能分析

在模块化的设计中，主要功能包括以下几个部分：

① 基本功能是模块中基础的功能，不可或缺，必须保障基本功能的完善性；

② 辅助功能是实现相应设计模块的功能，以此来提升机械设计的整体效率；

③ 特殊功能是指某种产品的特殊功能，可针对这些特殊功能进行模块设计；

④ 适应功能是为了生产的需求，调换相应的零部件或模块来适应生产的需求。

（4）设计思想

对一定范围内具有不同功能或相同功能不同性能、不同规格的产品进行功能分析，在此基础上，创建并设计出一系列不同功能的模块，对功能模块进行选择和组合可产生多种类型的产品。根据产品内部属性与外部特征，进行合理的分类与再次组合，这也是产品模块化的基本思想。

模块化的技术优势在于通过前期合理的运营，可有效降低产品的生产成本，缩短产品的研发周期，提升资源的利用效率。这种模块化的设计思想在机械行业中极具应用前景。机械行业的产品种类众多，组合装配过程复杂，生产密度与精度要求较高。按照传统的产品设计方案，机械产品在产生巨大能源消耗的同时，难以保证机械元件的生产质量。

在机械产品生产过程中，从原材料选择、加工工艺划分、零件组合装配等方面，按照一定准则设置生产顺序，调节组装节奏，是模块化思想在机械产品设计中的基本应用。

在模块化应用过程中，一方面需要考虑元件功能的相对独立性，保障产品整体的使用效能；另一方面则要考虑模块划分的合理性，模块应尽量具有简单统一的设计标准，以防过多的机械设计模块造成产品生产的困难。

（5）设计意义

① 提升机械产品质量。模块化的机械结构设计可以有效利用知识体系与新型技术，降低了产品研发的设计风险，提高了产品自身的生产质量，有力实现了机械元件功能的分配和隔离，使生产问题的发生和设计改进变得容易。模块的不同组合与多层划分可以满足产品生产的多样化需求，提升机械产品的配置与质量。

② 缩短研发设计周期。模块化的设计方式可以拆分整体设计，大大缩短机械产品的研发设计过程。化整为零的设计方式，不仅能够以多线并进的方式进行产品开发，对于产品结构的细分与重塑也有着重要意义。模块化设计可以在保障机械产品设计质量的基础上，极大地缩短设计周期。

③ 降低机械结构成本。采用成熟的机械产品设计模块，可以大大减少由于新产品的投产对生产系统调整的频率，提升新产品的生产效率，降低机械产品制造成本。模块化设计为机械结构的创新与提高提供了可靠的技术保障，也提供了具有创新意义的设计理念。

模块化设计不仅能够满足人们对机械产品的个性化、多样化的配置需求，更能积极应对市场竞争，在多品种、小批量的生产方式下，实现最佳的效益和质量。

3.2.2　电气模块化

电气模块化设计以产品最佳的独立功能单元和元器件对产品进行拆分，定义特定的通用接口，使之能够充分互换、拓展，以使机电设备变成可自由拓展的、有活力的"生命体"。

电气模块化设计与工艺流程、功能分布、机械结构相关，以部件易于标准化、提高柔性组装、易于维护为目的。

（1）设计原则

电气模块化设计应遵循如下原则：

① 标准化、专业化、系列化、集成化；

② 满足 RAMS（Reliability Availability Maintainability Safety，可靠性-可用性-可维修性-安全性）设计原则；

③ 符合电磁兼容性（EMC）设计原则；

④ 具有标准的机械和电气接口，便于快速生产和装配；

⑤ 具有灵活性，可选择性组合、替换和升级、维护、更换；

⑥ 具有相对独立性、完整性；

⑦ 具有相对通用性和互换性；

⑧ 满足地面电气准备施工要求；

⑨ 尽可能用现场总线，并分设本地站接入本地外设。

电气模块化分解要考虑电气元件布置、布线、网络、软件、数据、人机界面等因素。模块通过电源电缆、通信总线、硬接线连接。电气模块化设计要求各部件之间尽可能减少连线，每个模块内设一个本地控制站，模块之内的传感器、执行器都接入本地控制站。

（2）总线连接

采用总线有利于实现模块化设计的低耦合原则，是电气模块化设计的一大利器。总线是模块之间的纽带，进行能量输送和信息传递，将各个系统连接起来。各子系统间的通信路径经过的节点应尽可能少，以提高通信效率、减少时间延时。电气模块化设计应遵循就地解决、减少硬接线，尽量用现场总线，减少模块间数据流量的原则。

（3）分布式设计

电气系统的模块化设计要求电气系统采用分布式，即模块与模块之间只有现场总线、电源线的连接，而没有信号线的连接，这符合模块之间连线最少化原则。

采用分布式布置的优点在于模块接口更简洁，生产成本低，维护更容易。因为信号线就近接入，可减少线缆使用量和安装工时，降低出错概率。

设计时要求每一个模块相对独立运行，互为前提。模块化设计中非常重要、必不可少的工作就是定义并规范各模块的输入/输出硬件接口、数据接口。

3.2.3　软件模块化

软件模块化设计是为了使软件模块在整合、测试中有更高的兼容性，避免后期修改带来诸多不便与损失，因为后期改动的代价高昂。

软件模块化设计是把程序划分为多个模块，可以单独或并行开发，每个模块都是有着明确定义的输入-输出及特性的程序实体，把这些模块汇集在一起成为一个整体，可以实现指定的功能。这样设计有利于系统开发控制管理，有利于多人合作，有利于系统功能扩充。

软件模块化设计，在总体结构设计时要完成系统模块分解，各模块功能、接口以及交互数据应定义准确、规范，在详细设计时完成每个模块内部的控制算法和数据结构。

（1）设计特点

软件模块化设计的特点如下：

① 模块功能单一、相对独立。编写相对简单，可以独立编写调试。

② 可并行开发，缩短开发周期。不同模块由不同人员开发，最终合成为系统程序。

③ 开发出的模块，可在不同的应用程序中多次使用，减少重复劳动，提高开发效率。

④ 测试、更新以模块为单位进行，不会影响其他模块。

需要从功能视角，按高内聚、低耦合原则对控制软件进行模块化设计。模块化设计使得开发代码能实现重用，从而提高开发效率。

（2）分层式设计

软件分层式设计的优势如下：

① 个体开发人员可以只关注整个结构中的某一层；

② 可以很容易地用新的实现来替换原有层次的实现；

③ 可以降低层与层之间的依赖；

④ 有利于标准化；

⑤ 有利于各层逻辑的复用。

分层式设计的目的是分散关注、松散耦合、逻辑复用、标准定义。

一个好的软件分层结构，可以使开发人员的分工更加明确。一旦定义好各层次之间的接口，负责不同逻辑设计的开发人员就可以分散关注，齐头并进。每个开发人员的任务得到了确认，开发进度就可以迅速提高。

如果一个系统没有分层，各个模块或子系统的逻辑都紧紧纠缠在一起，彼此间相互依赖，不可替换。一旦发生改变，则牵一发而动全身，对设备的开发影响极为严重。降低层与层间的依赖性，可以较好保证可扩展性，在复用性上也优势明显。每个功能模块一旦定义好统一的接口，就可以被各个模块调用，而不用为相同的功能进行重复开发，因此松散耦合带来的好处显著。分层式设计可以灵活应对各种需求，而无须修改其他层的模块。

模块化软件编程的分层操作要点是：每一层直接对下一层操作，尽量避免交叉调用或越级调用，这样的软件架构更易于维护、扩展。

（3）软件设计规范

好的分层式结构设计，规范化和标准化是必不可少的。只有在一定程度的标准化基础上，整个系统才是可扩展、可替换的，层与层之间的通信也必然要求接口的标准化。

高质量软件具备特征有：

① 易于使用；

② 易于维护；

③ 易于移植。

高质量软件实现需要注意的事项有：

① 清晰的软件架构；

② 良好的命名习惯；

③ 通用的表达语言；

④ 规范的编程格式；

⑤ 合理的排版显示；

⑥ 简练的数据结构。

（4）软件模块测试

一旦编码完成，进行软件集成工作前，必须进行模块测试。未经过测试的软件模块组成的系统能够正常工作的可能性是很小的，更多的情况是充满了各式各样的错误（Bug）。

测试前要审查架构是否简洁、易于维护、易于移植，数据流向是否完整、有效，是否遵循规定编程规范。若不进行充分的软件模块测试，模块中可能会遗留错误，这些错误还会互相影响。当后期这些错误暴露出来时将会难于调试，必将大幅度提高后期测试和维护成本，也会降低产品的竞争力。进行充分的模块测试，是提高软件质量、降低开发成本的必由之路。测试时需要设计测试计划，准备测试文档，记录测试过程；检查测试后，提出修改、优化建议，并给出总体评价。一旦完成了测试工作，很多错误将被纠正，在确信各个模块稳定可靠的情况下，系统集成过程将会大大简化。最终，各个模块测试通过后集成为完整的系统软件，完整计划下的模块测试是对时间更高效的利用。

软件测试对软件质量极其重要，它可以确保程序的功能、性能与具体要求一致。

自动化集成系统采用模块化设计，可以大大提高后续生产、维护的互换性。因此，必须模块化设计，但不要追求极致，恰到好处最重要，模块化设计是方法而不是目的。

3.3
并行协同

3.3.1　系统化设计

3.3.1.1　系统设计思想

系统设计思想是将产品看成一个完整的系统，从系统论观点出发，分析各个部分的相互联系及整个系统与外界的关系，从而站到一个全局、系统的高度进行产品的分析与设计。

系统论主要是处理整体与部分的关系，以及整体内部的协调优化。依据系统论的观点，自动化产品及各部件多被看作由输入输出关系描述的系统，设计是寻找满足要求输入输出关系的系统结构。系统论中强调系统中各部分的整体性、层次性、关联性、统一性。整体性指系统是由若干要素构成的有机整体，并且系统的整体性能大于各要素性能之和。层次性指一个系统由若干子系统构成，而该系统本身又可以看作更大系统的一个子系统。关联性指系统与子系统间、各子系统间以及系统与环境间的相互作用、相互依存的关系。统一性指承认客观物质的层次性和不同层次上系统运动的特殊性，主要表现在不同层次上系统运动规律的统一性。

对于自动化系统，控制、驱动、检测、机械各子系统构成了产品内部系统，包括操作员在内的外部环境构成了产品外部系统。采用系统设计思想是设计时不能将各子系统彼此割裂，也不能将系统与环境割裂。这要求设计某个子系统时，不能仅以完成子系统功能为设计目标，还要考虑各子系统间的相互影响，即要求在完成该子系统功能的同时也能为其他子系统的功能提供有益条件，此外还要考虑环境因素影响，特别是人对系统操作的影响。

3.3.1.2　系统化方式

系统化体现在自动化系统的开放化、标准化、网络化和集成化。

① 开放化。开放化指体系结构的开放性，建立开放式体系结构的自动化系统，使系统硬件的体系结构和功能模块具有兼容性和互换性，使软件层次结构、控制流程、接口及模块结构等规范化和标准化，生产商可以在共同的标准平台上建立广泛合作，用户可以根据需要选择最先进的硬件和最新的控制软件，来实现最优化的控制。

② 标准化。标准化包含硬件和软件的标准化两方面内容，通过标准化实现互换性、通用性、兼容性、扩展性和交互性。硬件标准化包括机械零件、电气器件、控制部件的标准化，以及硬件之间接口的标准化四部分。软件标准化包括程序设计标准化、软件接口标准化、信号数据交互传递标准化三部分。

③ 网络化。网络化是指在控制系统上开发多个通信接口和多级通信功能，以满足接线和联网的不同需要，使之不仅具有串行、DNC（分布式数控）等点对点的通信，还支持制造自动化协议（MAP）及以太网等多种通用和专用的网络操作。通过网络可摆脱空间的限制，以实现远距离控制，极大程度地方便操作，并可使控制设备远离人们可接触的地方。

④ 集成化。集成化既包含各种技术的相互渗透、相互融合和各种产品不同结构的优化与复合，又包含在生产过程中同时处理加工、装配、检测、管理等多种工序。为了实现多品种、小批量生产的自动化与高效率，应使系统具有更广泛的柔性。首先，可将系统分解为若干层次，使系统功能分散，并使各部分协调而又安全地运转；然后，通过硬、软件将各个层次有机地联系起来，使其性能最优，功能最强。

3.3.1.3　机电软一体化系统设计

在"工业 4.0"背景下，现在的产品越来越多地由软件组件和嵌入式电子产品组成。与传统产品相比，它们具有不同的、多变的特征。结果就是，产品开发不可避免地变成了系统工程。系统工程是一致性的、跨学科的、文件驱动的方法，它为复杂的、高度网络化的系统提供建模和仿真支持。

系统集成将来自各个领域的结果集成为一个整体系统，如图 3-2 所示。

系统集成主要包括三个方面：

① 分布式组件集成。在通信系统的帮助下，传感器和执行器等组件通过信号和能量流相互连接，而能量流则通过耦合和插件连接器连接。

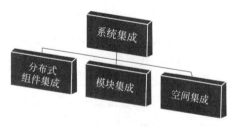

图 3-2　系统集成

② 模块集成。整个系统由功能定义模块和标准尺寸模块组成。耦合通过统一的接口，如 DIN（Deutsche Industrie Norm，德国工业标准）插头和插座连接，进行标准化集成。

③ 空间集成。所有组件在空间上集成，形成一个复杂的功能单元，如将驱动系统的所有元件（控制器、驱动器、电机、传递元件、操作元件等）集成到一个外壳中。

机电软一体化系统设计如图 3-3 所示。

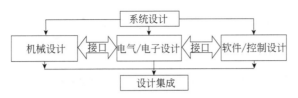

图3-3 机电软一体化系统设计

各个领域的主要设计内容包括：

① 机械设计：模块的基本结构设计，对相邻模块、其他系统（如物流系统）及必要时对工作人员的物理接口设计，机械接口的能源供应设计，实现模块功能所需的组件设计。

② 电气/电子设计：用于控制功能的电子硬件设计；能源供应与网络的电气接口的设计；与相邻模块和其他系统的电气接口的设计；电路文件及传感器和执行器的电气布局（包含所有所需电子元器件，如电源、开关、接入点、电机控制器、插座等）创建。

③ 软件/控制设计：必须考虑到工厂现有的网络拓扑结构和所使用的通信协议，还必须确定数据存储的位置，开发或调用相应的软件组件对设备运行实现控制和监视。此外，用户软件设计旨在通过友好的用户界面实现人机交互。

整个系统设计应包括流程、系统结构和功能映射三方面内容，必须考虑系统和环境中的接口。这与控制系统之间的信息交流有关，也与模块之间的其他物理对象流有关。

3.3.2 并行设计

3.3.2.1 设计思想

传统的产品设计是按照一定顺序进行的，将产品开发过程尽可能细地划分为一系列串联工作环节，由不同技术人员分别承担不同环节的任务，依次执行完成。

自动化系统设计则采用并行设计方法，即在设计时各主要环节同步推进，交互进行。并行设计基本思想是在产品设计开发阶段以并行的方式综合考虑生命周期中所有后续阶段，包括工艺规划、制造、装配、试验、检验、运输、使用、维修、保养直至回收处理等环节，从而提高产品设计、制造的一次成功率，并缩短产品开发周期、提高产品质量、降低产品成本，进而达到增强企业竞争力的目的。

并行设计方法站在产品设计、制造全过程的高度，从而打破传统的部门分割、封闭的组织模式，强调多功能团队的协同工作，重视产品开发过程的重组和优化。

在并行设计中，产品开发过程的各阶段工作交叉进行，能够及早发现与其相关过程不相匹配的地方。例如，在功能分析、经济分析之后概念设计团队就进入设计工作，概念设计团队注意所有零部件系统的技术局限，在这过程中不断与机械、驱动、传感、控制和制造方面的技术人员进行沟通以获得支持，并对设计任务书的编制提供信息。只有像这样在实际设计过程中返回到之前的设计阶段并修改设计结果，才能使设计有更长远的考虑。

3.3.2.2 多学科优化设计

自动化系统是由机械、电气、传感、控制等子系统组成的复杂系统。为了使系统设计能够达到规定的性能，系统设计必须从选择材料和设备开始，到分析、确定自动化系统结构，最后确定自动化系统整体设计性能，这是一个高度综合的系统设计过程。设计人员要综合利用结构、机械、电气、传感、控制等各学科知识，才能够完成自动化系统设计工作。

自动化系统作为一个十分复杂的系统，在设计过程中存在着很多矛盾。设计问题的矛盾性集中体现在自动化系统不同技术性能之间、安全性和经济性之间，往往对设计的要求是相互矛盾的。在确定设计要素中，如果改变或调整某一项要素，常常可能会改善系统的某一项或者几项性能，但又可能损害了其他性能。

例如，在系统设计过程中，为了能够减小系统结构的重量，常常会采用减小机械零部件尺寸的方法，可是机械零部件尺寸的减小会导致零部件的局部强度无法得到保证。因此，自动化系统的设计也是一个协调各子系统间矛盾较为复杂的系统工程，必须把各个子系统看作一个有机结合的整体，来综合考虑各种设计约束和性能指标，这样才能达到自动化系统设计方案整体优化的目的。

自动化系统的设计是一个多学科相互耦合的问题，一般涉及机械子系统设计、电气子系统设计、传感子系统设计、控制子系统设计等。在自动化系统设计过程中，随着设计的不断深入，设计人员会发现某个设计问题或设计矛盾，这些常常不是单一学科的问题，而是涉及多个学科的内容。根本原因是自动化系统的设计并不是各子系统设计的简单叠加和排列组合，各个子系统间存在着各种相互作用、相互制约的耦合关系。

由于存在着这些复杂耦合，那么要从机械、电气、传感、控制等多个方面对自动化系统进行总体设计就变得十分困难。如果应用传统设计理论和方法，通过依赖实验的半经验设计方法和设计模式，不断反复的设计过程及大量重复的实验会造成大量的物力和财力浪费，不但难以缩短研制周期，综合性能也难以有大的突破，甚至导致最终的设计结果不能满足设定的约束条件和设计指标，从而导致设计失败。因此，在系统设计过程中要考虑各个学科之间的耦合作用，才能使整体的性能实现最有效的提升。

多学科优化设计是根据现代工程设计的要求，以传统优化设计理论与方法为基础并结合信息技术发展起来的。显著特点在于能够综合考虑所有学科，实现各个学科之间并行设计和协调优化。这种方法与设计部门分工协调一致，可以充分发挥各个学科的设计优势，获得综合性能更优的设计。

多学科优化设计理论与方法是一种处理自动化系统设计的有效优化理论和方法，应用多学科优化设计理论与方法对自动化系统进行优化设计，建立自动化系统各个学科分析计算的模型，明确各个学科的设计输入和输出，构建自动化系统设计优化数学模型，并探讨多学科优化设计方法在自动化系统优化设计中的具体实现技术和应用效果。

多学科优化设计是一种通过充分深入探索和利用系统中相互作用的协同机制来设计复杂系统和子系统的方法论。主要思想是在复杂系统设计的整个过程中，集成各个学科或子系统的知识，应用有效的设计优化策略和分布式计算机网络系统来组织和管理复杂系统的设计过程，通过充分利用各个学科之间的相互作用所产生的协同效应来获得系统整体最优解，通过并行设计来缩短设计周期，从而使研制出的产品更具有竞争力。

自动化系统设计是基于并行方法，用系统工程方法进行多学科交叉综合设计，从而使产品具有更多的协同性以快速满足客户的需求。

3.3.2.3　机电软并行设计

机械工程、电气工程和信息技术三个学科之间有强大互动。机械工程、电气工程和信息技术领域的技术整合，导致开发过程日益复杂，因此需采用跨学科并行设计策略。

机械工程领域的问题涉及布局和机械结构，可以由机械工程师进行处理；自动化技术人员和电气工程师致力于解决电气工程领域的问题，以及电气连接和联网的相关问题；信息技术领域的问题主要针对逻辑控制，加强对现代编程语言，如 Java（一种面向对象的编程语言）、C 语言的使用，这些由软件开发人员进行编辑。

实现方法和设计工具：

① 机械工程：包含仿真功能、功能结构、机械结构等的 MCAD 软件。

② 电子和电气工程：功能结构、电流图、逻辑图、测试图、信号图、流程图、电路图、平面图、接线图，以及具有仿真功能的 ECAD 和用于微电子电路的 VHDL（VHSIC Hardware Description Language，超高速集成电路硬件描述语言）。

③ 信息技术：编程语言，如面向对象和高级编程语言，首选 Java、C#或 C 语言，以及用于模型描述、设计、文档和规范的图形语言，如 UML、SysML 或 BPMN（Business Process Model and Notation，业务流程模型和符号）。

④ 控制系统：useML（Useware ML，Useware 标记语言），模型、编程语言以及图形语言（UML、SysML）。

在德国工程师协会（Verein Deutscher Ingenieure，VDI）准则 2206 中，还考虑到了机械工程、电气工程和信息技术三个学科同时进行的方法，如图 3-4 所示。

在机电软并行设计中，三个设计团队（机械、电气与控制）并行工作。在机械团队完成设计前，电气与控制团队需要预先得到有关机械的信息。

虚拟原型技术可以预先提供机械信息。虚拟原型技术包括两种情况：一种是用户与机器开发商之间的虚拟原型机器仿真，如赋予传统三维设计系统动态的机器工作方式，从而实现设计开发的可视化；另一种是设计工具与设计工具之间、设计人员与设计人员之间的交互验证方式，如通过电机与机械仿真完成电机的定型工作。此外，控制逻辑验证、软件实现等也都可以应用到虚拟原型技术。

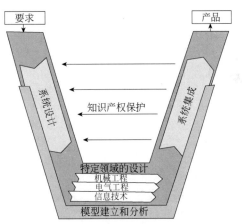

图 3-4　VDI 2206 V 模型

为了实现机电软并行设计的虚拟原型方式，需在统一开放的软硬件平台上，将机械设计、电气设计、控制设计的工具和功能相连接。

在设计最初阶段，机械设计与基本逻辑设计控制完全并行，控制工程师可以完成机器运行的基本流程，然后将这些信息传递给机械工程师的 3D CAD 模型。

当采用软件工具实现机械虚拟原型设计时，首先创建运动控制的轮廓，然后对该运动控制进行仿真，这样可以可视化地看到通过 CAD 软件设计的 3D 机械模型中执行机构在执行相应的运动控制方式。经过虚拟原型验证的运动控制算法，可以直接利用运动控制器实际控制电气驱动系统。在电气设计部分，由于运动控制是系统最核心的部分，而根据特定要求选择合适的电机类型和型号，则成为电气设计开发过程中最大的挑战。传统方法中选型往往依靠开发人员长期经验的积累或实际试用，极大地限制了可选范围和效率；而利用虚拟原型仿真工具，在机械设计过程中即可确定电机的转矩和速度需求，可以通过仿真工具完成电机的虚拟原型匹配，从而优化了电机定型的过程。

此外，在顺序开发方式下，由于采用的控制算法设计处于整个设计开发流程的末端，而此时系统往往已经机械定型，通常控制工程师为了迁就已有的机械结构而设计控制算法，而不是从本身最优化方式出发提升系统性能。由于虚拟原型中不引入实际的硬件开发，控制算法设计可以在更早期完成，因此最优化的控制策略在机械设计完成之前即可获得，从而与机械、电气开发过程相协调，突破了传统的时间限制并具有更好的系统性能。

通过虚拟原型技术可以将 3D CAD 系统与一个运动和结构分析工具，以及一个虚拟控制器相连接。虚拟机械是由"真实"代码驱动，机械工程师可以确定"真实"的力与转矩，电气工程师可以估计"真实"的电机与驱动需求，控制工程师可以驱动虚拟机械，微调控制代码并实时观察机械行为，以确保运动轮廓正确。使用这些并行设计工具，将机械设计过程中的繁重工作在整个设计周期中由所有设计团队一起分担。

相对于传统开发所采用的顺序方式，机电软并行设计是一种完全并行的设计开发流程。这一流程并不是简单地依靠任务间的同时开始与同步，关键是利用虚拟原型的技术打破各方之间的障碍，并在物理原型制造之前更好地完成各种分类功能的验证与优化。

结合虚拟原型技术的机电软并行设计，使得设计开发周期大大缩短，同时将更多的功能间的验证融入设计过程中，从而降低系统开发的风险，提高系统整体优化程度。

3.3.3 协同设计

3.3.3.1 机电软融合

自动化系统将传感器、执行器、信号调节、电力电子、控制算法、计算机硬件和软件有机结合来处理工程系统中的复杂性、不确定性，并进行通信。

（1）解决问题

自动化技术所面对的问题不是孤立的、单纯的各个子领域的问题：

① 系统设计问题。从系统的观点出发，根据机械的预定功能，按照最合理、最可靠、最完善和最易操作的设计目标，在合理的功能划分基础上，分离出功能模块或子系统，使用机械、电子部件，以最合理的构架组成自动化系统。对于系统功能的不同划分，可以实现功能相同的既定设计目标，但将导致不同的设计效果，产品的形态也会有差异，这种形态差异直接导致技术或经济指标上的差异。

② 机电部件接口问题，即机械电气部件互相协调配合问题。接口是一个广义的概念，既有逻辑上的接口，也有几何意义上的接口，还有电气意义上的接口。电气部件之间的连接也称为接口，机电部件之间也要用接口实现连接。在设计过程中，接口表达为一种规范，即机械或电气的规范。接口概念的提出与系统的"模块化设计"是相辅相成的。

③ 软硬件互补问题。在信息检测控制系统中，若采用微处理器，还要合理划分软硬

件功能，在保证系统性能指标前提下进行软硬件"互补"设计，以提高性能，降低成本。

（2）实现方法

实现机、电、软有机融合主要包括以下几种方法：

① 替代机械系统。使用电气设备、软件算法来替代系统中功能相似的机械结构。这集中体现在系统输出物理量的检测反馈环节上。传统上使用机械结构输出物理量的感知并反馈于系统来实现闭环控制，这样的控制方式不仅使得系统的机械结构十分复杂，而且系统的动态性能也不佳。通过引入传感检测与微处理器替代原来用于实现控制的机械结构，不但使机械系统结构简单，还能提高系统动态性能。

② 简化机械系统。使用电气的方法来简化机械系统的操作结构。传统的机械系统在操作时是通过复杂的传动系统将操作指令作用在机械系统内部的传动系统上，这使得系统操作不便，不仅增加了操作人员的工作量，还增加了企业的员工培训成本，甚至有可能因操作结构的不灵敏造成事故。将机械操作系统改换为电气操作系统可以大大简化操作，并提高系统整体的可靠性。

③ 增强机械系统。将正常设计的机械与闭环控制回路相结合，可以增强机械系统的运动速度、精度和柔性，运动部件可以做得质量更轻、惯量更小。

④ 综合机械系统。在考虑电气、软件系统的基础上进行机械结构的综合设计。例如，在考虑电机功率、转速等性能指标基础上设计机械传动结构，在机械结构上为传感检测系统设计安装保护装置，机械结构设计考虑各种线缆的走向、固定等。

电子元件价格的下降，同样影响了复杂功能部件的设计。由于电子元件的材料价格较低，且其简单的批量生产使成本更低、重量更轻、更耐损耗，因此机械元件和继电器正越来越多地被电子元件所取代。

此外，电子元件的使用减少了装配工作，传感器、执行器和其他电子元件的组合，使得部件在许多情况下可以执行与机械元件相同的功能。设备运行产生的错误可以直接上传至制造商，而且通过远程维护可节省昂贵的服务人员费用。此外，通过安装新的软件版本，还可以更新或升级产品，而无须更换物理部件。

自动化系统均由机械、电气、软件三元素融合而成。其中，机械是基础，电气是关键，软件是核心，它们前后关联，首尾呼应，浑然一体。

机械结构设计是实现系统功能的基础，也决定了系统的技术性能上限；电气传感设计保证了系统的技术性能；软件控制设计实现了系统技术性能；系统集成是各个环节及不同模块间的精心设计和工艺制程的精益控制。

机电软一体化联合仿真及数字化虚拟运行测试为技术可行性提供了保证。软件不仅承担机械的动作控制，还具有规划管理、智能测算、工艺库实施与集成、设备生命周期管理等功能。在设计过程中，机电软三元素融为一体，缺一不可。

3.3.3.2　数字化协同设计

（1）设计管理

随着产品创新性及智能化要求的不断提升，以及模块化、并行化等管理模式的引入，制造企业在产品研发业务中对数字化样机设计、数字化电子/电气设计、软件工程及研发一体化的需求日益突出。机电软数字化协同设计管理，可提供多专业数字化研发及管理环境，构建数字化研发体系，提升产品研发质量，促进正向创新。

① 数字化样机协同设计。结合 NX、Creo、SolidWorks 等三维结构设计工具及设计协同集成管理环境，实现全数字化结构规划、多部门设计协同、数据规范化管理、标准件库管理等，支持模块化设计及并行设计方法在样机定义中的应用，并重点体现样机可视化在工程协同及管理中的实效化应用，提高结构数字化设计协同效率和设计质量。

② 数字化电子/电气协同设计。结合 Mentor、Cadence 等电子/电气数字化设计及分析工具与设计协同集成管理环境，实现以行业元器件优选库等基础库为支撑的原理设计、ASIC设计、FPGA 设计、PCB 板设计、线束设计等，并支持 EDA 可视化设计评审、与结构专业的协同、EDA 数据管理等，实现 EDA 设计协同的数字化、规范化和高效化。

③ 软件及研发一体化。随着产品复杂度的提高，软件在产品中的比例越来越高，如何有效地遵循国际标准和国家标准对软件研发的全过程实现一体化管理，推动软件开发、测试、部署/封装、运维过程的自动化执行，成为企业产品研发创新能力提升的关键。为此，从软件工程化角度，支持软件项目、需求、开发、测试、发布、配置、质量的完整管控，并基于软件自动化执行平台整合相应的开发、代码检查、测试、部署等工具，集成后台硬件计算资源，实现研发全过程的自动化执行，打通工程化顶层管理与研发执行环节，形成高效执行与管理的集成化协同环境，提高软件研发的规范化和精益化。

（2）协同设计软件

软件可以提高设计的质量及项目的跟进效率，在软件中可以系统地进行原理图设计及三维模拟仿真，设计数据通过软件进行统一管理，从而实现自动化生产作业。

协同设计软件优势主要有：协同设计软件跟手机中的应用软件一样，会随着版本的更新，同时更新它的本地数据库及在线数据库，这样可以优化软件功能；在设计过程中可以实现机械设计与电气设计的协同，提高项目的进度以及项目设计的质量，创造更大的利润。

在传统的生产线上，很多设计及管理都是纯靠人工徒手来完成，如图纸的设计、报表的制作、零件的装配以及项目的文档存储。这些烦琐的工作，给员工以及项目的进程带来很大的阻碍。于是，人们一直在开发一些自动化设计软件，而这些自动化设计软件可以帮助机械工程师、电气工程师、后勤部门、管理部门等同时进行工作。

项目设计的过程中，传统的设计是先进行机械设计，而后是电气设计，当电气工程师有需要更改的时候，向机械工程师提出要求，再进行设计。然而当机械设计师的结构设计完成后，电气工程师进行电气设计时，如果有些线缆布置不进去，这个时候两个工程师需要进行协调，再进行下一步的设计工作。协同设计软件可以在设计的同时直接进行协同，这样就避免了机械工程师与电气工程师的重复设计。如果其中有一个工程师增添了元器件，那么可以通过对话的方式进行沟通，不用面对面地协商就可以完成这些设计工作。

3.3.3.3 西门子实现方法

基于西门子 PLM 软件 Teamcenter 的机电软协同设计，为客户提供多专业数字化研发及管理的环境，帮助客户构建机电软协同研发的能力，提升研发效率，促进产品创新，如图 3-5 所示。

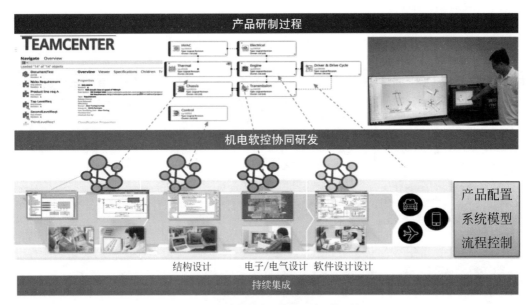

图 3-5 机电软数字化协同设计工作环境

在系统中设置协同工作区，保存机电软数字化协同设计的文档。在设计过程中首先搭建产品工程物料清单（Engineering Bill of Material，EBOM）结构，然后将机械、电子、软件节点通过授权指派给负责人，这样机、电、软设计负责人就可以一起协同工作，分别构建自己那部分的物料清单（BOM）结构，最终形成一个完整的产品 EBOM 结构。在设计过程中彼此随时查看设计状态、更改状态、设计进展，减少因沟通不及时造成的误解及误会，达到并行协同设计的目的。

Teamcenter 通过系统与 NX、CREO、CATIA、SolidWorks、Solid Edge 等 MCAD 的集成接口来获取机械设计数据，并实现对机械设计的详细管理，如图 3-6 所示。

图 3-6 支持各类 MCAD 在线集成

NX—西门子的大型 CAD/CAM/CAE 软件，源自 Unigraphics(UG)软件；CREO—美国参数技术公司（PTC）的大型 CAD/CAM/CAE 软件，源自 Pro/ENGINEER(Pro/E)软件；CATIA—法国达索（Dassault）的大型 CAD/CAM/CAE 软件；SolidWorks—法国达索（Dassault）的一个 3D CAD 软件；Solid Edge—西门子的一个经济易用的 3D CAD 软件

Teamcenter 通过系统与 Altium、Cadence、Mentor 等 ECAD 的集成结构来获取电子设计数据，并实现对电子设计的详细管理，如图 3-7 所示。

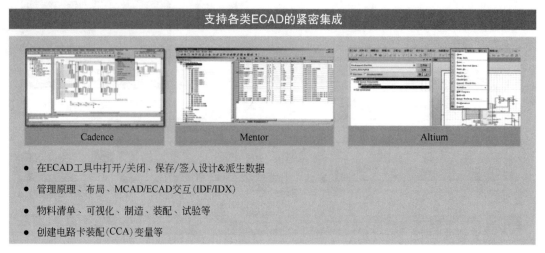

图 3-7　ECAD 与 Teamcenter 集成

IDF—Intermediate Data Format，中间数据格式；IDX—Incremental Design eXchange，增量式设计交换；CCA—Circuit Card Assembly，电路卡装配；Altium—奥腾，澳大利亚奥腾的一种 EDA 软件，源自 Protel 软件；Cadence—铿腾，美国铿腾的一种 EDA 软件；Mentor—明导，西门子的一种 EDA 软件

Teamcenter 通过 Visual Studio、MPlab IDE、KEIL、IAR 等软件开发工具的集成结构来获取软件开发程序数据，并实现对软件开发结果数据的详细管理，如图 3-8 所示。

图 3-8　软件开发工具与 Teamcenter 集成

Visual Studio—可视化工作室，简称 VS，美国微软（Microsoft）为以 Windows 为主的平台开发的功能全面而强大的集成开发环境（Integrated Development Environment，IDE）

思考题与习题

3-1　自动化装备模块化设计呈现什么特点？

3-2　自动化装备模块化设计分哪几个方面？

3-3　机械模块化设计中包括哪些主要功能？

3-4　电气模块化设计中采用分布式布置有什么优点？

3-5　软件分层式设计的目的是什么？

3-6　高质量控制软件具备哪些特征？

3-7　自动化系统的系统化主要体现在哪些方面？

3-8　机电软一体化系统集成主要包括哪些方面？

3-9　机电软融合需要解决哪些问题？

3-10　机电软数字化协同设计包括哪些方面？

第4章

基于数字孪生的自动化集成技术

本章思维导图

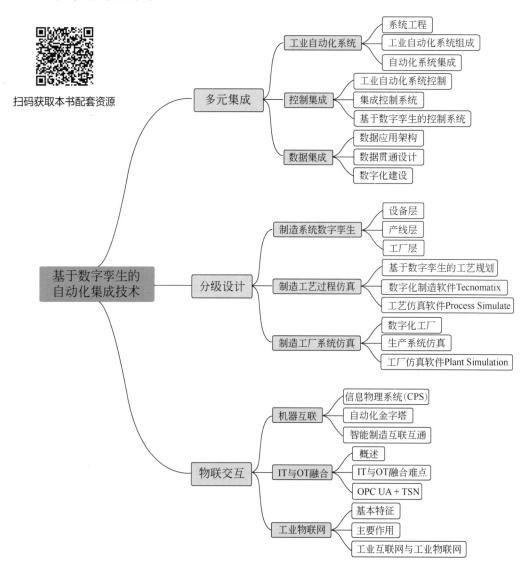

本章学习目标

（1）了解工业自动化系统组成；

（2）熟悉工业自动化系统控制类型；

（3）了解基于数字孪生的控制优势；

（4）掌握设备层数字孪生实现方法；

（5）熟悉工艺仿真软件功能模块；

（6）了解生产系统仿真内容和原则；

（7）了解自动化金字塔分层设计；

（8）了解工业 4.0 中的三大集成；

（9）了解 OPC UA+TSN 网络架构；

（10）掌握工业物联网特征和架构。

随着制造业快速发展，工业自动化生产正在向智能化、集成化方向发展。在生产过程中使用的具有数字控制功能的设备或仪器，如工业机器人、PLC、数控机床、智能仪表、智能控制器与执行器等，为企业生产效率及产品质量的提高发挥了重要作用。

自动化集成既包含各种技术的相互渗透、相互融合和各种产品不同结构的优化与组合，又包含在生产过程中同时处理加工、装配、检测、管理等多种工序。为了实现多品种、小批量生产的自动化与高效率，应使系统具有更广泛的柔性。当前，全球工业互联网发展如火如荼，为数字孪生提供了良好孵化床，各种应用场景加速落地，应用领域范围不断拓宽。在工业自动化集成技术中结合数字孪生技术，可将自动化集成系统中的硬件和软件有机地联系起来，使系统性能更优，功能更强。

4.1
多元集成

4.1.1　工业自动化系统

工业自动化是指机器设备或生产过程在不需要人工直接干预的情况下，按预期的目标实现测量、操纵等信息处理和过程控制的统称。工业自动化系统是运用控制理论、仪器仪表、计算机和其他信息技术，对工业生产过程实现检测、控制、优化、调度、管理和决策，以达到增加产量、提高质量、降低消耗、确保安全的目标，如图 4-1 所示。工业自动化是现代先进工业科学的核心技术，是工业现代化的物质基石和重要标志。

4.1.1.1　系统工程

"工业 4.0"让工程设计的地位发生了改变，以互联网为基础的、有着集成服务的机电一体化设备涉及的是极其复杂的系统间的联合。这一系统不能通过现有的机械学、电子学与计算机科学的排列组合来开发，它需要的是系统工程。

图 4-1　工业自动化应用

每一台机器、每一个处理中心、每一个电机都具有一定的复杂性，这一复杂性唯有通过系统工程才能实现。这一方法不看新产品的单个组成部分，而是将组成部分组装在一起并进行测试。换句话说，整体系统才是这一方法的着眼点。首先定义并领会功能需求，然后拟定一个与此相关的系统结构，下一步是考虑通过哪种学科实现何种功能。

在如今的工业中，各学科之间都是独立工作的，它们所得出的结论很难一致，因为所有具有学科特征的系统都有着自己的语言，这种语言除了专业人员外，很少有人能理解其中的含义。数据交换和协同可视化需要花很大力气才能实现。

电工学、电子学、机械学与计算机科学早就构成了一个模型，在此模型中，可视化开发和数字化模型的测试得以执行，而这不适用于多学科系统。

当系统通过软件来移动由电子部件获得动力的机械装置时，模型的测试就变成了可能，好像它已经通过网络得以连接或已经运转。测试者必须虚拟终止命令或在其他机器上模拟数据输入，通过这种方式，系统才能发挥预期的作用。

工程学科必须进行整合并构造出一个共同的系统模式。

4.1.1.2　工业自动化系统组成

工业自动化系统的组成包括硬件设备、软件系统和通信网络三部分，具体可分为：

① 自动化设备：包括 PLC、传感器、编码器、人机界面、开关、断路器、按钮、接触器、继电器等工业电器及设备。

② 仪器仪表与测量设备：包括压力仪器仪表、温度仪器仪表、流量仪器仪表、物位仪器仪表、阀门等设备。

③ 传动设备：包括调速器、伺服系统、运动系统、电源系统、发动机等设备。

④ 计算机硬件：包括嵌入式计算机、工业计算机、工业控制计算机等设备。

⑤ 自动化软件：包括 CAD/CAM 系统、工业控制软件、网络应用软件、数据库软件、数据分析软件等软件。

⑥ 通信网络：包括网络交换机、视频监视设备、通信连接器、网桥等设备。

4.1.1.3　自动化系统集成

自动化系统集成技术包括使工厂和系统能够自动运行的所有过程和工作设备。自动化的目标是使工厂和机器能够以低错误率和高效率自动执行工作流。根据所涉及系统的复杂性，可以实现不同级别的自动化。自动化程度越高，人类对控制过程的干预就越少。

（1）自动化系统的优点

自动化系统使人们没有必要从事危险和体力消耗大的活动，机器可以做繁重的日常工作。自动化的进步与人口增长有关，这不是没有道理的。人口的增加带来了对高质量商品的需求，这也是大规模生产的原因之一。

除了减轻人们的压力，自动化还有许多其他好处。机器以高性能水平连续运行，速度大大超过手动过程。此外，自动化还提高了产品质量，并降低了人员成本。

（2）采用自动化的应用领域

自动化系统集成技术及相关系统几乎出现在生活的各个领域。没有自动化，生活几乎是不可想象的，如防抱死制动系统和自动变速器可以提高汽车的安全性和驾驶员的舒适性。

生产环境的自动化是一个特别重要的应用领域。例如，生产工厂的系统可以配备自动化组件。严重依赖这些解决方案的其他行业包括汽车工业、机械工业、电气工业和飞机制造业等行业，这些行业对智能自动化设备的需求持续增长。

（3）自动化系统的主要功能实现

自动化系统具有许多关键功能，包括测量和控制两方面；此外，还包括调节和通信等功能；可在控制室中通过人机界面监控所有过程。

每个自动化系统集成技术子系统都包含几个特殊组件：

① 测量通常在传感器的帮助下进行。它们可以检测和确定主要的物理和化学条件，如湿度、压力和热量。

② 自动化系统的数字控制是利用 PLC 实现的。控制命令通过电机、阀门或磁铁等执行器传输至系统。这种系统过去包括永久有线连接编程控制器，其中对编程的任何改变都需要修改连接。对于 PLC 系统，只需修改程序。

③ 调整包括持续测量相关参数，并将其与目标值进行比较。如果测量值偏离要求，则进行调整，这个过程由计算机控制。

④ 自动化系统集成技术具有复杂的通信系统，涉及许多不同的传感器和执行器。组件通过现场总线系统相互连接。根据标准化协议，系统调整多个参与者使用一条线路的方式。如今，自动化组件可通过以太网进行通信，也可以通过互联网连接远程维护系统。

（4）通过人机界面进行操作和监控

自动化系统的用户可以通过人机界面（HMI）进行交互。通过使用 HMI，可以快速了解所有基本的操作程序。可以监控系统、操作机器，并在决策过程中有把握地干预过程。系统负责人可以通过操作面板或过程可视化系统访问信息。面板配有信号灯、按键和显示单元。基于软件的可视化是通过操作终端来执行的，操作员可以通过开放的标准化界面将现代人机界面技术集成到自动化系统中。

（5）使用自动化系统的安全要求

任何自动化系统的故障，都会带来安全隐患。因此，现场对可靠运行有严格要求。自动化系统集成技术领域有许多指令和安全法规。当系统连接到互联网时，信息技术专家应该保护通信结构的安全，以保护它们免受可能的威胁或攻击。

4.1.2 控制集成

自动化集成控制是将通信、计算机以及自动化三大技术组合在一起的有机整体。集成控制的含义是通过某种网络将其中需要连接的智能设备进行组网，使之成为一个整体，使其内部信息实现集成及交互，进而达到控制的目的。

4.1.2.1 工业自动化系统控制

工业生产在发展过程中，始终与信息技术的发展相伴随。每一次工业革命也都伴随一次信息技术进步。工业现场生产设备与设施被自动控制系统控制，实现自动化生产，构成了最基础的工业制造过程。同时，整个工业生产的科学组织、调度指挥和经营管理也逐步由计算机信息化系统实现。工业自动化与企业信息化推动着工业现代化发展。

从自动控制系统应用的角度来看，工业可分为两大类：一大类是制造业，如飞机、汽车等制造工业；另一大类是过程工业，如石油、化工等。

制造业主要是将各类材料，通过生产加工线加工成为一个个零件，零件又装配成为部件，部件在装配线上被装配成机器设备。制造业的自动控制系统，要求系统能够自动控制机械制造过程、自动控制机械装配过程，要求严格控制零件的各种参数达到一定精度，要求装配好的整机达到设计指标。这些要求通过各类数控机床、各类自动装配线组成的系统来实现。制造业的制造过程是一个离散过程，零件一个个加工出来，部件一个个组装起来，机器一台台装配成功，与此相应的自动控制系统主要实现对这些非连续对象的控制，称为离散控制，一般离散控制采用 PLC。

过程工业，也称为流程工业，它是将原料经管道输送并通过物料处理装置变为产品的工业过程，或是介质在流动过程中转化能量生产出能源的工业过程。要保证这些工业过程的正常运行，安全稳定、源源不断地生产出合格产品，必须对整个流程进行自动控制，此类系统称作过程控制系统。过程控制系统进行的是对连续量的控制，称为连续控制，一般连续控制采用 DCS。

在实际的工业应用中，并不是将制造业和过程工业严格分开，在许多工业企业里，甚至在同一条生产线上，都可能包含了两种类型的工业控制，涉及了 DCS 和 PLC 两类控制系统。工厂里的生产控制系统的层次模型，称为普渡模型（Purdue Model）。

工业控制系统是对企业生产系统的控制，现代工业企业制造产品的过程完全是在控制系统控制下实现高效、高质量和智能化。从这个意义上讲，工业控制系统是现代工业的最基础系统。研究工业信息化集成系统的系统集成技术，应将生产自动化系统中的系统集成技术作为基础来研究。

工业控制系统主要分两层：

① 现场设备层主要有各类传感器、变送器、执行器、驱动器，它们采集工业现场各

类与生产相关的信息并传送到控制系统，同时现场的执行器、驱动器按照来自控制系统的指令推动阀门、开关和驱动设备。

② 自动化系统控制层主要是由对工业生产过程中各类工艺参数进行控制的控制器、工业控制网络以及操作员站、控制层数据服务器与生产应用服务器等组成。

在制造业自动控制中涉及的被控参数主要是机械量和运动量，包括转速、线速度、加速度、位移量、长度、角度、力、力矩等参数及相关的电压、电流、电功率等各种电参数。制造业自动控制系统主要控制那些运动的驱动设备，如电机、线性电机、液压电机、液压油缸、气动电机、气动缸及运动转换装置。主要的监控点是开关量、数字输入和数字输出量。

过程控制的特点是必须严格控制原料在被处理过程中的过程参数，也称为工艺参数，只有工艺参数保证了，才能使工业过程源源不断地生产出合格产品。工艺参数主要有温度、压力、流量和物位（液位）等。不同的工业过程有不同的工艺参数。这些工艺参数大都是连续变化的，称为模拟量，如温度变化。对于模拟量的控制，从控制原理讲，与对离散量的控制有着根本的不同，过程工业自动控制系统是以连续量控制为主的系统。

工业自动控制系统在实际运行时，必须具备特定的品质指标，自动控制系统必须是稳定的，必须稳定地达到控制的要求值，而且必须快速达到这一要求值，即稳、准、快的要求。

工业自动控制系统的品质决定着工业产品的品质，是工业制造的灵魂。工业自动控制系统随着新工业革命的到来，必将适应智能产品的要求，适应智能生产线的需要，会发生巨大的进步与变化。

4.1.2.2　集成控制系统

集成控制的内涵有设备的集成和信息的集成两种。设备的集成是通过网络将各种具有独立控制功能的设备组合成一个有机的整体，这个整体是一个既独立又关联，而且还可以根据生产需求的不同而进行相应组态的集成控制系统。信息的集成是运用功能块、模块化的设计思想，实现资源动态调配、设备监控、数据采集处理、质量控制等功能，构成包含独立控制等处理功能在内的基本功能模块，各个功能模块实现规范互联，构造功能单元时采用特定的控制模式和调度策略，达到预期的目标，进而实现集成控制。

构建集成控制系统需要的条件如下：

① 异构性。一般情况下，工业自动化生产的集成控制系统的硬件部分是由许多不同种类的设备混合构成，它们所支持的通信接口、通信协议各不相同，如果要构建集成控制系统就必须具有相应的通信接口并支持其协议。

② 复杂性。工业自动化生产集成控制系统的组成部分是由多种具备自主控制功能的子系统所构成，如机器人子系统部分、PLC 子系统部分、监控子系统部分，各子系统之间也是交叉融合的，这就对集成控制系统有了差别极大的功能需求。

③ 高柔性。由于现在多种类、小批量的柔性生产模式逐渐主导市场需求，由该模式引起的生产计划及任务的多变性就要求集成控制系统具备扩展性、裁剪性、重构性等柔性功能。

④ 交互性和实时性。各设备之间、各系统之间有大量的信息需要及时进行交互，快速响应性能也是控制系统所应具备的。

⑤ 自治性。工业自动化生产中包括的机器人、PLC 等设备，自身能够组建自主控制系统。

4.1.2.3 基于数字孪生的控制系统

控制系统是装备的大脑，控制功能和控制策略的正确性直接影响到装备的功能与性能。基于数字孪生，可对控制系统的设计、控制功能和性能的调试优化及基于虚实映射丰富数据的控制系统决策能力提供多维度支持。在设计开发阶段，通过虚拟模型仿真调试实现控制功能的完整性校验和控制算法的选择优化，同时迭代改进机械系统和控制系统；在样机调试阶段，通过虚实映射，对实际控制效果进行评估，改进控制系统和物理样机的设计；在运行维护阶段，对物理样机和加工对象的状态全面感知，满足实时自主决策控制中对物理实体实时状态和历史状态真实反馈的需要。借助数字孪生技术，达到控制系统控制精准、算法高效、运行可靠、成本经济的目标。

① 基于数字孪生的控制优势如下：

a. 在设计阶段，基于数字孪生虚实同步对控制系统进行设计匹配，使控制系统和物理装备更早地融合匹配，减轻实机调试的负担。

b. 在调试阶段，促进控制系统和设备全面匹配，改进设计缺陷，降低设计冗余。

c. 在运行阶段，控制反馈信息不再是相对独立的参数，而是数字孪生呈现的物理实时状态，可对算法自主决策提供客观、有效的数据支持。

② 基于数字孪生的控制，研究控制系统全新的设计、调试和运行使用模式，需在以下几个方面进行突破：

a. 接口交互：需要解决模型与控制系统之间驱动交互和状态反馈问题，从而实现对数字孪生与控制系统之间的无缝交互。

b. 控制仿真：基于物理属性和动力学特性，实现数字孪生模型在控制数据驱动下的行为仿真，对物理设备进行真实的描述。

c. 自主决策：基于数字孪生模型大量、及时、多维的数据，突破传统依赖公共数据训练集的局部最优限制，从数据源头上解决控制自决策的有效性和准确性。

4.1.3 数据集成

自 2013 年德国提出了"工业 4.0"的概念后，以两化融合为特点的第四次工业革命的趋势也愈加明显。智能工厂的建设前提是数字化工厂中从顶层到底层的系统集成和数据贯通，将数字信息结合人工智能的算法，深度挖掘数据内涵，才能逐步形成智能化的应用。全面实现数字化是通向智能制造的必由之路，数据是智能化的基础，数据的应用关系到数字化工厂的质量、效率和效益，也是迈向智能制造的必经之路。

4.1.3.1 数据应用架构

数字化工厂的基本特点是业务流与信息流的融合，一是从产品设计（TC）、资源配置（ERP）、制造执行（MES）、质量管控（Quality Management System，QMS）及底层生产线的业务流全部实现数字化的格式实现和传递；二是从产品生产过程中生成并采集上来的各种数据可以回传归集，在管理平台上对数据进行分析，形成质量预警、管理问题的依据，用数据形成质量提升和管理改善的驱动力。以此为出发点，数字化工厂数据应用的架构如

图 4-2 所示。

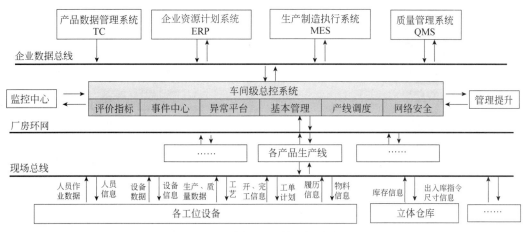

图 4-2　数字化工厂数据应用架构

4.1.3.2　数据贯通设计

数据的贯通包含企业层级的信息化平台之间数据的互通，同时设计数据向生产线执行工位传递的数据能够自动识别，不需二次转化。

（1）企业信息化平台数据互通

企业制造环节的数据源头是以产品构型为基础设计形成的工艺设计，质检策划要基于工艺设计进行检验信息的策划。在 TC 平台中工艺设计和质检策划数据包含工艺流程、物料、工艺文件、检验要求等信息，以此为依据向 ERP、MES、WMS（Warehouse Management System，仓库管理系统）、QMS 等系统传输一整套统一的数据作为指导生产，以保证数据流上下传送时同一数据的共享和利用。作为企业的整体信息平台，企业数据总线要将各系统连接起来，如图 4-3 所示。

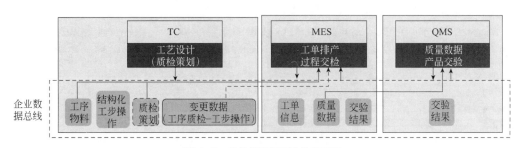

图 4-3　企业信息化平台数据互通

（2）生产线执行数据与企业信息平台的互通

生产线执行工位需要根据工艺设计数据在企业信息化平台进行一次设计后，经过审核及版本管理，作为根本依据指导生产和制造过程，同时规范体系管理的执行。其中，生产线与企业信息平台的数据贯通需按类梳理接口数据，如图 4-4 所示。

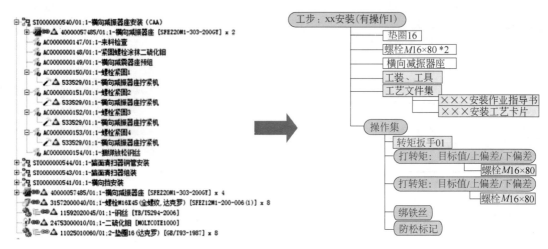

图 4-4　工艺设计数据与执行工位数据联通

4.1.3.3　数字化建设

在推进数字化产线建设、探索智能制造模式的过程中要注意：

① 基础网络建设。网络对数字化工厂数据贯通和应用的影响较大，企业一旦开始业务流与数据流的融合一体运行，数据上传下达的实时性要求很高，工厂车间设备设施对网络影响较大，尤其是基础有线网络以及无线网络应用，事先需要进行信号强度评估，必要时需建设 5G 网络。

② 基础数据收集难度大。制造型企业涉及专业较多，一般来说，焊接、加工、组装、测量等交叉组合形成生产线，数据类型有转矩、线性尺寸、图片、时间、人员信息等，仅线性尺寸的采集也因工件尺寸、测量能力等限制各有不同。故对于底层数据采集需事先进行调研，自动和手动收集合理匹配。

③ 系统平台功能划分和数据接口宜提前规划。当前提供企业信息化平台的公司软件功能模块界限重合度越来越高，企业要根据自身特点提前规划信息系统平台的功能划分。涉及多系统的，要规范数据接口，形成标准。

随着信息技术的进步，尤其是 AI、5G 技术的成熟应用，在"中国制造 2025"国家战略和人口红利消退的时代背景下，数字化工厂的建设已成为实现企业转型、提高核心竞争力的有效手段。

4.2
分级设计

4.2.1　制造系统数字孪生

数字孪生以数字化方式创建一个物理对象，借助数据模拟对象在现实环境中的行为，对产品、制造过程乃至整个工厂进行虚拟仿真，从而提高制造企业设备研发、制造的生产效率。数字孪生面向产品全生命周期，为解决物理世界与信息世界的交互与共融提供有效的解决途径，如图 4-5 所示。

图 4-5　制造系统数字孪生

4.2.1.1　设备层

传统的单机设备制造流程为：方案布局→机械设计→程序/电气/软件设计→现场调试→交付使用，数字孪生的应用是在设计阶段创建一个数字化的虚拟样机，将机械、程序、电气、软件进行同步设计，在虚拟环境中验证制造过程。发现问题后只需要在模型中进行修正即可。在虚拟调试完成后，使虚拟样机完整地映射到实际设备中，提高现场调试效率，缩短研发周期。虚拟样机的创建方法如下：

① 创建数字模型。借助市场上常见的 CAD 软件（CREO、SolidWorks、NX 等），在机械设计阶段能够高保真地创建设备数字模型，这是数字孪生与物理实体的"形"。这里的"形"包含机构外观、零件尺寸、相对安装位置等。

② 设置虚拟信号。CAD 模型往往是静态的，而现实的设备是动态的，通过运动仿真软件对设备的运动组件进行定义，并赋予其物理属性，设置虚拟信号定义其运动轨迹及限制范围、移动方向、速度、位移和旋转角度等，这是数字孪生与物理实体的"态"。保证数字孪生与现实设备的各运动姿态统一是实现数字孪生技术的关键。

③ 信号连接。基于 PLC 的虚拟仿真功能，将 PLC 程序中的 I/O 信号与虚拟信号进行连接，运行 PLC 程序，结合上位机的控制界面，对虚拟信号进行一一校核。这里的 PLC 连接包含软连接和硬连接两个部分，软连接是利用 PLC 本身的仿真模型功能，实现软对软的通信，同时要求有实际硬件 PLC 时，基于以太网 TCP/IP 协议，实现硬对软的通信。

④ 虚拟调试。根据产品制造工艺测试和验证产品设计的合理性。在计算机上模拟整个生产过程，包括机器人和自动化设备、PLC、气缸、电机等单元。机器人单元模型创建完成就可以在虚拟世界中进行测试和验证。

3D 模型只能静态展示设备的时代即将过去。数字孪生可以集合分析设备的设计、制造和运行的数据，并将其注入全新的设备设计模型中，使设计不断迭代优化。有了数字孪生，在前期就可以识别异常功能，从而在生产前就已消除设备缺陷、提高质量。

4.2.1.2　产线层

产线设计中最难也最耗时的是验证阶段，因为一个产品的生产由多个工序构成，每个工序输送系统的速度、加速度、间距等参数必须在负载下进行验证，验证其是否可行。

而这个过程在传统意义上来说，需要实际物理装置装配好后才能进行。利用生产线的数字孪生技术进行验证，模拟整个工艺流程、所有的机台协作之间是否按照原来设计的动作进行，通过将物理产线在数字空间进行复制，可以提前对安装、测试的工艺进行仿真。

借助数字孪生的记录和分析，在实际产线安装时，可以直接复制使用，从而大大降低安装成本，提高生产线各设备之间的连接效率。调整机器调试中的数据，可以用来优化生产指标，这对于生产线而言，具有巨大的应用前景。

为满足个性化、定制化的需求，还要求生产线具有高度的柔性化、智能化，新产品能否在现有的产线中加工，生产过程是否会出现异常，需要进行首件测试，在测试过程中还需进行零件换型，整个过程周期长、效率低。

利用数字孪生切换到离线模式，让 PLC 程序单独驱动虚拟生产线运行，在虚拟环境中提前验证新产品生产可行性及可能出现的问题，优化控制程序，修改换型零件。完成虚拟调试验证后，同步进行现实生产线的调整，让数字孪生切换回在线模式，快速实现新产品、新工艺柔性生产线的生产运行。

要实现产线层数字孪生，需要完成以下几个方面的内容：

① 基于设备的数字孪生模型，将各个机台模型统一集中在同一虚拟空间，这对计算机硬件配置要求较高，普通计算机无法承受大量数据模型的导入。数字模型的处理是重点，模型优化的程度在很大程度上决定了产线层的数字孪生能否运行。

② 模型在虚拟空间的运动模式需实现动力学控制，在虚拟空间建立重力场，赋予模型质量、惯量、摩擦、气压等物理属性。在虚拟验证阶段，发现可能出现的器件异常、机构干涉等，提前规避和处理，提高产线设计、制造和调试的效率。

③ 控制设备运行的 PLC 如果存在多个品牌，需要开发通用通信接口，将各机台的信号数据汇总到中央控制系统数据库，通过数据库统一进行信号配置，以驱动各虚拟设备的执行组件，生产各环节的视觉控制系统、机器人控制器单元需将检测和位置状态信息进行模数变换，通过上位机数据库驱动虚拟机器人实现同步运行。

④ 网络集成和网络协同能力，将各个机台的设备运行数据、易损件使用次数，通过云计算（Cloud Computing）技术统计、分析，得出各设备的节拍与设计时序是否吻合，实时监控各个关键指标数据是否正常，实现数字孪生的远程运维和远程管理。

4.2.1.3　工厂层

在设备层和产线层的基础上，建立工厂层的数字孪生，将物流的控制系统全部集成起来，形成计划、质量、物料、人员、设备的数字化管理。物料的管理主要包括出库、入库、盘点等功能，物料的编号、数量可以在数字孪生平台中直观查看，建立真正意义上的数字化工厂。

数字化工厂结合 MES 系统，采集 MES 系统的数据，驱动虚拟的物料和 AGV 移动，实现虚拟世界与物理世界的同步运行。一旦工厂设备出现问题，在报警的过程中，数字孪生平台上可以迅速定位出问题发生的环节点及具体位置，通过远端运维平台，在手机端、电脑端实时查看工厂运行情况，预报功能会根据零件寿命来提示企业提前一周更换零部件，而不是发现零件停止工作之后再反馈给工程师更换零部件。

工厂层数字孪生一定是建立在产线层数字孪生的基础上的，通过与 MES/ERP 的数据通信，加入智能仓储模型和 AGV 模型在工厂的运动轨迹，实现数字化工厂的建立，让虚拟工厂进入漫游模式，实时显示物流系统和自动化设备的运行数据。

数字孪生技术在智能装备制造中的应用将飞速发展，智能工厂是未来发展的趋势，数字孪生技术作为智能工厂重要的组成部分，专注于实体设备和生产线的数字虚拟化，而随着大数据、云计算等技术的不断发展，数字孪生将逐步由设备工序数字化向流程系统数字化发展，即通过反复的模拟计算，自主生成数据资源库，并利用深度学习等人工智能技术，逐步实现数字孪生对于实体流程的自适应、自决策，从而在生产需求、业务场景发生新变化时，生产流程能够完成自发性的智能化、柔性化调整，进而真正实现智能工厂的无人化。

4.2.2　制造工艺过程仿真

4.2.2.1　基于数字孪生的工艺规划

工艺规程是产品制造工艺过程和操作方法的技术文件，是进行产品生产准备、生产调度、工人操作和质量检验的依据。数字孪生驱动的工艺规划是指通过建立超高拟实度的产品、资源和工艺流程等虚拟仿真模型，以及全要素、全流程的虚实映射和交互融合，真正实现面向生产现场的工艺设计与持续优化。在数字孪生驱动的工艺设计模式下，虚拟空间的仿真模型与物理空间的实体相互映射，形成虚实共生的迭代协同优化机制，如图 4-6 所示。

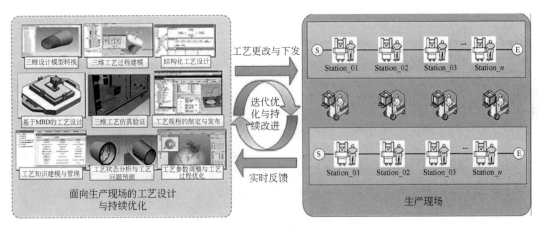

图 4-6　数字孪生驱动的工艺设计模式

数字孪生驱动的工艺设计模式使得工艺设计与优化呈现出以下新的转变：

① 基于仿真的工艺设计：真正意义上实现面向生产现场的工艺过程建模与仿真，以及可预测的工艺设计。

② 基于知识的工艺设计：实现基于大数据分析的工艺知识建模、决策与优化。

③ 工艺问题主动响应：由原先的被动工艺问题响应向主动应对转变，实现工艺问题的自主决策。

4.2.2.2 数字化制造软件 Tecnomatix

Tecnomatix 是西门子 PLM 软件的数字化制造解决方案，如图 4-7 所示。其主要功能有：通过将从工艺布局规划和设计、工艺过程仿真和验证，到制造执行与产品设计的制造规划流程连接起来，实现在 3D 环境下进行制造工艺过程的设计；用数字化的手段验证产品的制造工艺可行性；事先分析未来生产系统的能力表现；快速输出各种定制类型的工艺文件。

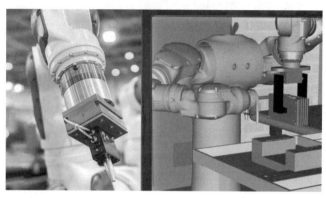

图 4-7　Tecnomatix 数字化制造解决方案

Tecnomatix 主要包含以下几个功能模块：

① 工艺规划与管理验证。主要用于制定零部件的生产工艺流程，如 NC 编程、流程排序、资源分配等，并对工艺流程进行验证，如图 4-8 所示。具体应用包括创建数字化流程计划、工艺路线和车间文档，对制造流程进行仿真，对所有流程、资源、产品和工厂的数据进行管理，提供 NC 数据等内容。该功能模块提供了一个规划验证零件制造流程的虚拟环境，有效缩短了规划时间，提高了设备利用率。

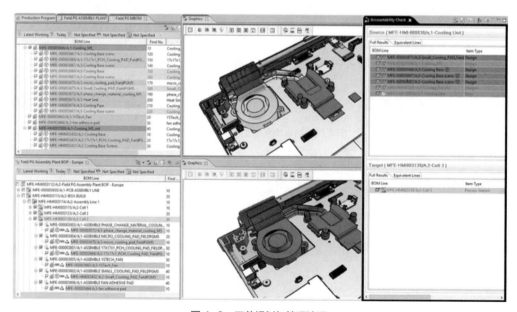

图 4-8　工艺规划与管理验证

② 装配规划与验证。主要用于规划验证产品的装配制造过程和装配制造方法，检验装配过程是否存在错误，零件装配时是否存在碰撞，如图 4-9 所示。该功能模块可把产品、资源和工艺操作结合起来，分析产品装配的顺序和工序的流程，在装配制造模型下进行装配工艺的验证、仿真夹具的动作、仿真产品的装配流程，验证产品装配的工艺性，达到尽早发现问题、尽早解决问题的目的。

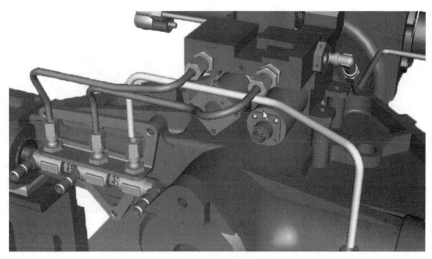

图 4-9　装配规划与验证

③ 机器人与自动化规划验证。主要用于创建机器人和自动化制造系统的共享工作环境，如图 4-10 所示。该功能模块不仅能处理单个机器人和工作平台，也能处理多个机器人协同工作的情况，还能满足完整生产线和生产区域的仿真及验证要求。

图 4-10　机器人与自动化规划验证

④ 人因仿真验证。主要用于仿真验证人员完成整个工作操作过程的动作及处理遇到的问题，如图 4-11 所示。该功能模块可以提早发现工作过程中的可视性及可达性问题、设

备的可维护性问题、人体舒适度问题、设备的可装配性问题、工位布局的合理性及优化问题。

图4-11 人因仿真验证

⑤ 工厂设计与优化。提供基于参数的三维智能对象，能更快地设计工厂的布局，如图4-12所示。该功能模块利用虚拟三维工厂设计和可视化技术进行工厂布局设计，并能对工厂产能、物流进行分析和优化，在工厂正式施工前，提前发现工厂设计中可能存在的问题和缺陷，避免企业的损失。

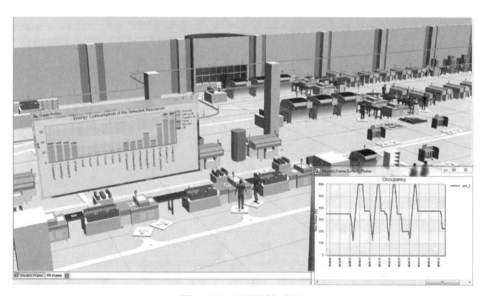

图4-12 工厂设计与优化

⑥ 质量管理。将质量规范与制造、设计数据联系起来，从而确定产生误差的关键尺寸、公差和装配工序，如图4-13所示。

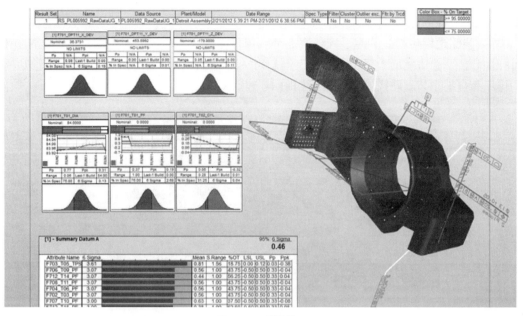

图 4-13　质量管理

Tecnomatix 是一套全面的数字化制造解决方案组合。借助 Tecnomatix，能够在产品工程、制造工程、生产与服务运营之间实现同步，从而最大限度地提高总体生产效率，并实现创新。

Tecnomatix 系列软件主要包括 Process Simulate、Plant Simulation、Process Designer（工艺设计软件）等几种软件。

4.2.2.3　工艺仿真软件 Process Simulate

Process Simulate 软件隶属于 Tecnomatix，是一款专门对生产工序过程进行仿真的软件，如图 4-14 所示。该软件通过在三维环境中进行制造过程的仿真验证，可以提前确认装配顺序是否合理并发现可装配性问题；可以实现多机器人协同工作及路径优化，并检验可能出现的工艺性问题；可以评估人机交互过程中出现的可达性、可视性及舒适度问题等。

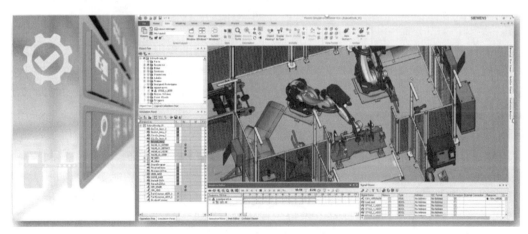

图 4-14　Process Simulate 软件

Process Simulate 功能模块具体描述如下。

① 装配过程仿真。装配过程仿真充分利用数据管理环境，开展全面详尽的装配操作可行性分析，并可利用验证工具进行三维剖切、测量及碰撞检测，在虚拟模型中模拟完整的排序和自动化装配路径规划仿真，如图 4-15 所示。

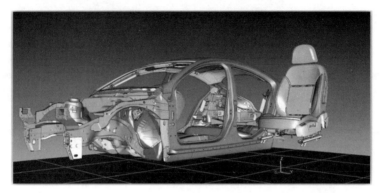

图 4-15　装配过程仿真

② 人机工程仿真。人机工程仿真是对工作站的规划验证，确保产品零件可以达到组装和维护的要求。基于人机工程学，该应用模块提供了强大的功能来分析和优化人工操作，从而确保符合行业标准的人工操作工艺，如图 4-16 所示。

图 4-16　人机工程仿真

③ 自动化焊接仿真。自动化焊接仿真能在构建的三维模拟环境中，规划设计和验证焊接过程，如点焊、弧焊、涂胶、激光焊等，应用涵盖前期规划阶段到详细的工程阶段，最终至离线编程。自动化焊接仿真可提升制造工程的效率及减少人为的错误，如自动焊枪工具选型、自动分析焊接可达性并生成无干涉焊接轨迹、实时的动态干涉检测、焊接节拍限制等自动工具的应用，如图 4-17 所示。

④ 机器人仿真。机器人仿真能够规划和模拟高度复杂的制造生产区域，而同步运行多台机器人和执行高度复杂的工艺，则通过机器人仿真的高级应用功能实现，如基于事件的仿真、对应不同品牌的机器人控制器、机器人与 PLC 信号交互等。另外，该功能可自动规划生成干涉区和无干涉碰撞路径、批量配置轨迹点属性，在优化机器人节拍时间和离线编程的效率上都得到了极大提升，如图 4-18 所示。

⑤ 虚拟调试。虚拟调试能够简化从工程项目的工艺规划到车间生产这个周期的工作，

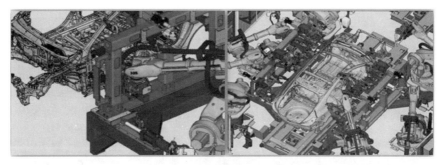

图 4-17 自动化焊接仿真

图 4-18 机器人仿真

该应用基于一个共同的集成数据平台，让不同职责岗位的技术人员（机械、工艺和电气）参与实际生产区或工作站的调试。硬件调试功能可以使用 OPC 和实际机器人控制硬件去模拟验证真实的 PLC 代码，从而还原最逼真的虚拟调试环境，如图 4-19 所示。

图 4-19 虚拟调试

⑥ 点云数据应用。在点云（Point Cloud）应用中，将扫描的点云数据直接导入数字化模型中，可快速直观地进行仿真验证，而无须手动输入数据。点云数据的应用，使企业"数字化"工厂实现从虚拟到现实的无缝连接，在统一的数字化平台上，工程项目更趋近真实，如图 4-20 所示。

Process Simulate 让企业以虚拟数字化场景的方式，对工艺制造流程预先进行模拟验证，以此推动产品快速上市，加快整个工程项目进程。

图 4-20　点云

4.2.3　制造工厂系统仿真

4.2.3.1　数字化工厂

数字化工厂是指以产品全生命周期的相关数据为基础，在计算机虚拟环境中，对整个生产过程进行仿真、评估和优化，并进一步扩展到整个产品生命周期的新型生产组织方式，如图 4-21 所示。

图 4-21　数字化工厂

作为现代数字制造技术与计算机仿真技术相结合的产物，数字化工厂具有鲜明的特征。它的出现给制造业注入了新的活力，用来作为沟通产品设计和产品制造之间的桥梁。

不过，数字化工厂并不等同于全自动化。数字化工厂的价值，并不是完全用自动化设备取代人，而是用来帮助人；数字化工厂另一个重要价值是提高效率。

数字化工厂是随着数字仿真技术和虚拟现实技术发展而来的，它通过对真实工业生产的虚拟规划、仿真优化，实现对工厂产品研发、制造生产和服务的优化和提升，是现代工业化与信息化融合的应用体现。

随着产品需求的不断变化、产品周期的更新换代速度提升，以及 3D 打印、物联网、云计算、大数据等新兴信息技术的不断应用，为了缩短研发周期、降低生产成本、提升企业产品质量和效益，先进的制造类企业越来越重视数字化工厂的建设。

（1）数字化工厂的优势

数字化工厂利用工厂布局、工艺规划和仿真优化等功能手段，改变了传统工业生产的理念，给现代化工业带来了新的技术革命，其优势作用较为明显，主要体现在以下几点：

① 预规划和灵活性生产。利用数字化工厂技术，整个企业在设计之初就可以对工厂布局、产品生产水平与能力等进行预规划，帮助企业进行评估与检验。同时，数字化工厂技术的应用使得工厂设计不再是各部门单一的流水作业，各部门成为一个紧密联系的有机整体，有助于工厂建设过程中的灵活协调与并行处理。此外，在工厂生产过程中能够最大程度地关联产业链上的各个节点，增强生产、物流、管理过程中的灵活性和自动化水平。

② 缩短产品上市时间，提高产品竞争力。数字化工厂能够根据市场需求的变化，快速、方便地对新产品进行虚拟化仿真设计，加快新产品设计成形的进度。同时，通过对新产品的生产工艺、生产过程进行模拟仿真与优化，保证了新产品生产过程的顺利性与产品质量的可靠性，加快了产品的上市进程，在企业间的竞争中占得先机。

③ 节约资源、降低成本、提高资金效益。数字化工厂技术可方便地进行产品的虚拟设计与验证，最大程度地降低了物理原型的生产与更改，从而有效地减少资源浪费、降低产品开发成本。同时，数字化工厂充分利用现有的数据资料（客户需求、生产原料、设备状况等）进行生产仿真与预测，对生产过程进行预先判断与决策，从而提高生产收益与资金使用效益。

④ 提升产品质量水平。利用数字化工厂技术，能够对产品设计、产品原料、生产过程等进行严格把关与统筹安排，降低设计与生产制造之间的不确定性，从而提高产品数据的统一性，方便地进行质量规划，提升质量水平。

（2）数字化工厂的关键技术

① 数字化建模技术。通常制造系统是非线性离散化系统，需要建立产品模型、资源模型（包括制造设备、材料、能源、工夹具、生产人员和制造环境等）、工艺模型（工艺规则、制造路线等）以及生产管理模型等。数字化工厂是建立在模型基础上的仿真优化系统，数字化建模技术是数字化工厂的基础。

② 虚拟现实技术。文本信息很难满足制造业的需求，随着三维造型技术的发展，三维实体造型技术已得到普遍的应用。具有沉浸性的虚拟现实技术，使用户能身临其境地感受产品的设计过程和制造过程，使仿真的旁观者成为虚拟环境的组成部分。

③ 仿真优化技术。仿真优化是数字化工厂的价值核心，根据建立的数字化模型和仿真系统给出的仿真结果及各种预测数据，分析数字化工厂中可能出现的各种问题和潜在的优化方案，进而优化产品设计和生产过程。该技术包括：面向产品设计的仿真，包括产品的静态和动态性能两方面；面向制造过程的仿真，包括加工过程、装配过程和检测过程的仿真等内容；面向其他环节的仿真，包括制造管理过程仿真，以及工厂/车间布局、生产线布局仿真等内容。

④ 生产应用技术。数字化工厂通过建模仿真提供一整套较为完善的产品设计、工艺开发与生产流程，但是作为生产自动化的需要，数字化工厂系统要求能够提供各种可以直接应用于实际生产的设备控制程序以及各种生产需要的工序、报表文件等。各种友好、优良的应用接口，能够加快数字化设计向实际生产应用的转化进程。

数字化工厂建设是一个综合性、系统性工程，波及整个企业及供应链生态系统。数字化工厂建设所要实现的互联互通、系统集成、数据信息融合和产品全生命周期集成将方方面面的人、设备、产品、环境要素联系起来，数字、数据、信息无处不在。

4.2.3.2 生产系统仿真

（1）生产系统仿真简介

生产系统是一个为了生产某一种或某一类产品，综合生产工艺、生产计划、质量控制、人员调度、设备维护、物流控制等各种技术为一体的复杂系统。影响该系统的因素太多，导致生产管理人员越来越难以驾驭这样的系统，但是通过系统仿真的方法，可以解决生产及物流过程中存在的很多问题，主要体现在：系统生产率、生产周期、在制品库存、机器利用率和人员效率、设备布置合理性、生产成本等。

建立可视化的生产系统仿真模型，并输入相关生产系统参数或改变参数并仿真运行、反复运行，可以发现问题，如瓶颈在哪儿、生产系统方案是否可行等，从而提高决策效率、准确性。生产系统高效运行是企业盈利和生存的关键。生产系统高效运行的评判指标是：减少生产中的一切浪费，用最少投入得到最大产出。

随着工业机器人在生产系统中的日益普及，生产系统仿真软件和机器人技术也逐步融合一体化，既支持生产线的布局规划、物流系统工艺，也支持机器人性能分析、多机器人协同，能输出机器人程序，提升工艺规划效率。

生产系统仿真侧重于对生产线、工艺、物流等的仿真，在虚拟环境中对其进行优化，是实现数字化工厂的利器。随着现代产品的复杂性增加，其工艺更加复杂，传统的流水线形式无法满足很多特定产品的生产过程，这就需要对产线的布局、工艺、物流进行设计，以避免出现效率的降低及成本的浪费。

（2）生产系统仿真主要内容

生产系统仿真内容如图 4-22 所示，主要包括：

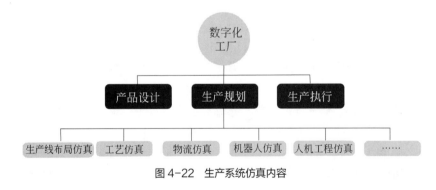

图 4-22　生产系统仿真内容

① 生产线布局仿真。针对新工厂建设与现有车间改造，基于企业发展战略与前瞻性进行三维工厂模拟验证，减少未来车间调整带来的时间和成本浪费。

② 工艺仿真。真实反映加工过程中工件过切或欠切，以及刀具与夹具及机床的碰撞、干涉等情况，并对刀位轨迹和加工工艺进行优化处理。

③ 物流仿真。通过物流仿真优化工艺、物流、设施布局、人员配置等规划方案，提

升数字化车间规划科学性，避免过度投资。

④ 机器人仿真。基于三维空间，验证机器人工作可达性、空间干涉、效率效能、多机器人联合加工等，输出经过验证的加工程序。

⑤ 人机工程仿真。通过仿真对关键工艺进行装配仿真分析、人机工程分析、装配过程运动学分析，最终可输出三维作业指导。

（3）生产系统仿真遵循原则

① 产线布局仿真，即按照厂房的空间情况，设置产线布局。产线布局中应该设计生产加工区、缓存区、物料堆放区等作业单元，设计设备与设备之间的相对位置、通道的横向面积，同时设计物料搬运流程及运输方式。

产线布局仿真需要遵循以下原则：

a. 物流搬运时间短。在满足工艺的前提下，使得物流运输路径方便快捷，尽量避免物料交叉搬运与逆向流动，做到物流运输时间最短。

b. 保持生产柔性。车间在制品暂存区、原料存放、缓存区等作业单位适中，不宜过多、复杂，以免造成加工混乱和空间的严重浪费。

c. 空间利用率高。生产区域及存储区域的空间设计都应该合理，最大限度地利用空间。

② 工艺过程仿真，即按照产品的加工工艺，在虚拟环境下重现产品的加工过程。工艺仿真主要解决工艺过程中的碰撞、干涉、运动路径、人员操作宜人性等问题。

工艺过程仿真需要遵循以下原则：

a. 人机工程。考虑在工艺加工过程中，工人的视线范围不被遮挡，肢体可以达到要求位置，空间大小方便工人操作，承受的负荷及操作时间不易使工人疲劳，同时在危险环境中要有安全防护措施。

b. 装配路径最优。考虑减少无效的零件移动、无效的人员运作，提升装配工艺效率。

③ 生产物流仿真，即对物料的流动过程进行仿真，包括原材料、半成品、返修品、合格品、报废品等的流转过程仿真。主要提升在生产过程中物料运输的经济性、时效性，同时优化流动路线、缩短搬运时间、减少路径干涉等。

生产物流仿真需要遵循以下原则：

a. 优化空间利用率。物料在流动过程中，避免重复、冗余路线，降低库存，减少在制品数量。

b. 生产系统能力平衡。生产资源与人员等要合理匹配。

c. 优化物流中的瓶颈环节与关键路径。

4.2.3.3　工厂仿真软件 Plant Simulation

Plant Simulation 是 Tecnomatix 的工厂仿真软件，可以对物流系统及流程进行建模、仿真、研究及优化。利用这些模型，可以在执行生产前对涉及全球生产设施、当地工厂及特定生产线的各个层次的制造规划，开展物料流、资源利用率及物流分析。

如今，生产面临的成本和时间压力与日俱增，全球化程度不断加深，物流效率已成为决定企业成败的一个关键因素。缺乏效率的调度和资源配置、局部而非全局优化，以及低下的生产效率，每天都会令资金白白流失。在这种情况下，需采用准时制生产（Just in Time，

JIT）/准时化顺序供应（Just in Sequence，JIS）的交付方法、引入完善的生产体系、规划并构建全新的生产线，以及管理全球生产网络，这就要求设立客观的决策标准，以帮助管理层评估和比较各种替代方法。

Plant Simulation 是一个离散事件仿真工具，能帮助创建物流系统（如生产系统）的数字化模型，可以了解系统的特征并优化性能。在不中断现有生产系统的前提下或早在实际生产系统安装前（在规划流程中），可以使用这些数字化模型运行试验和假设方案。运用所提供的丰富分析工具（如瓶颈分析、统计数据和图表）可以评估不同的制造方案。评估结果可提供所需的信息，以便在生产规划的早期阶段做出快速而可靠的决策。

Plant Simulation 软件可以对生产系统及流程进行建模和仿真，如图 4-23 所示。此外，还可以从工厂规划的各个层面（从全球生产设施，到当地工厂，再到特定生产线）对物料流、资源利用率进行优化。

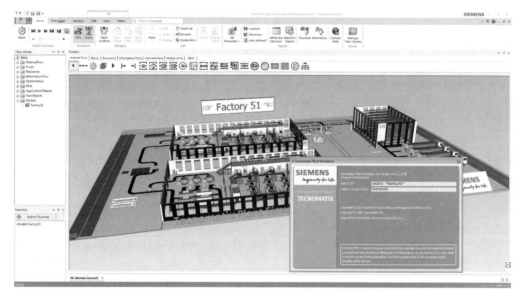

图 4-23　Plant Simulation 软件界面

（1）软件技术特点

① 支持 2D 概念工厂建模与 3D 工厂建模。Plant Simulation 软件可以支持 2D 及 3D 两种建模方式。在 2D 模式下，可以应用拖拽方式快速搭建 2D 概念工厂。此建模方法主要应用于工厂概念设计阶段，无须设备 3D 模型，只需相关生产能力参数即可快速开始建模及仿真，协助确定工厂规划需要的主要运行参数。

在进入工厂设计阶段的后期，工厂主要设施和设备有了明确的 3D 模型。可以通过软件内部的实时关联机制，将 2D 仿真模型直接生成对应的 3D 仿真模型。也可以通过标准的数据接口，加载 3D 数据。软件支持同步的 2D/3D 仿真显示和分析，工厂的 3D 效果便于成果展示，而仿真数据仍来自 2D 概念工厂。

② 支持层次化建模和面向对象的建模。利用层装结构，用户可以建立不同精细程度的仿真分析模型。层次化建模使得复杂和庞大的模型（物流中心、装配工厂等）变得井井有条。应用层次化建模的方法，可以逼真地表现一个完整的工厂，模型层次可以急剧扩大

和收缩，从高层管理人员到规划工程师和车间操作者，都能更好地理解仿真模型。

对于建模人员而言，层次化建模支持自上而下或自下而上的建模方法。不同工作组成员分别建立不同的下级模型，在建立总体模型时，系统通过继承性的建模思路可以直接调用，生产系统中很多类似的子系统可以快速被应用和重用，从而极大地提高建模的效率。

③ 集成的分析工具。Plant Simulation 软件提供很多专业的分析工具，无须用户二次开发，在统一的软件用户界面下即可实现专业的分析，可以通过多种数据表现形式描述工厂性能。常用的分析工具包括生产线瓶颈分析、物流密度和方向分析、甘特图（Gantt Chart）分析等分析工具。

瓶颈分析，显示资源的利用情况，从而说明瓶颈及未被充分利用的机器。物流密度和方向分析，将物流密度可视化，直观地显示当前配置下的传输量及传输方向。甘特图分析，显示生产计划并对其进行交互式改动。

④ 开放的系统架构与第三方系统集成。Plant Simulation 软件具有开放的系统架构，可以方便快捷地与公司现有数据实现集成，包括远程控制数据的实时交换、导入数据和图样、在线数据库连接等功能。

Plant Simulation 软件方便客户在工厂仿真和其他应用系统之间进行通信和数据交换，以及工厂仿真与客户应用系统的联合仿真，如工厂仿真与 PLC 联合仿真。同时，可以方便地建立用户化的专家系统，如高空立体仓库调度专家系统、配送中心调度专家系统、ERP 等。

⑤ 系统仿真和优化能力。Plant Simulation 软件中集成了多种系统优化工具，包括试验管理、遗传算法、特征值、神经网络（Neural Network，NN）等工具。

⑥ 用户化定制的能力。Plant Simulation 软件中集成了 SimTalk（一种仿真语言），可进行对话框的用户化定制，根据用户输入的参数自动创建仿真模型。

（2）基本用途

① 布局规划及仿真。车间布局对物流及各方面的性能发挥都有影响。生产车间的布局设计直接影响物流路线的规划及车间的产能。Plant Simulation 软件能够通过遗传算法等优化工具根据各作业单元的物流量对各作业单元进行优化排序，从而能够实现对车间布局的规划及仿真验证。

如图 4-24 所示，Plant Simulation 在三维环境中设计装配线、设备以及工具需求，通过数字化配置工厂布局，优化工厂空间，并最大限度地提高资金利用率。

② 生产线产能仿真及优化。生产线产能作为生产效率的主要目标，是生产制造企业进行生产线规划及优化的重要方向。生产线的最大产能不取决于作业速度最快的工序，而取决于作业速度最慢的工序（即瓶颈工序）。生产时间一般是分布函数而不是一个确定的值，另外考虑到设备的故障率等问题，因此普通的计算方法计算的产能与实际存在较大的偏差。而 Plant Simulation 软件能够对分布函数及故障率等概率事件进行仿真模拟，从而能够相对准确地计算生产线的产能并根据仿真统计结果发现生产线的瓶颈，为生产线的优化指明方向。

如图 4-25 所示，利用单一系统快速对整个生产布局进行设计、可视化和优化，并轻松将其关联到制造规划当中。

③ 车间物流仿真。随着物流自动化的推进，车间物流运输工具叉车、人力车逐渐被

AGV 取代。因此，合理的 AGV 数量和物流路线设计已成为自动化车间物流设计中重点考虑的问题。针对这一问题，Plant Simulation 软件能够对车间物流系统进行建模仿真，从而对方案进行验证，而且能够进行实验设计（Design of Experiment，DOE），找到最优的 AGV 设计数量。

图 4-24 配置工厂布局

图 4-25 工厂生产线设计

如图 4-26 所示，可以通过 AGV 自动导航运输车来构建工厂中自动寻路的取货卸货小车，使用电池进行供电，减少了人力物力，让工厂显得更加智能化。

④ 装配线平衡。在装配流水线中，一个产品的装配由 N 个小的工序组成，工序之间具有一定的先后约束关系。装配线平衡是对装配线的全部工序进行平均化、均衡化，调整各工序或工位的作业负荷或工作量，使各工序的作业时间尽可能相近或相等，最终消除各

种等待浪费现象，达到生产效率最大化。装配线各工序作业的不平衡，除了会造成无谓的损失外，还会造成大量半成品的堆积，严重时会造成装配线的中止。装配线平衡就是在满足生产节拍的条件下和工序间先后顺序约束的条件下，如何将 N 个工序分配到 M 个工位，使每个工位具有相同的工作负载，从而使生产线平衡率达到最高。工序平衡的目的是使所有工位的等待时间最小化，或最大限度地提高设备和劳动力的总体利用率。由于满足条件的分配有非常多的解，因此手动计算会非常困难。针对此问题，Plant Simulation 有遗传算法可以对可行解进行不断优化，从而找出符合条件的最优解。

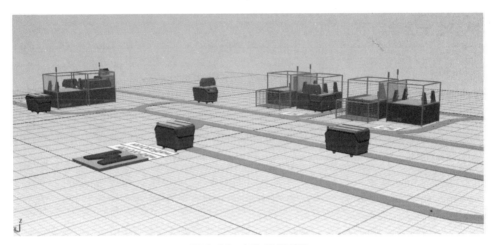

图 4-26　AGV 物流输送

如图 4-27 所示，通过软件的算法对生产流水线进行优化计算。

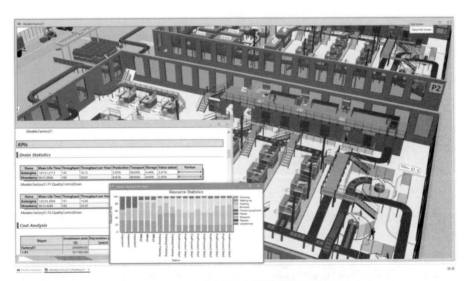

图 4-27　对生产流水线进行优化计算

（3）主要优点

① 将现有生产设施生产力提高 15%～20%；

② 将规划新生产设施的投资减少 20%；

③ 减少库存和生产时间达 20%～60%；

④ 优化系统尺寸，包括缓冲区大小；

⑤ 更早验证设想，减少投资风险；

⑥ 最大程度地利用生产资源；

⑦ 改善生产线设计和进度。

4.3
物联交互

广义的 M2M（Machine to Machine/Man）是指机器对机器、机器对人、人对机器、机器对移动网络的连接和通信，旨在解决人、机、系统之间的无缝交互和智能连接，而不仅仅是三者之间的数据交换。

机器根据建立的程序进行主动通信，根据获得的数据进行智能选择，并向相关的执行机构发出控制指令。可以说，M2M 是实施工业物联网（IIoT）智能互联的核心问题。

由于底层设备处在工业自动化分层结构的基础位置，底层制造资源的监控对于智能生产的生产线重构、动态调度和信息融合至关重要。因此，生产设备智能互联可有效提高制造设备的智能化水平。

通过配置控制器和机器人，可以为制造单元的功能扩展提供潜在的解决方案。在混合生产的背景下，多模块制造单元之间信息与调度的相互作用值得探索，应该优化方案组合以提高生产效率。其中，智能设备应该能够收集生产信息，提供兼容的数据接口，支持通用的通信协议。此外，该设备还可以感知制造环境，并与智能生产中的其他设备协同工作。

4.3.1 机器互联

工业革命创造了各种机器、设备、机组和基础设施，互联网在工业制造系统中构建更深层次的联系，加快工业生产向网络化和智能化方向转变。制造业与互联网融合发展，以制造企业为核心，以相关信息服务企业为支撑，由环节渗透向综合集成发展演进。在"互联网+"不断促进下，制造业向数字化、自动化、智能化和柔性化发展，进入"互联网+"智能制造新阶段。

（1）信息物理系统（CPS）

图 4-28 为工业革命发展的历史。两个多世纪以前，蒸汽机的发明带来第一次工业革命，实现了机械化。20 世纪初期，随着电力的应用、劳动分工和大规模生产，拉开了第二次工业革命的大幕，实现了电气化。20 世纪 70 年代后，随着自动化技术的出现，开始了第三次工业革命，实现了自动化。前三次工业革命源于生产的机械化、电气化和自动化改造。现在，随着 CPS 在制造业中的推广应用，正在引发第四次工业革命，将实现数字化和智能化。"工业 4.0"概念就是以数字制造为核心的第四次工业革命。

"工业 4.0"中，CPS 居于核心地位，是结合计算、控制、通信于一体的新型智能复杂系统，如图 4-29 所示。

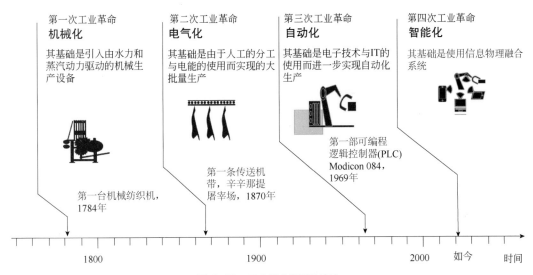

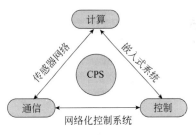

图 4-28　工业革命发展的历史

CPS 通过对信息资源和物理资源的深度融合，将深刻改变人类同信息世界和物理世界的交互方式。在智能制造系统中，CPS 内容博大精深，它大到包括整个工业体系，小到一个简单的 PLC 控制器。它是一切智能系统的核心。CPS 是多学科的融合，涉及跨学科理论，将控制论基本原理、机电一体化设计与流程科学有机融合在一起。CPS 系统是一种网络化嵌入式系统，网络化系统将不再仅由一个全局集中的控制单元进行控制，而是通过本地系统控制策略完全可以实现更佳的性能。它将打破在 PC 机时代建立的传统自动化系统的体系架构，从而全面实现分布式智能控制。

图 4-29　信息物理系统

（2）自动化金字塔

对企业生产中的不同等级层面可以用自动化金字塔来表示，一般包含 5 个等级层面（有时将工厂运营层和过程控制层合并为一层）：

① 公司管理层，包括了确保企业在市场上存在的所有流程，如人力资源和生产领域的市场分析或战略决策，这两者都支持企业资源规划系统（ERP）。

② 工厂运营层，包含用于规划生产过程和生产资料的所有活动。将运行一些流程，以确保企业业务的日常运作，其中包括生产流程、计划流程和成本分析三个方面。它形成了生产规划和企业规划之间的接口，通常由面向过程的制造执行系统（MES）实施。

③ 过程控制层，包含运行实现设备自动化的流程，即生产过程的监控、优化和保障。所使用系统包括过程控制系统、人机交互、监控与数据采集三种类型。

④ 控制层，负责生产过程的控制和调节，这项工作通过处理现场层的传感器数据并反馈控制执行器的结果来实现。通常这些控制任务由可编程的自动化设备执行。PLC 和工业计算机（IPC）属于所使用的标准技术。

⑤ 现场层，包括现场设备，它们是自动化系统和技术生产过程之间的接口，这是通过传感器和执行器完成的。执行器基于控制信号（如机械运动）执行物理动作，传感器记

录生产过程的物理量并将其转换为与控制相关的信号。

图 4-30 所示为"工业 4.0"中自动化金字塔与 CPS 的关系拓扑图。

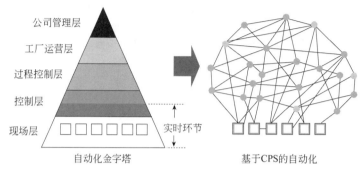

图 4-30　CPS 与分层自动化金字塔解决方案

（3）智能制造互联互通

"工业 4.0"重新定义生产，未来的工厂中，人、机器和产品通过智能化系统 CPS 不断进行通信，几乎能够实时掌握当前生产过程的一举一动；工厂具备前所未有的透明度，员工可以根据最新的可靠数据做出决策，制定灵活的计划和控制生产流程。

随着智能制造发展，装备制造业面临着互联互通的问题，机器之间需要互联才能构成生产线。如图 4-31 所示，在自动化加工生产线中，需要将传送、定位、上料、装夹、加工、下料等单元的机械、电气、控制信息相互连接，而且通常是将不同厂商的设备进行连接，广泛的机器连接已成为智能制造的刚需。

图 4-31　自动化加工生产线

多台机器互联互通构成生产线的过程称为"水平集成"，机器与 MES/ERP 连接称为"垂直集成"，生产系统与财务系统、供应链系统、数字化设计单元的互联互通称为"端到端"连接。

物联网系统打破了系统集成的局限性，可以让各种操作系统、各种平台进行通信；打通了工业通信中各个层级，从传感器到企业云，都可以通过通信方式将数据层层传递。在同一层级的不同设备也能完成数据的横向传递，为整个工厂提供数据。

创建智能工厂，需要从生产过程中收集实时数据，通过边缘计算进行初步处理，然后将其无缝传输到 IT 系统。作为制造业中关键的工业通信技术，物联网系统旨在实现 IT 与 OT（Operation Technology，运营技术）的实时无缝融合，通过统一的状态图、工厂不同层级的模式定义和切换、模块化的编程、机器与机器之间互联接口的定义、机器与上层管理系统之间数据接口的定义来实现整个工厂的互联。

4.3.2　IT 与 OT 融合

"工业 4.0"受益于多学科交叉的机电软一体化技术，来降低不断融合的信息技术（IT）和运营技术（OT）的复杂性。通过让机器设备制造商来调试、编程和连接设备，实现机器的自我优化，选用适当的先进电机和变频器系统，可以使生产制造和供应链自动化更灵活、更快、效率更高。

4.3.2.1　概述

在"工业 4.0"时代，机电软一体化比以往的关联度更高。灵活和可扩展的驱动技术，可以提供更高效的数据流、可视性和控制，并可将机器数据安全地发送给网络或云，同时可接收来自网络或云的信息数据，以便实现实时的决策、诊断、维护和预测分析。

智能制造是人工智能、机器人与数字制造的统一体，具有采用数字化仿真手段，对制造过程中制造装备、制造系统及产品性能进行定量描述，使工艺设计从基于实验走向基于科学推理转变的特点。智能制造以 CPS、物联网为基础，运用数字化制造、人工智能、云计算、大数据、智能加工设备、机器人等关键技术组成庞大系统。

智能制造是未来制造业的核心，而工业机器人则是实现智能制造前期最重要的工作之一，也是显现智能制造互联互通的重要载体。未来制造业的竞争将是一场制造技术的竞争，制造业将完成数字化转型，最终实现智能制造。

如图 4-32 所示，IT 和 OT 的融合不断增加，处理实时事务的业务系统正在发展，以满

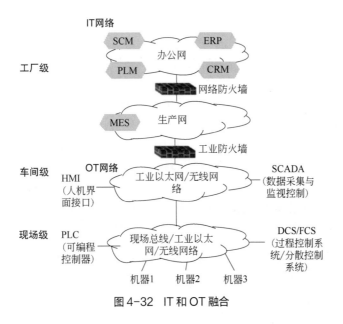

图 4-32　IT 和 OT 融合

足实时同步制造业务的需求。IT 网络中包含供应链管理（Supply Chain Management，SCM）、客户关系管理（Customer Relationship Management，CRM）、企业资源计划（ERP）、产品生命周期管理（PLM）、制造执行系统（MES）等。OT 网络中工业以太网的供应商提供了实现连接企业愿景的产品方案。强大的自动控制器通过 OPC UA Web（网络）服务和其他物联网传输机制直接与企业业务系统对接，使生产环节成为业务信息的一部分。

一些行业标准将被应用，包括 OPC UA、业务到制造标记语言（Business to Manufacturing Markup Language，B2MML）、PLCopen 和数据库接口等标准，在许多行业应用中实现这些功能只需要制造执行系统（MES）做出很小改变即可。

此外，系统集成商通过知识、经验和技术，帮助企业汇聚 IT 和 OT，协助客户创建解决方案。通过定义业务挑战、风险评估，找出业务流程或技术能力差距。能够设计、测试和实施系统，以提供使用新的 IT 和 OT 概念和技术的结果。

4.3.2.2　IT 与 OT 融合难点

尽管 IT/OT 融合已是产业共识，然而，真正推动它却并非想象中那样简单。

（1）现场总线到实时以太网

相对于传统的 PLC 集中式控制，现场总线为工业控制系统带来了很多便利，通过统一的总线连接实现了分布式控制，并且通过总线使得接线变得更为简单，而系统的配置、诊断的工作量也因此下降，现场总线为制造业带来了很多便利。然而，各家公司都开发了自己的总线，在 IEC 标准中也有二十余种总线。总线本身是带来便利的，但是，不同的总线又造成了新的壁垒，因为各家公司业务聚焦、技术路线的不同，使得各个现场总线在物理介质、电平、带宽、节点数、校验方式、传输机制等多个维度都是不同的，因此造成了同一总线标准的设备可以互联、而不同总线标准的设备则无法互联的情况。

这也是实时以太网技术在 21 世纪初开始投入使用的原因。相较于传统总线，实时以太网的好处在于物理介质、节点数、距离、带宽、校验、诊断都统一采用标准的 IEEE 802.3 网络，在这个层面上，大家实现了统一。

（2）互连、互通与互操作

但是，实时以太网只是解决了物理层与数据链路层的问题，对于应用层而言，仍然无法联通。按照 IEC 的标准，通信连接分为互连、互通、互操作多个层级，各个实时以太网是基于原有的三层网络架构（物理层、数据链路层、应用层），在应用层采用了诸如 PROFIBUS、CANopen 等协议，而这些协议又无法实现语义互操作。

简单理解语义互操作就是，"5+5"这样的计算在自动控制中是物理信号直接进行处理，而对于 IT 网络传输更多丰富的数据结构与类型时就会需要更多信息。例如单位，"5 英寸+5 厘米"显然是无法进行加法计算的。这个时候需要语义规范与标准，以便让不同的系统之间认识到每个参数所表达的语义。

（3）智能时代的工业通信

在工业现场水平与垂直方向实现物理信号的采集与信息的传输已经不能满足现代生产制造的需求，到了智能制造时代，更需要进行全局的数据采集、传输、计算与分析、优化，进而实现制造的高效协同，提升整个生产效率。

从工厂到供应链的各个环节都需要数据的连接，那么这个时候，IT 与 OT 的融合会遇到如下复杂性问题：

① 总线的复杂性带来的障碍。总线的复杂性不仅为制造现场带来复杂性，也同样为 IT 访问 OT 带来了巨大的障碍。首先为了访问不同的数据就得写不同的网络驱动程序，对于老的工厂中采用不同物理介质的现场总线，还需要配置额外的网络适配模块；然后是在软件层面的驱动程序，即使采用实时以太网，语义仍然需要编写不同的接口程序，而丰富的现场总线与应用层可以组合出成千上万种可能，这使得 IT 为了配置网络、数据采集与连接、数据预处理等工作花费巨大，导致实现这项工作缺乏经济性。

② 周期性与非周期性数据的传输。IT 与 OT 数据的不同使它们对网络需求有差异，为消除这种差异往往需要采用不同的机制。对于 OT 而言，其控制任务是周期性的，因此采用的是周期性网络，多数采用轮询机制，由主站对从站分配时间片模式；而 IT 数据往往是非周期性的，由于标准以太网无法满足周期性的确定性传输及微秒级的实时性，才开发了 POWERLINK、ProfiNet 等基于以太网的协议。然而，这两种不同的数据无法在一个网络里传输。

③ 实时性的差异。由于实时性的需求不同，也使得 IT 与 OT 网络存在差异。对于微秒级的运动控制任务而言，要求网络必须实现非常低的延时与抖动；而 IT 网络则往往对实时性没有特别的要求，但对数据负载有着要求。

4.3.2.3 OPC UA + TSN

时间敏感网络（Time Sensitive Network，TSN）作为当今制造业中关键的工业通信技术，旨在实现 IT 与 OT 的融合。OPC UA 与 TSN 的融合，能够实现现场设备层、网络传输层、用户管理层以及云端之间的工业数据通信。

（1）OPC UA 通信

OPC UA 是 OPC 基金会（OPC Foundation）创建的新技术。为了应对标准化和跨平台的趋势，更好地推广 OPC，在 OPC 成功应用的基础上推出了新的 OPC 标准：OPC UA。

OPC UA 的优势有：

① 一个通用接口集成了之前所有 OPC 的特性和信息；

② 更加开放，平台无关性；

③ 扩展了对象类型，支持更复杂的数据类型，如变量、方法和事件；

④ 在协议和应用层集成了安全功能，更加安全；

⑤ 易于配置和使用。

OPC 和 OPC UA 核心的区别是协议使用的 TCP 层不一样，如图 4-33 所示。OPC 是基于 COM/DCOM 应用层，会话层实现远程过程调用（Remote Procedure Call，RPC）；OPC UA 是基于 TCP IP socket（套接字）传输层。

OPC 虽然通过配置 COM/DCOM 来提供数据加密和签名功能，配置防火墙、用户权限来让数据访问变得更加安全，但是会增加额外的工作量，尤其是对非 IT 的工程师来说；对于 OPC UA，数据加密和签名、防火墙等都是默认的功能。例如，基于 DCOM 的 OPC 使用的动态端口分配，端口不固定，让防火墙难以确定；而 OPC UA 的端口都是唯一的，如

SINUMERIK（西门子数控系统）840D 是 PORT（端口）4840，SIMATIC S7 是 PORT 4845。COM/DCOM 也可以生成不同级别的事件日志，但日志内容不够详细，只会提供"谁连接上服务器"这种信息，而 OPC UA 生成的日志内容更全面。

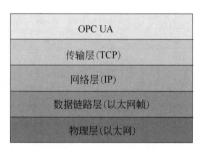

图 4-33　OPC 和 OPC UA 核心区别

OPC UA 更加安全、可靠、中性（与供应商无关），为制造现场到生产计划或企业资源计划（ERP）系统传输原始数据和预处理信息。使用 OPC UA 技术，所有需要的信息可随时随地传到每个授权应用和每个授权人员。

OPC UA 需要较长一段时间来替代传统的 OPC。在这个过渡期中，OPC 产品会与 OPC UA 产品共存。OPC 基金会的迁移战略可以让传统 OPC 和 OPC UA 产品很好地结合。

OPC UA 是专为工业自动化设计的自由使用的通信协议，使设备可以进行机器内、机器间和从机器到系统的信息和数据交换。

换句话说，如果没有 OPC UA，企业就无法体现物联网（IoT）和"工业 4.0"的优势。对于没有大量投资预算和较多现代技术的较小规模公司来说，OPC UA 有助于简化可能由现有技术（特别是机器视觉）生成的数据的利用方式。

当然，工业自动化也可使用其他通信协议。但这些协议大部分都是针对特定供应商，如面向西门子 PLC 的 PROFINET，或面向三菱 PLC 的 iQSS（iQ Sensor Solution，三菱传感器解决方案）。但是 OPC UA 是一种开放式跨平台协议，这意味着此协议可以在任何操作系统上运行，包括 Linux（一种类似于分时操作系统 UNIX 的操作系统）、Windows（视窗操作系统）、Android（安卓移动操作系统）和 iOS（苹果移动操作系统）四种系统。而且因为其基于服务导向的架构和 API，所以可以方便地与应用或设备集成。

如图 4-34 所示，在"工业 4.0"实现中，通信基于 OPC UA 实现，以在多个层次进行数据传输，并通过伴随协议来支持垂直行业的信息交互，如欧洲塑料和橡胶工业机械制造商协会（Europe's Association for plastics and rubber machinery manufacturers，Euromap）针对塑料工业，包装机械语言（Packaging Machine Language，PackML）针对包装工业，ISA（International Society of Automation，国际自动化协会）95 针对企业控制系统集成，数控机床互联通信协议（Machine Tool Connect，MTConnect）针对机床行业，自动化标记语言（AutomationML）针对汽车工业产线中机器人、控制器等的连接，PLCopen 针对运动控制的标准化，现场设备集成（Field Device Integration，FDI）针对现场总线的仪器设备集成，自动识别（Automatic Identification，AutoID）针对无线射频识别（Radio Frequency

Identification，RFID)、条码、二维码的数据采集。

图 4-34　基于 OPC UA 的"工业 4.0"通信实现
CA—Certificate Authority，认证授权

OPC UA 对于整个"工业 4.0"的实现都至关重要，除了在设备、产线层的控制任务数据传输，OPC UA 还能负责在运营管理层的数据交互，而 OPC UA 在系统的配置、管理认证、建模等方面均有应用空间，即通过 OPC UA 实现对业务数据的交互——水平方向连接，以及垂直方向从传感器到云端的连接，也包括端到端的连接，即不同业务单元，如供应链的设计、生产制造、运营维护的数据连接。

可以看到，OPC UA 对于实现"工业 4.0"、IIoT 的传输至关重要，只有无所不在的传输才能奠定整个数字化、信息化的基础。

（2）TSN 技术

时间敏感网络（TSN）最初源于音/视频通信的需求，后来汽车行业将其应用于辅助驾驶（Advanced Driver Assistance Systems，ADAS，高级驾驶辅助系统），开发了 IEEE 802.1AVB（Audio/Video Bridge，音频/视频桥接）。2012 年，IEEE 成立了 IEEE 802.1TSN 工作组，拟将其应用于工业实时通信，以解决标准以太网无法提供实时数据传输的问题，以及实现在同一通道中传输不同类型数据（周期性与非周期性数据）的需求。

严格来说，TSN 是一系列的通信标准与规范，它由 IEEE 802.1AS-Rev 精确时钟同步、IEEE 802.1Qbv 基于通道预留的数据流通信、IEEE 802.1Qbu+IEEE 802.3br 基于抢占式 MAC（Media Access Control，介质访问控制）的数据、IEEE 802.1Qcc 网络与用户配置、IEEE 802.1CB 无缝冗余等标准构成，如表 4-1 所示。

① TSN 主要解决时钟同步、数据调度与系统配置 3 个问题：

a. 所有通信问题均基于时钟，确保时钟同步精度是最为基础的问题，TSN 工作组开发基于 IEEE 1588 的时钟，并制定新的标准 IEEE 802.1AS-Rev；

b. 数据调度机制：为数据传输制定相应机制，确保实现高带宽与低延时网络传输；

表 4-1　IEEE 802.1TSN 相关标准列表

标准	名称	应用领域
IEEE 802.1AS-Rev IEEE 1588	时间&同步	增强&性能改善
IEEE 802.1Qbu & IEEE 802.3br	转发&队列 IET	帧抢占
IEEE 802.1Qbv	转发&队列 EST	增强与规划数据
IEEE 802.1Qca	路径控制&预留	路径控制&预留
IEEE 802.1Qcc	系统配置	增强&性能改善
IEEE 802.1Qci	基于时间入口巡查	预留滤波与巡查
IEEE 802.1CB	无缝冗余	帧复用&用于稳定性的排除

注：IET—Interspersing Express Traffic，散布式快速流量；EST—Enhancements for Scheduled Traffic，调度流量增强。

c．系统配置方法与标准，为了让用户易于配置网络，IEEE 定义了 IEEE 802.1Qcc 标准。

② TSN 在实施工业物联网（IIoT）和"工业 4.0"的过程中能解决下列问题：

a．用单一网络解决复杂性问题，与工业以太网协议融合实现整体的 IT 与 OT 融合；

b．周期性数据与非周期性数据在同一网络中得到传输；

c．平衡实时性与数据容量大负载传输需求。

采用 TSN 使得标准以太网具有传输实时性数据的能力，并且让周期性数据与非周期性数据在同一网络中传输，这样会大大简化整个智能集成的工作量，并且变得更为简单。

与其他网络一样，TSN 由 IEEE 802.1AS-Rev 来定义精确的时钟同步，然后采用数据队列的方式进行数据的组织。不同在于，IEEE 802.1Qbu +IEEE 802.3br 采用抢占式 MAC 的方式来对高实时性数据进行传输，而 IEEE 802.1Qbv 采用时间感知整形器（Time Aware Shaper，TAS）为高实时数据提供专用的时间通道，对其他非实时数据则采用 BE（Best Effort，尽力而为）方式进行传输。

③ TSN 的主要特性包括时间同步、确定性传输、网络的动态配置、兼容性和安全五个方面。

a．时间同步。全局时间同步是大多数 TSN 标准的基础，用于保证数据帧在各个设备中传输时隙的正确匹配，满足通信流端到端确定性时延和无排队传输要求。TSN 利用 IEEE 802.1AS 在各个时间感知系统之间传递同步消息，提供精确的时间同步。

b．确定性传输。在数据传输方面，对于 TSN 而言，重要的不是"最快的传输"和"平均传输时延"，而是在最坏情况下的数据传输时延。TSN 通过对数据流量的整形、无缝冗余传输、过滤和基于优先级调度等，实现对关键数据高可靠、低时延、零分组丢失的确定性传输。

c．网络的动态配置。大多数网络的配置需要在网络停止运行期间进行，这对于工业控制等应用来说几乎是不可能的。TSN 通过 IEEE 802.1Qcc 引入集中式网络配置（Centralized Network Configuration，CNC）和集中式用户配置（Centralized User Configuration，CUC）实现网络的动态配置，在网络运行时灵活配置新的设备和数据流。

d．兼容性。TSN 以传统以太网为基础，支持关键流量和 BE（尽力而为）的流量共享同一网络基础设施，同时保证关键流量的传输不受干扰。此外，TSN 是开放的以太网标准而非专用协议，来自不同供应商的支持 TSN 的设备都可以相互兼容，为用户提供了极大便利。

e. 安全。TSN 利用 IEEE 802.1Qci 对输入交换机的数据进行筛选和管控，对不符合规范的数据帧进行阻拦，能及时隔断外来入侵数据，实时保护网络的安全，也能与其他安全协议协同使用，进一步提升网络的安全性能。

TSN 实际上是为了实现异构数据交互、实时与非实时数据在同一通道中传输而开发的新的数据链路层标准。

TSN 使得为所有工业通信创建一个统一的基础成为可能。一旦引入 TSN，工业应用中 ISO 7 层模型的第 1、2、3 层将统一。这有可能使可扩展性等性能达到全新的水平。

（3）OPC UA+TSN 架构智能制造网络

OPC UA 和 TSN 这两个标准将共同为制造业带来互联的基础。随着智能制造的推进，OPC UA 和 TSN 技术将变得更为迫切与关键。

在 ISO 网络模型架构中，实时以太网工作在物理层、数据链路层，不涉及应用层。基于这个原因，OPC UA 规范和 TSN 标准相继被提出。

OPC UA 规范是应用层的一个协议集，使用统一的信息模型可以很好地解决应用层的语义互操作问题。TSN 是一系列实时以太网标准，可以实现周期性、非周期性数据，实时性、非实时性数据的传输。

图 4-35 显示了 OPC UA+TSN 在整个 OSI（Open System Interconnection，开放式系统互连）模型中的位置，但是，实际上并非这么简单。从 OPC UA 的机制中可以看到，实际上 OPC UA 包括会话、连接两方面，其已经将会话层与表示层进行了覆盖，而 TSN 虽然同样仅指数据链路层，但其网络的机制与配置管理可以理解为 1～4 层的覆盖。

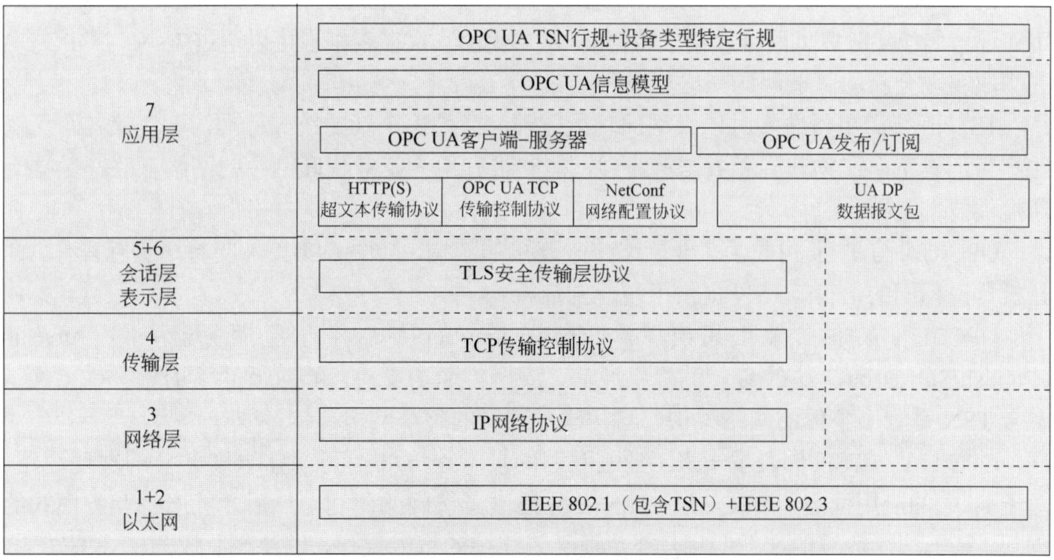

7 应用层	OPC UA TSN行规+设备类型特定行规
	OPC UA信息模型
	OPC UA客户端-服务器　　　　OPC UA发布/订阅
	HTTP(S) 超文本传输协议　　OPC UA TCP 传输控制协议　　NetConf 网络配置协议　　　　UA DP 数据报文包
5+6 会话层 表示层	TLS安全传输层协议
4 传输层	TCP传输控制协议
3 网络层	IP网络协议
1+2 以太网	IEEE 802.1（包含TSN）+IEEE 802.3

图 4-35　OPC UA+TSN 的网络架构

HTTP—Hypertext Transfer Protocol，超文本传输协议；NetConf—Network Configuration，网络配置协议；
DP—Datagram Packet，数据报文包；TLS—Transport Layer Security，安全传输层协议

如果这样来理解 OPC UA+TSN，实际上 OPC UA 和 TSN 贯穿了整个 OSI 7 层模型，

它们通过统一标准与规范实现了一个真正的"工业互联网"。

图 4-36 则是整个基于 OPC UA+TSN 的工业互联网架构。可以看到，通过 OPC UA，在水平方向，不同品牌控制器的设备可以被集成；而在垂直方向，设备到工厂再到云端都可以被 OPC UA 连接。

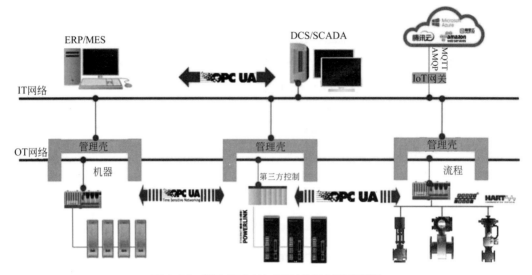

图 4-36　基于 OPC UA+TSN 的工业互联网架构
MQTT—Message Queuing Telemetry Transport，消息队列遥测传输协议；
AMQP—Advanced Message Queuing Protocol，高级消息队列协议

而 TSN 则在控制器、控制器与底层传感器、驱动器之间进行物理信息传输，OPC UA 可实现与传统实时以太网结合构成数据的多个维度集成，在未来也可以通过 TSN 与 OPC UA 的集成实现全新的制造现场网络集成。

TSN 既能满足传统实时以太网的功能需求，又是一个新的统一标准，不依赖各个厂商的产品，其工作在物理层和数据链路层，能够很好地为工业物联网中的网络互联、数据互通提供技术支撑。

OPC UA 与 TSN 构成了工业网络未来连接的架构，其中 OPC UA 支持语义互操作，即让机器说相同的语言。TSN 提供了统一的连接。

OPC UA 提供传输信息模型，C/S（Client/Server，客户端/服务器）和 Pub/Sub（Publish/Subscribe，发布/订阅）提供通信、安全方面的支持，TSN 提供实时性。OPC UA 融合 TSN 是一个整体的网络架构，它构建了工厂的整个网络连接。

OPC UA 与 TSN 代表了未来工业互联网的技术趋势，也代表着 IT/OT 融合的实现道路。对于 IT 端的应用而言，OPC UA+TSN 首先提供了访问的便利，然后才能产生业务模式的创新、基于边缘计算的产业应用场景、基于云连接的智能优化，以及产业业务模式的转变，最终真正实现数字化转型。

4.3.3　工业物联网

工业物联网（IIoT）是将具有感知、监控能力的各类采集、控制传感器或控制器，以

及移动通信、智能分析等技术不断融入工业生产过程各个环节，从而大幅提高制造效率，改善产品质量，降低产品成本和资源消耗，最终将传统工业提升到智能化的新阶段。从应用形式上，工业物联网具有实时性、自动化、嵌入式、安全性和信息互通互联性等特点。

虽然工业物联网和物联网有许多共同的技术，包括云平台、传感器、连接、机器对机器通信和数据分析等技术，但它们用于不同的目的。物理世界和虚拟世界在网络空间中融合在一起，也可以说，物理世界通过 CPS 信息物理系统和虚拟世界形成"物联网"。物联网应用程序可跨多个垂直行业连接设备，包括农业、医疗保健、企业、消费者和公用事业等领域，以及政府和城市。物联网设备包括智能设备和其他应用程序两方面内容，如果出现问题，通常不会产生紧急情况。IIoT 应用连接石油和天然气、公用事业和制造业等机器和设备。IIoT 部署中的系统故障和停机可能导致高风险情况，甚至出现危及生命的情况。所以与物联网应用的以用户为中心的性质相比，IIoT 的应用更关注提高效率和改善健康或安全性。

4.3.3.1　基本特征

工业物联网系统的基本特征可以归结为"感、联、知、控"。感是指多传感器协同感知物理世界的状态；联是指连接虚拟世界与物理世界的各种对象；知是指通过对感知数据的认知和推理，正确、深入地认知物理世界；控是指根据认知结果，确定控制策略，发送控制指令，指挥各执行器协同控制物理世界。

（1）感

感知是工业物联网的基础。面对工业生产、物流、销售等产业链环节产生的海量数据，工业物联网利用传感器、射频识别等感知手段获取工业全生命周期内不同维度的信息数据，具体包括人员、机器、原料、工艺流程和环境等工业资源状态信息。

物联网系统的传感器种类繁多，如感知一般环境状态信息的温度、湿度等各类传感器，摄像头、拾音器、卫星遥感等音视频传感器，Wi-Fi 感知系统、深度学习感知系统等智能感知传感器系统，RFID，GPS（Global Position System，全球定位系统）、北斗、红外传感器、速度传感器、雷达、声波、超声波、UWB（Ultra Wide Band，超宽带）等位置移动信息传感器，用于感知环境的状态及改变信息、位置信息、位移信息、存在信息、图像视频信息等各类物联网系统所需的信息。

（2）联

连接是工业物联网的前提。工业资源通过有线或无线的方式彼此连接或互联网相连，形成便捷、高效的工业物联网信息通道，实现工业资源数据的互联互通，拓展了机器与人、机器与环境之间连接的广度与深度。

物联网信息传递依托有线、无线等介质进行数据传输。当前移动互联技术更多被用来实现工业物联网信息传输过程。传输介质包括有线、无线两种类型。采用的无线协议有LoRa、NB-IoT、eMTC（enhanced Machine Type Communication，增强型机器类型通信）、WirelessHART（无线 HART）、WIA-PA（Wireless Networks for Industrial Automation-Process Automation，面向工业过程自动化的工业无线网络）、ISA（国际自动化协会）100 等。

这些协议分为两大类：一类是低功耗短距离通信技术，如 IEEE 802.15.4，节点间传输距离短，小于100m，多条路由协议CTP（Collection Tree Protocol，汇聚树协议）、RPL（IPv6 Routing Protocol for LLN，LLN路由协议）、LLN（Low-power and Lossy Networks，低功耗及有损网络）；另一类是低功耗广域网（Low Power Wide Area Network，LPWAN），代表性技术有NB-IoT、LoRa、eMTC、SigFox［一种超窄带技术（Ultra Narrow Band，UNB）］等，具有前景，但未必可以取代已有的技术。针对室外大范围部署，LPWAN是一个很好的解决方案。NB-IoT是基于LTE的改进版本，具有技术成熟、可以复用已有基站的优点。LoRa需要部署LoRa基站，但LoRa技术开放程度更高，更容易二次开发。

随着物联网的发展，将出现更低成本的无线传感器。目前，无线电安装尚处于起步阶段，这已经限制了部署的应用程序数量。考虑到巨大的连接数量，未来无线网络成本将会越来越低。

（3）知

知是知道，认知、知识、智力等，是感知信息收集汇聚并产生的对于控制所需规律的认知，然后在认知基础上，进行一定的智力决策。

知的过程需要网络，因为，大部分物联网系统需要由地理位置上分布的物体组成，只有利用网络，包括有线网络、无线网络［如Zigbee（八字舞，源于Bluetooth，短距离无线通信技术）、Wi-Fi、蓝牙（Bluetooth）、NB-IOT、LoRa、4G、5G等］两方面，才能虚拟为一个整体的信息汇聚。

知也需要数据处理，包括实时感知数据处理。感知的数据必须进行一定智能处理，才能得以表现出需要的智联网智力。当下火热的人工智能、深度学习、强化学习（Reinforcement Learning，RL）等，可以在物联网"知"的阶段发力，这需要考虑网络对数据汇聚的延迟影响，需要考虑分布式的影响，需要考虑实时控制、轻型AI协议的设计（物联网终端能耗和运算能力的限制），也必须考虑实时感知（无线收发）、实时数据处理、实时控制的终端的一体化集成，并能够智能适应感知环境的变化，以及物联网终端的协同等问题。

（4）控

物联网控制，是物联网系统存在的原因，是物联网系统的执行端。但执行效果仍然需要循环闭环，如通过感知，对执行效果进行验证和评估。

另外，物联网的控制一般具有时效性，这对网络延迟和控制运算（知）提出挑战。此外，物联网的控制也可以是分布式的，对多个物体进行协同控制，或者进行时序性的控制，才能达到应用的预想效果。

4.3.3.2　主要作用

工业物联网最大的应用领域是制造业，其中包含了软硬件、连接及服务三方面，具体如下：

① 工业安全生产管理。工业物联网技术可以将传感器设置在矿山设备、输油管道、化工设备等非常危险的工作环境中，这样就能够进行实时监控，了解设备机器、周边环境的安全状况信息，从而确保工业生产始终处在一个安全状态下。

② 对制造业的供应链进行管理。企业可以通过工业物联网技术及时了解原材料的购买、库存及销售等信息，经过大数据分析之后还可以对原材料今后的价格走势及供需关系

进行预测，这将大大改善和优化制造业供应链的管理体系，帮助企业节约大量成本。

③ 环境监测和能源管理。工业物联网与环境设备配合，能够对工业生产过程中可能造成的多种污染源和污染管理过程中的核心指标进行实时监测，发现问题可以及时进行整改。

④ 优化生产过程和工艺。工业物联网通过分析相关数据，实现智能检测、维护和诊断，从而提高生产效率，减少能源的消耗。

4.3.3.3　工业互联网与工业物联网

工业互联网与工业物联网，一字之差，所涵盖的内容却大相径庭。

工业互联网不是工业的互联网，而是工业互联的网。它是把工业生产过程中的人、数据和机器连接起来，使工业生产流程数字化、自动化、智能化和网络化，实现数据的流通，提升生产效率、降低生产成本。

（1）工业互联网架构

如图 4-37 所示，从技术架构层面看，工业互联网包含设备层、网络层、平台层、软件层、应用层及整体的工业安全体系。与传统互联网相比，多了一个设备层。

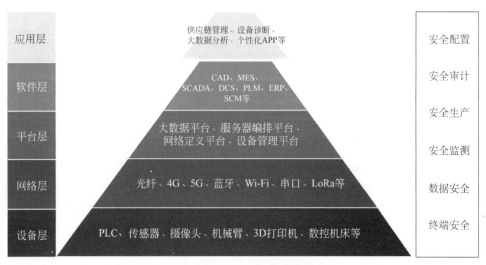

图 4-37　工业互联网架构

① 设备层负责采集数据和初步计算，执行生产动作；

② 网络层负责信息的传输与转发；

③ 平台层负责网络、存储、计算等基础设施的编排；

④ 软件层负责工业生产过程的研发设计、生产控制和信息管理等软件的实施；

⑤ 应用层负责工业互联网价值体现，在不同垂直领域、行业形成解决方案和应用；

⑥ 工业安全体系对工业生产的安全负责，范围涵盖设备的运维更换、网络层面的安全认证、平台软件层面的安全漏洞等。

（2）工业物联网架构

工业物联网是工业互联网中的"基建"，它连接了设备层和网络层，为平台层、软件层和应用层奠定了坚实的基础。设备层又包含边缘层。总体上，工业物联网涵盖了云计算、网络、边缘计算和终端，自下而上打通了工业互联网中的关键数据流。

工业物联网从架构上分为感知层、通信层、平台层和应用层，如图4-38所示。

图4-38　工业物联网架构
SDK—Software Development Kit，软件开发套件

感知层主要由传感器、视觉感知和PLC等器件组成。感知层一方面收集振波、温度、湿度、红外、紫外、磁场、图像、声波流、视频流等数据，传送给通信层，到达上层管理系统，帮助其记录、分析和决策；另一方面收集从上层管理系统下发的已经编程好的指令，执行设备动作。

通信层主要由各种网络设备和线路组成，包括具备网络固线的光纤、xDSL（x Digital Subscriber Line，各种数字用户线路），也包括通过无线电波通信的GPRS（General Packet Radio Service，通用分组无线服务）、3G、4G、5G、Wi-Fi、超声波、ZigBee、蓝牙等通信方式，主要满足不同场景的通信需求。

平台层主要是将底层传输的数据关联和结构化解析之后，沉淀为平台数据，向下连接感知，向上提供统一的可编程接口和服务协议，降低了上层软件的设计复杂度，提高了整体架构的协调效率，特别是在平台层面，可以将沉淀的数据通过大数据分析和挖掘，对生产效率、设备检测等方面提供数据决策。

应用层主要根据不同行业、领域的需求，落地为垂直化的应用软件，通过整合平台层沉淀的数据和用户配置的控制指令，实现对终端设备的高效应用，最终提升生产效率。

感知层与通信层中间有一个网关，网关隔离了终端传感器和控制器与上层网络端口，既可降低传感器与控制器的业务逻辑复杂度，又可降低上层应用对数据协议的解析成本。

（3）二者之间关系

工业互联网涵盖了工业物联网，如图4-39所示。工业互联网是实现人、机、物的全面互联，追求的是

图4-39　工业互联网与工业物联网关系

数字化；而工业物联网强调的是物与物的连接，追求的是自动化。工业互联网实现的是高层互联，工业物联网实现的是底层互联。工业物联网是物联网和互联网的交叉网络系统，同时也是自动化与信息化深度融合的突破口。

在工业互联网体系内，工业软件是灵魂，是整体控制的中枢；工业物联网以数据为血液，为工业互联网提供各种有用的信息和养分。

思考题与习题

4-1　工业自动化系统包括哪些主要组成部分？

4-2　构建集成控制系统需要满足什么条件？

4-3　设备层数字孪生如何实现？

4-4　工艺仿真软件 Process Simulate 包括哪些功能模块？

4-5　生产系统仿真主要包括哪些方面？

4-6　自动化金字塔分哪几层？

4-7　工业 4.0 中的三大集成是哪些？

4-8　OPC UA 与 TSN 如何实现工业网络连接架构？

4-9　工业物联网系统有哪些基本特征？

4-10　工业互联网和工业物联网之间有什么关系？

第5章

基于人工智能的自动化集成技术

本章思维导图

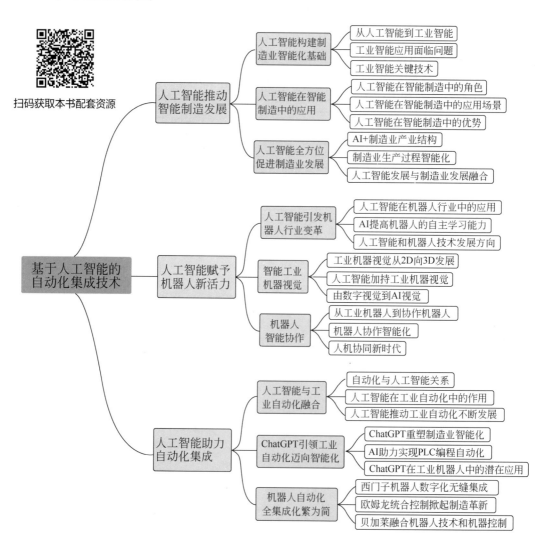

扫码获取本书配套资源

- 基于人工智能的自动化集成技术
  - 人工智能推动智能制造发展
    - 人工智能构建制造业智能化基础
      - 从人工智能到工业智能
      - 工业智能应用面临问题
      - 工业智能关键技术
    - 人工智能在智能制造中的应用
      - 人工智能在智能制造中的角色
      - 人工智能在智能制造中的应用场景
      - 人工智能在智能制造中的优势
    - 人工智能全方位促进制造业发展
      - AI+制造业产业结构
      - 制造业生产过程智能化
      - 人工智能发展与制造业发展融合
  - 人工智能赋予机器人新活力
    - 人工智能引发机器人行业变革
      - 人工智能在机器人行业中的应用
      - AI提高机器人的自主学习能力
      - 人工智能和机器人技术发展方向
    - 智能工业机器视觉
      - 工业机器视觉从2D向3D发展
      - 人工智能加持工业机器视觉
      - 由数字视觉到AI视觉
    - 机器人智能协作
      - 从工业机器人到协作机器人
      - 机器人协作智能化
      - 人机协同新时代
  - 人工智能助力自动化集成
    - 人工智能与工业自动化融合
      - 自动化与人工智能关系
      - 人工智能在工业自动化中的作用
      - 人工智能推动工业自动化不断发展
    - ChatGPT引领工业自动化迈向智能化
      - ChatGPT重塑制造业智能化
      - AI助力实现PLC编程自动化
      - ChatGPT在工业机器人中的潜在应用
    - 机器人自动化全集成化繁为简
      - 西门子机器人数字化无缝集成
      - 欧姆龙统合控制掀起制造革新
      - 贝加莱融合机器人技术和机器控制

本章学习目标

（1）熟悉工业智能关键技术；

（2）掌握生产过程智能化技术领域；

（3）了解人工智能在机器人行业中的应用；

（4）熟悉 3D 机器视觉成像技术特点；

（5）了解 AI 视觉的学习网络和检测场景；

（6）了解协作机器人技术特点；

（7）掌握人机协作表达方式和应用优势；

（8）了解人工智能在工业自动化中的作用；

（9）了解 ChatGPT 在制造业的主要应用；

（10）了解机器人自动化全集成技术。

全球新一轮科技和产业革命蓬勃兴起，对制造业的生产方式带来深刻影响，以智能制造为核心的制造革命尤为突出。一方面带动众多新技术、新产品、新装备快速发展，催生出一大批新应用新模式，驱动新兴产业快速成长；另一方面，智能制造帮助传统产业实现生产制造与市场多样化需求之间的动态匹配，减少消耗、提高品质，大幅提高劳动生产率。依托智能制造推动传统产业转型升级、重塑制造业竞争新优势，已成全球普遍共识。

以人工智能（AI）为代表的新一代使能技术创新和应用正进入空前密集活跃期，通过工业知识和数据科学的紧密结合，大幅提升对问题的洞察与预判能力，为设计、生产、管理、服务等环节的优化提供智能化决策支撑，不断拓展智能制造发展空间。

5.1
人工智能推动智能制造发展

在工业 4.0 的浪潮下，人工智能已经成为制造业转型的"利器"，在工业生产中的广泛应用使传统制造业焕发出勃勃生机。

5.1.1　工业智能构建制造业智能化基础

人工智能自诞生以来，经历了从早期的专家系统、机器学习，到当前持续火热的深度学习等多次技术变革与规模化应用的浪潮。人工智能是要让机器的行为看起来就像是人所表现出的智能行为一样。随着硬件计算能力、软件算法、解决方案的快速进步与不断成熟，工业生产逐渐成为了人工智能的重点探索方向，工业智能应运而生。

5.1.1.1　从人工智能到工业智能

（1）人工智能概述

人工智能技术，指利用计算机程序使人造机器具备类人类智能，可模拟人类学习、认知、感知能力的信息技术。

基于所实现的功能，人工智能技术可分为训练层、感知层及认知层三层。训练层指模拟人类学习能力的 AI 技术；感知层指模拟人类接收并理解外界信息能力的 AI 技术；认知层指模拟人类通过学习、判断、分析等心理活动获取信息内含逻辑的 AI 技术。

（2）工业智能定义

工业智能，亦称工业人工智能（Industrial AI），是人工智能技术与工业融合发展形成的，贯穿于设计、生产、管理、服务等工业领域各环节，实现模仿或超越人类感知、分析、决策等能力的技术、方法、产品及应用系统。

工业智能的本质是通用人工智能技术与工业场景、机理、知识结合，实现设计模式创新、生产智能决策、资源优化配置等创新应用。需要具备自感知、自学习、自执行、自决策、自适应的能力，以适应变幻不定的工业环境，并完成多样化的工业任务，最终达到提升企业洞察力，提高生产效率和设备产品性能等目的。

（3）工业智能推动制造业智能化

作为工业 4.0 的核心，工业领域的智能化变革面临诸多挑战：如何将 AI 技术、大数据技术等应用到生产过程中，从而大幅度提高生产效率、降低生产成本；如何快速响应外部环境变化，实现柔性化生产制造；如何摆脱传统控制器厂家的制约，保障生产者 Know-how（技术诀窍）知识产权得以保护；如何打通信息孤岛，实现不同厂家专有系统之间的互联、互通、互操作；如何将智能融入工业生产的过程控制中，实现生产效率质的提升。

制造业智能化升级需求是工业智能发展的根本驱动。制造业升级的最终目的，是从数字化、网络化转而最终实现智能化。当前制造业正处在由数字化、网络化向智能化发展的重要阶段，核心是要基于海量工业数据的全面感知，通过端到端的数据深度集成与建模分析，实现智能化决策与控制指令。

工业智能已经成为制造业转型升级的有效手段，也是打通智能制造最后一公里的关键环节。工业智能推动制造业智能化主要通过以下三种方式：

① 固化熟练工人和专家的经验，模拟判断决策过程，解决过去工业领域中需要人工处理的问题。

② 基于知识汇聚实现大规模推理，实现更广流程、更可靠的管理与决策。

③ 通过构建算法模型，强化制造企业的数据洞察能力，解决工业中机理或经验复杂不明的问题。

为不断提升生产力，工业智能打造了制造业智能化引擎，按层级关系可分为基础软硬件、智能工业装备、自动化与边缘系统、平台/工业软件与方案四方面。

① 基础软硬件是指各类芯片/计算模块、AI 框架、工业相机等相对通用的软硬件产品；

② 智能工业装备是指融合智能算法的机器人、AGV、机床等工业生产制造设备；

③ 自动化与边缘系统是指融合了智能算法的工业控制系统；

④ 平台/工业软件与方案是指各类具有 AI 能力的工业互联网平台及其衍生解决方案和应用服务。

5.1.1.2　工业智能应用面临问题

（1）实时性问题

现有通用计算架构与芯片尚无法满足工业实时性所带来的计算要求，端侧推理需求迫切。深度学习包括训练和推理两个环节，训练环节的功耗比和实时性不是首要关注因素，现阶段通常使用离线训练模型随后部署应用的方式，GPU（Graphic Processing Units，图形处理器）基本能满足现有需求。相比于云侧推理环节，特定场景工业终端对推理环节实时性要求极高，现有芯片无法满足，专用芯片需求较为迫切。以图片高精度高速检测和实时工业场景识别为例，传统芯片处理 1080P（Pixel，像素）图片需要耗时 1s，而以上场景的图像实时识别需求需要达到人眼识别帧率，即 1/24s；以设备实时控制为例，中低端设备的控制周期是微秒级，高端设备甚至要求纳秒级，当前 AI 完全无法达到。

因此，为满足工业实时性要求，高能效低成本的特定域架构芯片及面向工业领域开发的专用端侧框架有望成为市场上布局工业智能芯片、框架的主要趋势。

（2）可靠性问题

算法可靠性是指在规定的时间、条件或场景下能有效地实现规定功能的能力，以推荐系统为例，电商平台的推荐系统达到 60%～70%的准确率已经算是比较高的精准度，而部分工业领域、部分工业核心环节对推荐参数的准确性要求是 100%，一旦参数出现任何问题，将对生产、制造等环节，甚至生命财产安全产生巨大影响。然而，可靠性不是现有人工智能算法在工业领域的设计和关注重点。

神经网络算法的本质导致了可靠性问题的存在，限制了其在工业场景的深入应用。BP（Back Propagation，反向传播）、RBF（Radial Basis Function，径向基函数）、LSTM（Long Short Term Memory，长短期记忆）与 CNN（Convolutional Neural Network，卷积神经网络）等主流神经网络的输出层函数均为基于概率分布的函数，且对新数据泛化性较差，目前主要应用于产品缺陷质量检测、设备预测性维护等低危、辅助和以最终表现为评价标准的工业场景，需要针对工业场景定制深度学习算法，使其在高危等场景中的可靠性得到保障。

（3）可解释性问题

目前，以神经网络为代表的"联结主义"尚不能提供明确的语义解释。虽然神经网络在股票波动预测、用户需求预测、房价走势分析、自动驾驶、AlphaGo（阿尔法围棋）等较为复杂的问题上表现出了较好的效果，但可能正如贝叶斯网络（Bayesian Network，BN）的创始人 Judea Pearl（朱迪亚·珀尔）所指出的，"几乎所有的深度学习突破性进展，在本质上来说，都只是些曲线拟合罢了"。在冶炼、核电等工业领域核心环节所面临的问题如果期望通过数据技术解决，则此类问题的解决必须建立在可靠的工程/科学突破上，即需要能够明确解释其背后机理。

（4）适应性问题

通常包括模型间交互、软硬件适配与算法的数据/任务适配三类问题。

一是模型间交互，在实际工程应用中，工业智能算法能选择多种软件框架实现，但各个软件框架的底层实现技术不同，导致不同软件框架下开发的 AI 模型之间相互转换困难。

二是软硬件适配，软件框架开发者和计算芯片厂商需要确保框架和底层芯片之间、框架和工业设备芯片之间具有良好的适配性。

三是数据/任务适配，目前深度学习算法需要依靠大量样本数据进行训练，随着人工智能与工业融合的渗透速度逐步加快，越来越多智能细分应用场景面临"小数据"问题；此外，由于工业设备产品、场景的差异化与任务的多样性，当前工业场景下机器学习模型的可复制推广性较差，例如，工业场景下的产品检测，不同生产线、不同产品的缺陷种类情况可能完全不同，在某一企业可能获得高效率的算法或解决方案，移植到另一企业或许并不能达到同样的效果。

5.1.1.3　工业智能关键技术

工业智能技术整体遵循数据、算力和算法三要素逻辑，由底层向上，包括芯片、编译器、框架、算法四方面。

从技术角度来看，工业智能即是依靠算法作用在工业数据和（或）工业机理/知识/经验等工业智能使能要素中，通过对要素进行分类、回归等本质作用，映射至设计、生产、管理服务等工业环节或场景，形成智能化应用。一方面，工业智能技术仍然以人工智能算法为核心，不仅需要满足人工智能算法作用的本质需求，工业问题数字化和抽象化的方法论也是算法作用的关键。此外，算法的突破使人工智能解决问题的能力不断深化，同时与工业问题转化相互匹配，构成了工业智能发展的本质推动因素。另一方面，通用技术往往无法满足工业场景复杂性与特殊性要求，即应用面临的四类问题，需要通过技术创新与工业化适配来解决，二者的对应关系如图 5-1 所示。

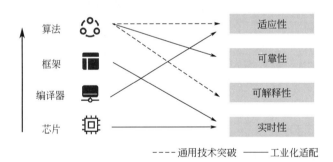

图 5-1　技术与解决四类问题的对应关系

（1）芯片：基于 FPGA 的半定制化芯片有望成为工业智能核心底座

工业问题的复杂性导致深度学习应用具有极高的算力要求，必须通过 AI 芯片解决。深度网络所需的矩阵运算量极大，通用 CPU 博而不专，无法满足算力需求。一方面，CPU 架构中负责计算的 ALU（Arithmetic Logic Unit，算术逻辑单元）区域占用面积较小，而缓存和控制单元占据大量空间。另一方面，ALU 与内存交互过于频繁，限制了总体吞吐量，并需要大量能耗。使用 CPU 进行深度网络运算将导致较大的耗时与功耗，提高计算成本，限制了在工业领域的应用。

FPGA 能满足算力与实时性要求，同时兼具功耗比低、价格可控和灵活性高等相对优势。将 FPGA 与 CPU、GPU 进行峰值浮点运算和算法运行时间的对比，可以看出，FPGA

的算力远高于 CPU，略低于 GPU，而算法运行时间远小于 CPU 和 GPU，具有较大优势。

与 ASIC 芯片相比，FPGA 的研发成本低、设计周期短，同时具有多任务灵活处理的优势，而与 GPU 相比，FPGA 具有更高的功耗比。

FPGA 能够提高机器人感知与处理性能、节省能耗，并已逐步融入机器人操作系统 ROS（Robot Operating System）中，为未来在机器人的应用普及奠定了基础。机器人的感知与处理环节犹如人"眼"和"脑"。在感知环节中，通过 FPGA 和 CPU 运行 SIFT（Scale Invariant Feature Transform，尺度不变性特征变换）、SURF（Speeded up Robust Features，加速鲁棒性特征）、SLAM（Simultaneous Localization and Mapping，同时定位与地图构建）算法的加速比与能耗比可以看出，FPGA 能提高感知帧率，让感知更加精准，并且 FPGA 运行功耗较低，可使计算持续多个小时。在处理环节，以 CNN 计算过程为例，与 CPU 相比，FPGA 具有更高的速度和极低的计算能耗，使深度学习实时计算更容易在端侧执行。

除 FPGA 外，微处理器（Micro Processor Unit，MPU）在工业领域的发展也值得关注。MPU 算力强大，能够满足通用性的工业 AI 推理需求，还具有协同、控制 FPGA 从而重构系统的能力。所以，未来可能形成通用 AI 功能使用 MPU、专用化/实时性 AI 功能使用 FPGA 的协同局面。

（2）编译器：高兼容性编译器满足工业适应性需求

工业领域存在适应性问题，对编译器需求较为迫切。如各个框架底层实现技术不同，不同软件框架开发的模型相互转换存在困难，而且工业领域存在大量的实体与模型，模型表达不统一，不同框架下的模型存在交互需求。此外，软件框架开发者和计算芯片厂商需要确保软件框架和底层计算芯片之间良好的适配性。工业领域终端设备（芯片）种类繁多，需要通过中间语言 IR（Intermediate Representation，中间表示）实现前端与后端硬件解耦。

通用编译器群雄相争，兼容性编译器可能成为工业应用未来趋势。但目前业界并没有统一的中间表示层标准，模型底层表示、存储及计算优化等方面尚未形成事实标准，仍处于群雄相争的局面。未来兼容性编译器将不断扩展框架支持种类，以满足复杂的工业需求。

（3）框架：实时性需求推动端侧推理框架成为未来发展重点

训练框架方面，Tensorflow（TF，张量流）、Caffe（Convolutional Architecture for Fast Feature Embedding，用于特征提取的卷积架构）等框架已能满足工业训练应用需求。美国通用电气（General Electric，GE）的贝克休斯（Baker Hughes）公司基于 Tensorflow，利用深度学习算法进行振动预测、设备预测性维护、供应链优化和生产效率优化。中国航天科工的 INDICS（Industrial Intelligent Cloud System，工业智能云系统）平台基于 Tensorflow 进行轴承预测，并开发了基于 INDICS 平台的算法建模工具平台。

推理框架方面，端侧推理框架无法满足工业终端计算需求，需定制化开发。现阶段工业领域云侧推理基本采用 TensorRT（Tensor Runtime，张量运行时），一方面由于现有云侧推理框架种类较少，而 TensorRT 对各训练框架兼容性较强，基本能够满足云端推理需求；另一方面，工业云端芯片基本是美国英伟达（NVIDIA）的领地，TensorRT 底层对其做了多方面优化。但随着工业终端智能化功能与计算需求的不断提升，端侧推理框架需求较为紧迫，一些企业已经开发出主要面向手机端的推理框架，极大地提升了移动终端的计算智能能力，未来具备向工业领域渗透可能性。

（4）算法：通用技术领域突破与定制化算法研究是关键

工业智能应用面临的四个关键问题中，实时性问题、软硬件与模型适应性问题可通过芯片、架构与编译器的发展来解决，而可靠性、可解释性、数据与场景适应性则需依靠算法层面的研究解决。场景定制化算法、基础研究深化、前沿技术创新有望成为解决这三个问题的三大利器。针对可靠性问题，需要将通用算法与工业机理、知识、实际场景结合，研发针对工业场景定制化的算法；针对可解释性问题，人工智能可解释性相关研究早已出现，深度学习具备可解释基础，技术透明化必会实现。21 世纪以来，机器学习可解释性相关文献数量逐年递增，算法透明化研究不断开展，并取得了一定进展。而通过深度学习识别人脸图像的可视化过程可以看出，计算过程为边角—五官—面部，完全符合人类的认知逻辑，说明算法本质并非黑箱，具备可解释的基础。随着深度学习算法研究的持续开展，技术透明化在未来有可能实现。针对适应性问题，迁移学习（Transfer Learning）的"触类旁通"可从已学习的任务中转移相关知识，解决新任务数据缺乏的问题；生成对抗网络（Generative Adversarial Network，GAN）等能够合成训练数据，增强算法"自力更生"的能力。总之，前沿技术创新或可打破深度学习类算法对大数据的限制，实现已有知识、模型的场景化迁移。从更长远看，随着类脑智能的发展，通用智能时代的到来或许能从根本上解决此类问题。

工业智能技术是一项以应用为导向、持续发展的科学技术，需要立足当前人工智能与工业制造融合发展变革的关键时点与历史性机遇，以融合创新为主线，推进关键技术和产品的创新、部署与应用，以应用引领产业链整体性突破，实现向价值链高端水平跃升。

5.1.2　人工智能在智能制造中的应用

随着人工智能（AI）科技的不断创新发展，AI 在许多领域都取得了显著的进步，其中之一就是智能制造。智能制造是指通过集成信息技术和制造技术，以提高生产效率、降低成本、提高产品质量为目标的一种新型制造方式。AI 在智能制造中的应用，正在不断推动着智能制造的发展，为制造业带来巨大的创新和变革。

5.1.2.1　人工智能在智能制造中的角色

AI 作为一项前沿技术，正逐渐成为智能制造领域的核心引擎，为工业生产带来了前所未有的智能化和效率提升。AI 在智能制造中的角色不仅仅体现在高级计算能力上，更在于能够实现自动化决策和智能优化等方面，从而推动制造业向更高水平迈进。AI 在智能制造中的角色如下：

① 自动化决策。AI 通过学习和分析大量数据，能够模拟人类的思维过程，从而实现自动化决策。在智能制造中，涉及生产排程、工艺参数调整、故障检测等决策环节，AI 能够基于历史数据和实时信息做出智能决策，从而减少人为干预和提高决策的准确性和效率。

② 智能优化。AI 能够通过算法和模型分析，对生产过程进行智能优化。例如，在生产线控制中，AI 可以根据不同产品特性和生产环境，优化机器人的运动路径和速度，最大程度地提高生产效率。此外，AI 还能够实现资源分配优化，确保原材料的最佳使用，从而

降低生产成本。

③ 故障预测与维护。AI 可以分析设备传感器数据，识别出潜在的故障迹象，并进行预测性维护。这有助于避免设备突然故障导致生产中断，可降低维护成本、提高生产线稳定性。

④ 智能适应性。智能制造环境常受到市场需求、原材料变化等因素的影响，AI 能够实时适应这些变化，调整生产策略和工艺参数，确保生产的灵活性和质量稳定。

AI 在智能制造中扮演着自动化决策、智能优化、故障预测与维护及智能适应性等多重角色，为工业生产赋予了更高的智能性、灵活性和效率。随着 AI 技术的不断发展，其在智能制造领域的应用前景将不可估量。

5.1.2.2　人工智能在智能制造中的应用场景

① 自动化生产控制。AI 技术可以通过机器学习和深度学习等方法，实现对生产流程的自动控制。例如，通过图像识别和机器视觉技术，可以实现自动化生产线上的物料识别、装配、检测等环节，大大提高生产效率和质量。

② 优化生产计划。通过 AI 技术，可以根据历史数据和市场趋势等因素，预测未来的市场需求和销售情况，从而优化生产计划，减少库存积压和产能过剩等问题。

③ 设备故障处理。AI 技术可以通过对大量设备运行数据的分析和挖掘，预测设备的故障时间和类型，提前进行维护和更换，避免生产中断和设备损坏等问题。

④ 质量控制提升。AI 可以通过分析生产过程中的数据，对降低产品质量的关键生产环节进行改良，同时，AI 还可以通过智能检测和识别技术，对产品缺陷实现自动检测和分类，提高质量控制的效率和准确性。

AI 在智能制造中还有其他多种应用，如智能供应链管理可以提高供应链的效率和响应速度，智能仓储管理可以提高仓储的效率和准确性，智能产品设计可以提高产品的竞争力和市场适应性，智能维护与维修可以提高设备的运行效率和可靠性，智能工厂管理可以提高工厂的管理水平和生产效率。

5.1.2.3　人工智能在智能制造中的优势

① 提高生产效率。AI 技术的应用可以大幅度提高生产效率。自动化生产线和机器人的引入，可以减少人工操作和干预，避免人为因素对生产的影响，同时实现 24 小时不间断生产。

② 降低成本。AI 技术的应用可以降低制造成本。通过对生产过程的优化和控制，可以减少原材料、能源和人力资源的浪费，同时降低废品率和产品不良率。此外，AI 还可以通过预测维护和故障预警等功能，减少维修和更换设备的成本。

③ 提高产品质量。AI 技术的应用可以提高产品质量。通过对生产数据的分析和挖掘，可以发现生产过程中影响产品质量的不良因素，从而优化生产工艺和流程，提高产品的质量和稳定性。

④ 促进产业升级和转型。AI 技术的应用可以促进产业升级和转型。智能制造的发展可以实现制造业的数字化、网络化和智能化，推动制造业向高端化、智能化方向发展。同时，AI 技术的应用还可以促进与其他产业的融合和创新，推动产业升级和转型。

AI 在智能制造中的应用正在不断推动着制造业的进步和发展。通过自动化生产、优化生产计划、设备故障预测和维护以及质量控制与提升等功能，AI 可以大幅度提高生产效率、降低成本、提高产品质量以及促进产业升级和转型。未来，随着 AI 技术的不断发展和应用场景的不断扩展，智能制造将会迎来更加广阔的发展空间。

5.1.3　人工智能全方位促进制造业发展

5.1.3.1　AI+制造业产业结构

将 AI 技术应用到制造业，使制造业在数字化和网络化的基础上，实现机器的自主反馈和自主优化。如图 5-2 所示，AI+制造业的产业结构包括三层：

① 基础层。包括 AI 芯片、工业机器人、工业物联网三方面，提供 AI 技术在制造业应用所需的软硬件资源。

② 技术平台层。包括制造云、工业大数据、制造业 AI 算法三方面，即基于数据和网络，开发设计 AI 算法。

③ 应用层。包括应用场景和应用行业两方面，利用 AI 技术在制造业生产和服务的各个环节创造价值。

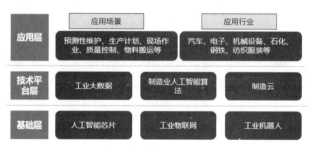

图 5-2　AI+制造业产业结构

5.1.3.2　制造业生产过程智能化

AI 应用于制造业多个环节，在生产过程中的应用如图 5-3 所示，主要包括预测性设备维护、生产工艺优化、提升自动化程度、智能化产品检测、智能化搬运等内容。

通过挖掘和提炼生产中产生的海量信息，优化设备运转、工艺流程，提高检测效率、自动化程度，减少设备损耗，提高生产效率。

生产过程智能化所涉及的技术领域包括以下几个方面：

① 机器人。机器人可分为工业机器人、服务机器人、特种机器人等类型，其中工业机器人指面向工业领域的多关节机械手臂或多自由度机器人。机器人从感知到决策将全面“人化”，机器人应用将从孤立走向融合，触觉+视觉、视觉+听觉等将感知细化，更贴近人的实际感知状态；AI 将深度植入机器人的运动控制系统，将多模态的感知信息汇集起来进行综合理解和决策；在视觉、触觉、力觉和轨迹规划等维度引入 AI 算法会提升机器人操作的准确性和适应性，机器人从感知到决策层面的智能化程度都将大幅度提升。

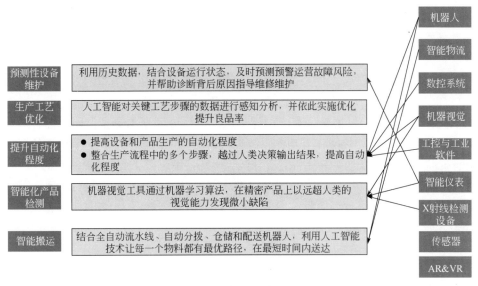

图5-3 生产过程智能化

② 智能物流。物流自动化是实现智能工厂的最后一环，物流领域主要应用 AI 降本增效。一是以 AI 技术赋能智能设备代替部分人工，二是通过计算机视觉、机器学习等技术或算法驱动软件系统提高效率，AI 与物联网、机器人、大数据等技术共同促进智慧物流发展。

③ 数控系统。数控系统由三大部分组成：控制装置（总线、CPU、电源、存储器、操作面板和显示屏、PLC 单元及数据 I/O 接口等）、伺服系统（驱动装置和电机等）和位置测量系统（光栅尺和编码器等）。AI 助推数控系统向更智能化发展，数据交换、数据库搭建、实时监控等均可借助 AI 高效实现，进而快速收集数据，进行决策分析。AI 神经网络可对硬件运行状态实时跟踪，从而及时纠偏，保障系统稳定运行；AI 使数控系统更精确、更及时、更稳定。

④ 机器视觉。作为"智能制造之眼"，机器视觉在智能制造中发挥着重要角色，AI 助力机器视觉提升检测效率及精度。AI 为机器视觉注入新动力，可促进机器视觉多元应用，机器视觉迎来空前发展机会；AI 模型极大降低了图像处理门槛，是机器视觉领域的底层突破性技术，能更好地推动机器视觉在各场景领域的应用。

⑤ 工控与工业软件。工控是利用计算机对机械进行控制，实现更加高效、精准的生产。作为自动化设备核心零部件，工控系统可以分为控制层、驱动层、执行层与传感层四个层面，并通过系统集成最终形成系统类产品。工控行业主要分为工厂自动化（Factory Automation，FA）和流程自动化（Process Automation，PA）两类。工厂自动化（FA）更加侧重精准性，主要应用于工业机器人、机床等通用自动化设备及 OEM（Original Equipment Manufacturer，原始设备制造商）市场。流程自动化（PA）主要侧重稳定性，更多应用于冶金、化工、电力等行业。作为工艺沉淀与传承的载体，工业软件涉及生产制造过程中各个环节，并且成为智能化制造与作业体系的核心基础。工业软件可以划分为研发设计类软件、生产制造类软件、经营管理类软件和运维服务类软件四种。应用 AI 技术可以实现更好的智能化控制，使工控设备更加智能地完成任务，同时更为自然地实现人机交互。在工

业软件研发设计中，参数化内容及数据尤为重要，但由于其所处行业的特殊性，工业软件往往不具备"天然共性特征"，以往简单的拓扑优化需要进行多次仿真迭代，而应用 AI 技术，可以更高效、快捷地寻找其中的规律及潜在最佳方案，提升仿真效率及精度。AI 技术与工控及工业软件实现融合，使工控及工业软件在关键生产环节降本增效成果显著，持续拓宽工控和工业软件应用。

⑥ 智能仪表。智能仪器是含有微型计算机或微型处理器的测量仪器，拥有对数据的存储运算逻辑判断及自动化操作等功能。智能仪器的出现，极大地扩充了传统仪器的应用范围。智能仪器凭借体积小、功能强、功耗低等优势，迅速在工业企业中得到了广泛应用。AI 与仪器仪表相结合，即利用计算机模拟人的智能，代替人的一部分脑力劳动，从而为仪器仪表赋予人的视觉、听觉乃至思维能力。AI 应用于仪器仪表的领域包括虚拟仪器、温度测量等多元应用。AI 将助力仪器仪表进一步提高可靠性和精度，拓宽仪表在工业生产中的应用空间。

⑦ X 射线检测设备。X 射线检测是影像检测的重要方法之一，应用范围很广，已扩展到微焦点工业精密 X 射线检测（主要面向集成电路、电子制造、新能源电池等行业）、传统工业无损检测等领域。AI+X 射线检测设备嵌入分析式 AI 模型，通过智能识别与深度学习算法，对工业领域的异物进行更精准识别，提升异物检测的自动化水平与物料识别的准确性，实现智能化检测。

⑧ 传感器。传感器指能感受规定的被测量并按照一定规律转换成可用信号的器件或装置，一般包含传感单元、计算单元和接口单元。传感器为 AI 提供感知基础，AI 应用于传感器的领域被称为感知计算，将传感器、算法和数据分析相结合，以提供更准确、可靠的数据和更高效的系统。传感器是感知计算的基础，它们可以检测和测量各种环境参数。AI 可以对传感器数据进行分析和处理，从而提供更准确的结果和更快的响应速度。AI 通过传感器检测工厂中的机器运行状态、能源使用情况等数据，提高生产效率和降低能源消耗，具有广阔的工业应用发展前景。

⑨ AR&VR。VR（虚拟现实）在密闭环境下输出视频，AR（增强现实）在现实的开放场景下输出相关视频，同时需要与当前场景进行实时交互。VR 可以为 AI 提供可视化的落地场景，AI 也可辅助 AR&VR 的 3D 内容制作从而推动虚拟现实行业发展。此外，AI 提供智能，AR&VR 提供虚拟场景，二者相辅相成，可产生如虚拟装配等大量应用场景。

5.1.3.3　人工智能发展与制造业发展融合

在全球化的今天，制造业面临着前所未有的挑战与机遇。许多新兴技术的迅猛发展，特别是 AI 技术的突飞猛进，为传统制造业带来了颠覆性的变革，加速 AI 与制造业深度融合发展是发展和培育新质生产力的关键环节。AI 可以助力制造业提高适应环境变化和应对未来挑战的能力，有助于夯实制造业发展基础。

AI 技术的发展标志着人类进入了一个新的技术时代。随着计算能力的提升和大数据的出现，AI 经历了几次浪潮，现今已进入一个以数据驱动和算法创新为核心的新阶段。AI 技术可以分为多个类型，其中机器学习和深度学习最为人熟知。机器学习允许计算机通过学习数据模式来进行预测和决策，而无须进行明确的程序编码。深度学习则是机器学习的一个子集，模拟人类大脑中的神经网络来解析数据，特别擅长处理大规模和复杂的数据集。

在工业领域，AI 的应用正变得越来越广泛。制造业企业利用机器学习算法优化生产流程，提高效率和降低成本。通过深度学习，机器视觉系统能够进行质量检测，减少缺陷率。自然语言处理技术则在客户服务和供应链管理中发挥作用，通过自动化和智能化提升服务质量和响应速度。AI 还在预测性维护中显示出巨大潜力，能够通过分析机器数据预测故障和维护需求，从而减少停机时间和维护成本。随着技术的不断进步，AI 在工业中的应用也在不断深化和拓展。工业互联网的兴起使得设备和系统更加互联互通，为 AI 提供了海量的数据源。同时，边缘计算的发展使得 AI 能够更接近数据源进行实时处理，进一步提高了效率和响应速度。

AI 技术在制造业中提高生产效率的应用日益广泛，通过智能化的数据分析、预测和自动化过程改造了传统的生产模式。通过集成机器人和自动化设备，AI 技术还能直接参与生产过程，提高生产速度和灵活性，同时降低人工成本和错误率。

AI 是引领未来的新兴战略性技术，是驱动新一轮科技革命和产业变革的重要力量。近年来得益于深度学习等算法的突破、算力的不断提升及海量数据的持续积累，AI 实现了从实验室向产业实践的转变。

随着科技不断创新和发展，智能制造正以惊人的速度改变着全球产业格局。在这个数字化和信息化的时代，智能制造已经成为推动产业升级和创新的重要引擎。从 AI 和大数据的深度融合，到产业互联网的全面拓展，再到智能制造在多个领域的广泛应用，未来智能制造正呈现出一系列令人振奋的发展趋势，将为全球经济发展带来新的活力与机遇。

5.2
人工智能赋予机器人新活力

随着智能制造的发展，工业机器人已成为工业场景中不可或缺的一部分，在生产现场发挥着巨大的作用。传统的工业机器人仅是代替部分烦琐的人工劳动，成为人类体力的延伸，但机器人的智能程度还不够，无法完成一些比较精细的工作。随着应用场景的深入扩大，对机器人的应用也提出了更多的要求，通过为机器人配置多种传感器，可以让机器人更加智能，能够适应更复杂的场景需求。

随着科学技术的发展和工业生产的需求增长，人们开始研究如何让机器人去代替部分脑力劳动，使其具有更高的智慧与能力，AI 技术的发展则弥补了这一短板。

AI 技术的发展为工业机器人的发展提供了强有力的支撑，可使工业机器人更加灵活地处理复杂的工业场景，进一步提升检测精度与效率，助力企业的数字化、智能化建设，推动制造业的转型升级。AI 技术的加入，使得工业机器人能以与人类智能相似的方式做出反应，赋予了机器人新的活力，让它不仅能代替人类大部分的体力劳动，也可以在程序设定的基础上代替部分的脑力劳动，提高生产效率，降低工厂生产成本。

AI 在机器人行业中的作用越来越显著，通过提高自主学习能力、应用于多个场景等方式，为机器人赋能。

5.2.1 人工智能引发机器人行业变革

AI 在机器人行业中的应用极大地增强了机器人的功能和智能水平，使得机器人能够执行更为复杂、灵活且自主的任务。

5.2.1.1 人工智能在机器人行业中的应用

AI 在机器人行业中的应用日益广泛，为机器人赋予了各种先进功能和更强大能力。在工业机器人领域，AI 不仅提高了生产效率，还确保了功能安全和信息安全，催生了如协作机器人（Collaborative Robot，Cobot）、自动驾驶汽车和无人机作业等新兴应用。

以下是 AI 在机器人行业一些关键的应用领域：

① 运动控制与自主导航。传统的机器人依赖预设的指令来控制动作，而 AI 技术可以让机器人通过机器学习算法自我调整和优化运动路径，实现更精确的动作规划和避障能力。自主导航系统利用深度学习和计算机视觉技术，使机器人能够在未知环境中实时构建地图，并自主决定行进路线。

② 感知与理解环境。AI 赋能的机器人配备多种传感器（如摄像头、激光雷达、力觉传感器等），并利用图像识别、声音识别、立体视觉等技术来感知和理解周围的三维环境，甚至可以识别和适应不同的物体及场景变化。

③ 决策与问题解决。利用强化学习，机器人可以在不断尝试和反馈的过程中学习如何最优地解决问题，比如在生产线上找出最高效的装配顺序或在服务行业中快速响应顾客需求。

④ 人机交互。AI 让机器人具备自然语言处理能力，可以理解和回应人类的语音指令，进行顺畅的人机对话；同时，面部识别、情绪识别等技术也提高了机器人在社交场合与人类互动的能力。

⑤ 自适应与学习。深度学习和在线学习（Online Learning）技术允许机器人根据新的任务要求或在实际操作过程中遇到的新情况持续学习和改进策略，从而不断提升工作效率和精准度。

⑥ 预测性维护与健康管理。AI 分析机器人自身的运行数据，预测潜在故障并提前安排维护，提高系统的稳定性和使用寿命。

⑦ 智能制造与协同工作。在工业自动化领域，AI 驱动的协作机器人能与工人安全有效地协同作业，通过动态调整作业策略以适应生产线的变化。

综上所述，AI 赋予了机器人更高的智能化水平，从简单的重复劳动到复杂的创造性工作，都能看到 AI 在机器人行业的广泛应用。

5.2.1.2 AI 提高机器人的自主学习能力

AI 可以通过以下几种方式提高机器人的自主学习能力：

① 机器学习。机器学习是 AI 的一个重要分支，它使机器人能够通过数据和经验来学习和改进。机器人可以通过对大量数据进行学习，识别模式和规律，从而提高性能和智能。

② 深度学习。深度学习是机器学习的一个子集，它使用神经网络来模拟人类大脑的工作方式。通过深度学习，机器人可以学习如何识别物体、分类图像、处理语音等。深度

学习使得机器人的自主学习能力得到了显著提高。

③ 强化学习。强化学习是一种通过试错和奖励机制学习的方法。在强化学习中，机器人通过不断尝试和优化行动策略，实现任务目标。强化学习有助于提高机器人的自主学习能力和适应性。

④ 软件框架和工具。AI 软件框架和工具（如 TensorFlow、PyTorch 等）为机器人提供了便捷的自主学习工具。这些框架和工具可以帮助机器人快速建立和训练模型，提高自主学习的效率。

⑤ 大数据和云计算。大数据和云计算技术为机器人提供了海量的学习资源。通过利用大数据和云计算平台，机器人可以访问大量数据和计算资源，提高自主学习的能力。

⑥ 开源项目和社区。AI 领域的开源项目和社区为机器人提供了丰富的学习资源和经验分享。通过参与开源项目和社区，机器人可以学习先进的技术和方法，提高自主学习的能力。

总之，AI 技术为机器人的自主学习提供了强大的支持。通过不断优化和创新，AI 将帮助机器人实现更高的自主学习能力和智能。

5.2.1.3　人工智能和机器人技术发展方向

未来，AI 和机器人技术的发展方向可能包括以下几个方面：

① 更加智能化。AI 和机器人技术将不断发展，使机器人具备更加智能化的能力，如更好的感知、认知和决策能力，这将使机器人能够更好地适应不同的任务和环境。

② 更加自主化。未来的机器人将更加自主化，能够在没有人类干预的情况下完成更多的任务，这将需要更加先进的感知、决策和控制技术。

③ 人机协作。未来的机器人将与人类更加紧密地协作，实现人机共生的工作模式，这将需要更加智能化的人机交互技术，使机器人能够更好地理解人类的意图和需求。

④ 多模态融合。未来的机器人将融合多种模态的信息，如视觉、听觉、触觉等，从而实现更加全面和精准的感知和认知。

⑤ 应用场景拓展。人工智能和机器人技术将在更多的领域和场景中得到应用，如医疗、教育、农业、制造业等，这需要针对不同领域和场景的特点进行专门的设计和开发。

⑥ 伦理和法律问题。随着 AI 和机器人技术的发展，相关的伦理和法律问题也将日益突出，未来需要更加关注这些问题，制定相应的规范和标准。

总之，未来 AI 和机器人技术的发展方向是更加智能化、更加自主化、人机协作、多模态融合、应用场景拓展以及更加关注伦理和法律问题。

综上所述，AI 在机器人产业中扮演着关键角色，通过强化学习、深度学习等技术显著提升机器人的自主学习与适应环境能力，包括自动驾驶汽车利用 AI 识别路况并做出决策，以及工业机器人运用视觉系统进行精密操作等内容。

未来机器人技术与 AI 将深度融合，实现更高程度的自主性、情境感知和人机交互，智能护理机器人、家庭服务机器人及高度灵活的智能制造系统等应用将更加成熟与普及。

5.2.2　智能工业机器视觉

工业机器视觉通过"机器眼"代替人眼，对物体进行识别、测量并做出判断。工业机器视觉具备高感知效率、高精准度和基本无人化的优势，是实现工业自动化的核心。随着机器视觉在工业领域上的应用越来越深入，机器视觉的功能也开始呈现智能化趋势。

5.2.2.1　工业机器视觉从 2D 向 3D 发展

随着智能制造的不断深入，面对复杂的物件辨识和尺寸量度任务，以及人机互动所需要的复杂互动，2D 机器视觉在精度和距离测量方面均出现部分技术局限，对 3D 机器视觉的需求开始与日俱增。

（1）2D 机器视觉特点

2D 视觉系统的一般原理是利用摄像头拍摄平面照片，然后通过图像分析或对比来识别物体，主要依据是物体一个平面上的特征。

由于 2D 视觉无法获得物体的空间坐标信息，因此无法完成物体平面度、表面角度、体积等测量，同时也难以区分颜色相近的表面。由于成像的对比度对结果的分析至关重要，因此特别依赖于光照和颜色/灰度变化，易受照明条件的影响。

（2）2D 与 3D 机器视觉互补

2D 机器视觉技术具有局限性，3D 可以作为有效补充。

2D 视觉和 3D 视觉的特点如表 5-1 所示。

表 5-1　2D 视觉和 3D 视觉对比

特点	2D 视觉	3D 视觉
优势	开源数据多，算法成熟，目前市场应用广泛，成本较低	测量物体绝对尺寸、位置、表面缺陷等；适应不同的光照条件和物体表面性质，如弱光环境、低对比度、反光物体等，降低干扰因素
劣势	识别精度受到遮挡、形变、光强、噪声等因素干扰影响；无法获得物体三维信息和空间距离；难以测量物体绝对尺寸与真实形状、表面纹理等物理特征，无法识别细微复杂的缺陷和异常	数据质量要求较高，AI 算法能力有待进一步加强；进入门槛高，价格昂贵
应用场景	质量检测、人脸识别、条码读取、标签检验等	质量检测、柔性装配、自动化仓储、机器人引导和表面跟踪、自动驾驶等

使用 2D 机器视觉技术可以获取二维图像，在 XY 平面上定位被摄目标，并基于灰度、对比度的特征进行分析。但 2D 技术无法提供物体高度、平面度、表面角度、体积等三维信息，易受光照变化影响，对物体运动敏感。

3D 技术增加了旋转、俯仰、横摆三个维度，更能还原真实立体世界，通过 3D 视觉传感器采集 3D 轮廓信息，形成 3D 点云，实现平面度、翘曲度、段差、曲面轮廓度等 3D 尺寸测量。3D 视觉可以满足以往 2D 视觉难以满足的工业场景应用，对 2D 视觉起到补充作用。

（3）3D 机器视觉技术

3D 视觉在工业应用中往往会和机器人联合形成解决方案，目前应用较多的场景主要为视觉检测与视觉引导。视觉检测是将摄像头、激光扫描器等安装在机器人末端，对工件进行轮廓检测、表面缺陷检测、三维重建等。视觉引导是指通过 3D 视觉对工件进行定位和识别，引导机器人进行抓取，用于无序分拣与堆码、上下料、焊接等。

3D 视觉技术主要包括双目技术、飞行时间法、结构光和激光三角测量等方面内容。

① 双目技术：通过模仿人眼用两个摄像头观察同一景物，具有系统结构简单、实现成本低，识别距离远等特点，目前应用较为广泛，但弊端是算法复杂，计算量大，不适合在光线较差的环境中使用。

② 飞行时间（Time of Flight，ToF）法：通过给目标物连续发送光脉冲，探测光脉冲发射到返回的飞行时间来得到目标物距离，具有响应快、软件简单、识别距离远等特点，缺点是分辨率低、不能精密成像且成本较高。

③ 结构光（Structured Light）：从光源投射出一定结构（比如黑白相间）的光线，通过条纹/斑点的变形计算图形的三维图像，计算简单、精度较高，普及度较高。

④ 激光三角（Laser Triangulation）测量：与 3D 结构光技术类似，区别是以激光作为光源来确定空间物体的三维坐标，精准度高、成本低，但不适于远距离测量。

不同 3D 成像技术路径对比如表 5-2 所示。

表 5-2　3D 成像技术路径对比

性能	双目技术	ToF	结构光	激光三角测量
范围	有限（2m 到 5m） 可配合光源改进	可扩展 （50cm 到 50m）	可扩展 （5cm 到 5m）	短而有限 （5cm 到 1m）
深度精度	低（1cm） 可配合光源改进	中等 （1mm 到 1cm）	高 （1μm 到 1cm）	非常高 （1μm）
响应时间	中等	快	慢	慢
软件复杂度	高	低	中等	中等
低光性能	弱	好 （红外、激光、LED）	光源决定 （红外或可见光）	光源决定 （红外或可见光）
强光性能	好	好	中等	中等
光线转换条件	弱	好	中等	中等
紧凑度	低	高	低	中等
生产校准投入	高	低	高	高
物料成本	低	中等	高	高

工业控制对精度、柔性的要求高，场景还原度更好、鲁棒性更强的 3D 视觉有望加速渗透。尽管目前 2D 视觉可以满足绝大部分行业对检测的需求，但涉及立体工件、精度要求高的检测还需 3D 视觉来配合。通过增加 3D 视觉模块，增强工业机器人的环境感知能力，可以拓宽应用场景。

毫无疑问，3D 视觉技术的发展，将很大程度上填补 2D 视觉的应用空白，并且可以更好地满足对于高精度定位、抓取、检测等场景的需求。

2D 视觉向 3D 视觉的转变已成为继黑白到彩色、低分辨率到高分辨率、静态图像到动态影像后的第四次视觉技术突破。3D 视觉满足了更高精确度、更高自动化的要求，给生产模式和效率带来质变，将引领下一代机器视觉革命。

5.2.2.2　人工智能加持工业机器视觉

AI 算法的发展为机器视觉装上了新的加速"引擎"，人工智能技术开始越来越多地在机器视觉领域发挥价值。

（1）工业机器视觉主要功能

工业机器视觉主要功能包括识别、测量、定位及检测几个方面。

① 识别：甄别目标物体的物理特征，包括外形、颜色、字符、条码等信息，准确度和识别速度是衡量的重要指标。常见的应用场景是 OCR，读取零部件上的字母、数字、字符（如条形码、二维码等）用于溯源。

② 测量：把获取的图像像素信息标定成常用的度量衡单位，再精确计算出目标物体的几何尺寸，主要应用于高精度及复杂形态测量。

③ 定位：获取目标物体的位置信息（二维或三维），进而辅助执行后续操作，常用于元件对位、辅助机器人完成装配、拾取等。

④ 检测：主要针对目标物体的表面状态，判断产品是否存在缺陷，通常用于零部件缺陷、污染物、功能性瑕疵检测等。

检测对机器视觉识别精度、准确性要求最高，难度最大，在 AI 与机器视觉结合后，有望实现更好的检测功能。

（2）机器视觉核心驱动力

机器视觉的四大核心驱动力：成像、算法、算力和应用。

① 成像：直接把图像转换为数字信号并存储到计算机中参与计算和分析。

② 算法：基于深度学习结合机器视觉效率、鲁棒性与人类视觉灵活性，完成复杂环境下的检测。

③ 算力：CPU 算力提升使机器视觉在 PC-Based 条件下可以处理一般性的问题。

④ 应用：机器视觉技术开始得到实际应用，但成像、算法、算力发展还不成熟，技术门槛和系统成本过高，难以全面推广。

机器视觉算法与软件的结合是机器视觉产业的根基，伴随着工业应用持续拓宽，对算力亦提出了更高要求。AI 技术的发展，为机器视觉实现进一步智能化提供了必要技术支持。机器视觉+AI，不断推进无人工厂、智慧工厂建设。和简单的传感器不同，视觉传感器生成大量图像数据，在 AI 和深度学习算法的帮助下可不断学习并优化，强化在智慧工厂环境中的使用。

（3）机器视觉有望替代人眼视觉

机器视觉在 AI 加持下，迎来了底层技术的突破。

Meta(元,原 Facebook,脸书)公司的图像分割基础模型 SAM(Segment Anything Model,分割一切)，底层以 NLP（Natural Language Processing，自然语言处理）模型的通用方式解决图像分割和识别问题，SAM 模型可应用于各种领域，用于查找和分割图像中的任何对象。分割技术是图像处理的底层技术，Meta 以 NLP 的通用模型极大地降低了图像处理的门槛，是机器视觉领域的底层突破性技术。

机器视觉算法经历了基于规则、统计之后，识别效果已经很难再有较大的提升，深度学习的出现大大提升了机器识别算法的识别精度和物体覆盖广度。

从算法、技术到应用，AI 技术极大程度赋能机器视觉在图像模型上的智能化应用，优化了图像识别的复杂度及精度，实现万物识别。

与人眼相比，机器视觉在效率、精度、环境要求、安全性等各因素上都有明显的优势。在可以预见的将来，机器视觉与 AI 的结合度将越来越高。在 AI 助力下，机器视觉有望更好实现对"人眼视觉"的替代。

5.2.2.3　由数字视觉到 AI 视觉

随着工业数据规模提升、AI 算法突破，工业视觉技术不断向更复杂的工业场景实现应用创新。同时，以深度学习为核心的前沿算法技术加速与机器视觉融合，推动工业视觉由数字视觉向 AI 视觉不断演进。

（1）基于传统模式识别的数字视觉技术

目前主流的机器视觉技术仍采用传统的机器学习训练方法，即在结构化场景下将数据表示为一组特征，或输入到预测模型，从而得出预测结果。

传统模式的视觉识别主要依赖数学理论与人工经验，通常包含图像特征提取和模板匹配等环节：

① 图像特征提取，通过基于颜色、纹理、形状等特征的识别得到图像的"特征信息"表示或描述，特征提取的精度对后续特征点匹配精度、模板匹配精度等方面均有影响。

② 模板匹配，对某一特定对象物体的图案或轮廓位于图像的位置进行判断，通过与参考模板进行对比进而识别对象物体。

基于模式识别的机器视觉技术可以完成 95% 以上的产品表面缺陷检测和测量任务，算法简单可快速应用。但该方法具有一定的局限性，无法实现自动提取特征，且只适用于轮廓清晰、缺陷单一的产品，并不适用于背景复杂的产品。该技术适用于工业大批量生产的场景，这些场景中背景相对固定且简单，需要快速完成检测任务。

但随着机器视觉的应用领域扩大，传统方式显示出通用性低、难以复制、对使用人员要求高等缺点，较难适应未来柔性化的生产需求，尤其是在缺陷类型复杂化、细微化、背景噪声复杂等场景越来越难以适用。

（2）基于深度学习的 AI 视觉技术

深度学习是机器学习的重要技术分支，可以形成更抽象的高级属性类别或特征，通过采集大量图片后进行标注，再把图片放入网络训练并调节参数和网络结构，再次训练后得到最好的分析结果。搭载 AI 深度学习功能后，机器视觉将原始的数据特征通过多步的特征转换得到一种更高层次、更抽象的特征表示，并进一步输入到预测函数得到最终结果。基于深度学习的检测方法因具有检测效率高、学习能力强、自动化程度高等特点，广泛应用于生产过程中人员安全、多种产品缺陷检测等场景。

典型的深度学习网络有：

① 卷积神经网络，可以从输入的数据中学习到抽象的本质特征信息，对高维数据有较强学习能力，但计算复杂度随网络层数增加而急剧增加。

② 深度置信网络（Deep Belief Network，DBN），有较强的扩展性，适合对图像进行多分类、识别处理，但较为依赖专家经验。

③ 全卷积网络（Fully Convolutional Network，FCN），可以接收任意尺寸的图像且可对图像进行像素级分割，在此基础上获得高层语义先验知识矩阵，但对图像的细节信息不敏感且收敛较慢。

④ Transformer（转换器）结构，在训练效率、图像分类、分割等任务中取得优异效果，正在成为学习序列数据（包括文本、图像和时间序列数据三方面内容）的通用框架。

深度学习方法适用于复杂缺陷检测、更智能的图像识别场景，但除了需要结合专家知识选择更适合的算法模型与调整网络参数外，还需要大量训练数据才能更好地发挥它的优势。

基于深度学习的机器视觉在理想状态下可以结合机器视觉的高效率与人类视觉的灵活性，从而完成日趋复杂环境下的检测，尤其是涉及偏差或极端环境，满足更多对瑕疵精度、通用性的严苛要求。通过深度学习对模型鲁棒性的提升，极大地拓展了机器视觉的应用场景，使机器视觉系统更加具备柔性，加速其在工业领域的渗透。

（3）AI视觉检测场景模式

AI视觉监测常用于多检测对象的复杂判断场景，该场景的复杂性较高，可参考的数据量较大，检测对象的特征高度抽象且较为隐性，对象质量标准界限较模糊，通常以人工判断为主，此种复杂场景更适合发挥该技术适应性高、识别力强的优势。

AI视觉检测模式主要包含以下几种情况：

① 复杂缺陷检测主要用于组成零件多、缺陷复杂的场景，如高度集成的电子器件缺陷检测、样式复杂的纺织品花纹缺陷检测。

② 3D缺陷检测主要借助3D成像系统，利用三维信息更加稳定地完成检测。

③ 零件姿态识别主要用于组装、加工、抓取前的零件姿态确定，以计算出更好的路径或抓取点。

④ 物品智能分拣主要用于传送带上的多种物品快速分拣，在重量、电磁属性类似但颜色或外观有差异的物品上尤为适用。

⑤ 生产进度跟踪主要用于复杂工艺中的加工进度检测，或较长工艺生产线上的总进度确认。

⑥ AGV视觉导航主要用于配合激光、导轨类AGV的终点操作辅助，或是纯视觉导航的高机动性AGV场景。

AI视觉检测能够自动从原始图像中提取出高层次的语义信息并学习，从获取的图像中提取出多个特征点，从而更准确地描述物体或场景；还能识别和解析包括复杂背景、光照变化、姿态变化等复杂场景；可以将多个传感器信息融合，从而得到更全面、更准确的信息；能够高效处理图像数据，从而可以从数据中提取有用的信息和模式。

AI是机器视觉的母身，深度学习是机器视觉的技术堡垒。智能工业机器视觉作为智能工厂的"眼睛"，不仅能够模仿人类视觉能力，还能对所"见"物体展开精准测量与定位等高级操作，实现对质检、安防等工业核心环节的检测能力的综合提升，最大限度降低人工成本，为智能工厂打开"新视域"。

5.2.3　机器人智能协作

协作机器人具有安全性高、柔性灵活、与人协作等特性，吸引了制造企业将协作机器人引入到生产线中，来实现更智能、柔性的制造流程。协作机器人的出现，扫除了人机协作的障碍，它既能与人类并肩协同工作，又可确保周边区域安全无虞。无论是汽车轮胎组装、机床工件搬运，还是电子产品装配，协作机器人都能轻松"拿下"。

5.2.3.1　从工业机器人到协作机器人

现如今，人类与机器人的关系已从竞争变成了协作，也就是从竞争、共存、协作到未来的共事。例如在一些 3C 工厂，工人一天八到十个小时重复站在那里去做同一件工作，这种工作可以完全被自动化替代。同时，利用人类的认知、适应或创造等能力去做更加有意义的工作。

（1）协作机器人技术特点

协作机器人，指能与人在同一共享空间中协同作业、与人进行直接交互的机器人，是一种新的工业机器人品类，一般称为Cobot，其他称呼还有"Corobot"或"Cobotic"。

不同于传统工业机器人，协作机器人可以在没有防护栏的情况下与人员在同一个工作空间内工作。协作机器人装有传感器，以确保机器人不会伤害人类。若是传统的工业机器人，则需要采用安全防护装置来做出隔离，以保证员工的安全，也因此无法进行人机协作。

协作机器人直接与人接触并一起工作，可以安全地进行互动工作，而且机器人系统可以轻松自如地从一个工站移动到下一工站。这些协作机器人负责执行对人类而言吃力、单调或危险的工作步骤，如费力的顶装工作和细致的琐碎杂活。因此，这些机器可以优化制造流程并提高生产效率。

协作机器人的技术特点主要包括以下几个方面：

① 安全性。为了满足协作机器人的安全性需求，通常采用低电压、轻量化设计，同时具备碰撞检测功能。低电压与轻量化设计主要保障协作机器人的安全性。协作机器人一般采用小于等于48V的低电压设计，能够有效防止因为线缆内部故障导致漏电造成人员伤亡，同时可以有效保证电气线路的稳定。此外，由于需要与人工进行协同作业，协作机器人在设计过程中会涵盖碰撞力学方面的知识，通过轻量化、降低机械臂运动速度，来降低机械臂在运行时所产生的动能，从而实现将碰撞造成的危害微小化、可控化。碰撞检测作为协作机器人安全功能的核心，两种代表技术方案分别为无传感器电流检测方案和关节力矩传感器检测方案，二者均通过发生碰撞时碰撞力的检测来触发机器人的保护性停止。其中关节力矩传感器大幅提升了碰撞检测的灵敏度，但同时带来了刚度和精度的下降问题。

② 易用性。协作机器人多用于柔性需求较高的场景，这类场景对于协作机器人的易用性和灵活性带来了较高要求。传统工业机器人示教器编程采用机器人点位的逐点示教及高级机器人语言编程完成，专业性强，上手门槛高；协作机器人通过拖动示教路径点的记录并配合相对易用的引导编程，降低了操作者的专业要求。随着协作机器人应用领域不断

扩展，提升协作机器人编程的易用性，覆盖Windows、Linux、MacOS（苹果操作系统）、移动端客户端、网页端、手持示教器等的拖拽式图形化编程成为协作机器人编程发展的方向。此外，行业内企业对机器人编程方式不断进行优化升级，以实现机器人的快速部署，近年来，协作机器人示教方案已经逐步发展出无线示教和图形示教等方式。

③ 灵活性。在灵活性方面，协作机器人在外置接口的设计上采用了兼容式设计，能够在较大程度上兼容各种品牌的外接装置，如末端执行器、视觉相机、传感器等。在不同场景的应用中，通过灵活替换外接装置，可以使协作机器人快速满足工艺场景下的功能要求，实现灵活性的提升。

④ 共融性。共融性主要指协作机器人系统易于嵌入或接纳其他系统、易于转化先进的理论与算法，使自身功能不局限于机器人制造商的定义，而是具有极大的扩展性。现阶段协作机器人在共融性方面已经有了较大提升，并仍在不断进步中，能够与机器视觉系统、移动操作技术、AI技术平台、各类工艺包等进行共融互通，实现各类延展性应用。

安全问题是人机协作系统的基础，协同工作必须以保证操作人员的安全为前提；易用性和灵活性是人机协作系统的重点，能够快速适应柔性、复杂的生产方式是协作机器人的优势；共融性则是协作机器人全面深入市场、多方位超越工人的核心。

（2）协作机器人设计特征

协作机器人设计的初衷就是为了提高机器人的安全性，降低机器人在生产过程中对人带来伤害的风险，使机器人可以在特定区域内安全地与人进行直接的交互和接触。

工业机器人通常是铰接式机器人，可提供最大程度的灵活性。协作机器人与传统工业机器人虽有一些相似之处，但也存在一些明显差异。人类肉眼所见的最明显差异是协作机器人的机械手被软壳包围。协作机器人不只是通过外部传感器了解周围环境，而且将内部机器人感知和环境感知功能结合在一起并集成到协作机器人的手臂中。这是一个重要的安全功能，因为协作机器人通常不会通过物理安全围栏、激光幕或其他类似措施与工人分开。

协作机器人的另一个独特设计特征是机器人手臂和操纵装置接头内的电机驱动器和电机没有分离。电机驱动器可以直接集成到电机壳体内或靠近电机壳体，以便为功率密度进行优化。因此，接线工作被简化为一个通用的直流电源总线，由位于接头内部的各个电机驱动器使用。另外，协作机器人使用的是简化的通信基础设施，在控制箱和机械手内部的功能元件之间只有一条内部主干总线用于通信。在有效载荷范围方面，协作机器人的范围通常从3～10kg不等。如果超过有效负载上限值，机器人的手臂可能由于惯性过大而无法快速停止，所以作为安全措施，操作速度会急剧减速，这会导致生产力下降。

除安全性以外，协作机器人还具备易用性、灵活性、低成本等特点。在易用性方面，协作机器人能够通过拖动示教路径点的记录并配合相对易用的引导编程，降低操作者的专业要求。同时，轻量化、高集成度的设计使协作机器人能够以更灵活的部署方式安装在产线或集成化设备中，易于编程的特点也使其能够快速适应新产线的工作需求，适用于各种非结构化、柔性、高灵活度的场景。

（3）协作机器人面临的挑战

与工业机器人类似，也有越来越大的压力迫使协作机器人迅速进入市场。根据设计规格，预制组件的构建块系统使得协作机器人的硬件能够快速组装。但是，软件，或更具体地说是用来控制协作机器人的创新算法，对设计的成功至关重要，并且需要更多的时间和合格的人力来开发。

因为协作机器人本质上是与工人互动或在工人附近工作，所以它们需要更加智能和敏感。功能安全和可靠的电子设备可实现此类特性。

近年来，协作机器人的性能在不断向工业方向靠拢，稳定性不断提高，负载不断增大，速度不断变快，精度不断提升。

从性能上而言，协作机器人不断冲击原来由于技术限制所形成的协作机器人与工业机器人之间分明的界限；从应用上来看，协作机器人在工业领域有了越来越多的应用，甚至在部分领域已经替代了传统意义的工业机器人。

体积小、重量轻的机器人在制造业中的需求量也很大，因为它们能在较高的运行速度下降低机械惯性。具有高度集成度和高功率密度的组件可以帮助协作机器人获得这些合乎需求的特性。最后但同样重要的是，安全性在每个协作机器人设计中都是必不可少的。为了远程访问、IP 保护和避免使用非原装部件，协作机器人需要在灵活且连接的接口上提供最大的安全性。因为可以在机群内对协作机器人进行远程编程，所以如何防止未经授权的访问也同样重要。合适的安全性能是防止危害与建立对技术的信任和接受的唯一途径。

5.2.3.2　机器人协作智能化

（1）机器人协作技术难点

真正的工业场景中需要处理的任务更复杂，需要将 AI、深度学习和工业现场结合在一起。

一个真正的协作机器人，不用加上视觉和传感装置，就可以被动地和人进行合作，而且能够靠近人、和人产生互动。通过传感视觉让大型机器人和人产生间歇性的合作，这是目前工业领域人机协作最好的状态。

在工厂中人机协作需要满足相应的工作状态，这对机器人协作提出了更高的要求。人机协作最初的目标是机器换人，现在变成人机共存。未来的人机协作不仅是共享空间，还要共享时间，人在紧密的工作区域内和机器完全互动，机器人可以直接和人传递零件，二者共同完成整个工业流程。

然而机器人协作时现场工况很难标注，因为工程师在设计算法时无法预测所有的场景，这可能会造成意外发生。此时需要利用 AI 从大数据中抓取数据，通过学习分析内在规律来定义相应的机器人行为规则。比如根据现场实际情况，对不同的照片进行处理、识别、确定精准度，最终达到很高的标注精度。

在一些典型的工业现场，由于零件形状不规则且大都堆放在一起，传统的机器视觉算法很难对这种场景进行处理。对于不同规则的输入库，不但要能识别新的形状，同时还要能确定合理的抓取顺序，这些都是工业领域实现机器人协作生产的技术难点。

在复杂、严苛的工业环境中实现机器人协作，需要机器人具备更为智能化的环境感知和适应能力、人机交互和协同作业能力以及异常预测和处理能力。

（2）机器人协作发展演进

在工业 4.0 的尖端工厂中，工人已开始与协作机器人共同工作。协作机器人能够与人类一起工作并与人进行互动，提高效率和生产力，这为制造业和其他领域开辟了新天地。协作机器人的发展轨迹不同于工业机器人。协作机器人并非用于完成大规模的工业流程，而是用于协助工厂工人。尽管如此，开发一个协作机器人要求的技术知识水平也非常高，而且市场环境竞争激烈，降低成本的紧迫性越来越大。同时，关于机器人和协作机器人的普遍误解仍在继续传播，许多人将它们视为危险、高功率的制造系统。

然而，最新一代的协作机器人证明，其好处远远大于风险。此外，可以通过半导体解决方案和高级算法的正确组合将风险最小化，甚至消除这些风险。协作机器人必须具备先进的安全功能以及能够精确扫描周围环境的能力，传感器使它们能够了解周围的环境。只有这样，工人才能确定它们没有发生碰撞及发生其他危险的风险。

（3）人工智能提升机器人协作能力

机器人一直以来作为机电执行机构，只能替代简单体力劳动。对于复杂非结构化的场景，则无法发挥太大作用。近年来，随着AI技术的发展，越来越多的新式应用涌现出来，如无序抓取、智能检测等。随着工业数据的积累和计算机算力的提升，机器人可以通过学习的方式处理复杂问题，优化动作流程。

AI应用是未来协作机器人技术的发展趋势，机器人正变得更加智能，引入AI最新进展让机器人变得更聪明，并具备新的理解和解决问题的能力。未来只有具备AI、自主学习判断的协作机器人才可以成为真正的协作机器人。机器人除了安全和人机交互外，必然需要深度学习，可以通过自主学习训练使得机器人更加具备智能化，也是人机交互的重点。

未来机器人控制器或将发展为零编程使用，通过使用多传感器融合后的智能学习判断，与人智能交互后即可实现目标任务的执行。

随着协作机器人技术不断进步，易用性、安全性和智能性有望获得提升，协作机器人在各领域的应用边界将日趋模糊。协作机器人将不仅是机器人，更是智能工具和智能伙伴。

5.2.3.3　人机协同新时代

AI技术的发展，让机器人"感知""思考""适应""交互"和"判断"成为可能，当协作机器人被成功赋予高级AI，机器人将获得"常识"，从而实现人机智能协同作业，同时减少用户参与决断的概率，使得机器人变得更"聪明"。

（1）人机协作实现灵活生产

机器人协作已经从机机协作逐渐发展到人机协作，目前人和机器人已经在生产中合作。机器人为员工提供支持并减轻他们的负担，实现大量自动化过程，提高了生产效率。人机协作是将人的能力与机器的高效性和精确性相结合的附加要素。

高效灵活地批量生产各种产品被视为未来生产的挑战，完成这一挑战需要人与机器之间的完美配合。

在今天的现代化工厂中，已经有大量的自动化生产过程由机器完成。人类则通过知识、智慧、灵活性、创造性和"指尖触觉"确保生产流程的质量和顺畅进行。

和传统的工业机器人不同，协作机器人能直接与生产部门的员工精准合作，并减轻他们的负担。它们可以承担繁重的、单调的且不符合人机工程学的工作，如仰头作业或执行重复的操作。它们所需的作业面积相对来说很小，因为保护装置非常节约空间。由于配备内置的传感系统，协作机器人使得灵敏装配任务的自动化成为可能，如图 5-4 所示。

图 5-4　人机协作使安全高效的精细工作成为可能

针对发生意外接触的情况，为每一个应用都确定了适当的解决方案：触发停机，或者协作机器人降低速度至不可能造成伤害的程度。

在人与机器人安全合作的地方，许多传统的安全防护措施不再需要，人与机器人可以毫无顾虑地分享同一个工作空间。

（2）人机协作多种表达

HRC 的不同表达：人和机器人的共同存在、合作、协作。

根据应用领域，人与协作机器人合作的紧密程度也有所不同。即便"人机协作"这个概念到处都在用，但 HRC 中的 C 仍然可以有不同的表达。

① 人机共存（Human-Robot Coexistence）：人和机器人在没有防护栏的相邻工作区域工作。但是他们没有共享工作空间，而且彼此独立地处理不同的任务。

② 人机合作（Human-Robot Cooperation）：在人机合作模式下，人与机器人在同一个工作空间工作。他们错开时间完成一个流程的不同任务，没有直接的互动。

③ 人机协作（Human-Robot Collaboration）：人与机器人在一个共同的工作空间彼此互动。例如，机器人为人递送物品，或者他们同时对同一个零件执行不同的任务。

（3）人机协作优势

协作机器人不仅非常精确和灵活，而且可以安全应用于大量的工作环境。协作机器人能够与人紧密合作解决高度敏感的任务，使用领域涵盖从工业生产中的安装或黏合流程到医药或服务行业的不同应用。

① 提高自动化程度。协作机器人补充了人的能力，使以前手动执行的生产步骤变成自动化实现。

② 减轻员工的负担。体力消耗大、危险和单调的工作步骤可以由协作型灵敏机器人承担，因此减轻了员工的负担。

③ 恒定的高质量。重复的和需要高度集中注意力的流程由灵敏轻型协作机器人以高精度完成，因而提高了生产质量。

④ 最大的灵活性。可以灵活调整协作机器人的工作。此外使用协作机器人的地点也很灵活，只需要很小的工作场地。

人机协作实现了现代化的机器人技术与经典团队合作的共生，将工厂变身为智能工厂，给工业生产带来了根本性的变革，成为带动自动化发展的引擎之一。

协作机器人作为一项颠覆性的创新正在机器人领域快速生根发芽。不过，协作机器人并不能取代传统工业机器人，协作机器人作为工业机器人的一个重要的分支，在未来很长的时间内将与传统的工业机器人共存，并共同发展。在未来智能制造业的蓝图中，机器人与人类的深度协作将成为一个重要发展趋势。

5.3
人工智能助力自动化集成

AI 是工业 4.0 实现从"自动化"到"智能化"转型的关键所在。AI 可以整合生产流程中的多个步骤，直接越过人类决策输出结果，从而大幅提高自动化程度。从工业自动化到智能自动化的转变正在发生，自动化将进入一个新时代。

5.3.1 人工智能与工业自动化融合

从"机器换人"到"机器助人"，AI 正在以"智"的形象革命性地改变着制造业。AI 犹如一位"智慧工人"，能够提高产品质量，优化生产流程，实现个性化定制，保障产品安全。它与传统机器自动化不同，不仅能够"劳作"，还能够"思考"，实现更智能化的决策。

（1）自动化与人工智能关系

AI 技术的发展为制造业智能化提供了新的方法和技术。将 AI 技术、工业自动化技术、工业互联网与制造业的领域知识工作相结合，以研发补充和增强知识工作者能力的 AI 算法和 AI 系统为目标，发展工业 AI 技术，使实现制造业智能化成为可能。

虽然对自动化和 AI 的界定并不明确，且随时间推移不断变化，但自动化的研究和应用始终秉持一个核心目标：减少和减轻人的体力和脑力劳动，提高工作效率、效益和效果。AI 的研究和应用秉持的核心目标：使人的智能行为实现自动化或复制。

自动化与 AI 的实现手段都是通过算法和系统，它们的共同点是通过机器延伸和增加人类的感知、认知、决策、执行的功能，增加人类认识世界和改造世界的能力，完成人类无法完成的特定任务或比人类更有效地完成特定任务。它们的不同点在于研究对象和研究方法不同。自动化是针对通过机理分析、采用微分方程或代数方程可以建立数学模型的研究对象，利用输入输出表示的因果关系小数据，建立建模、控制与优化的理论和技术。AI 是针对机理不清、难以建立数学模型但对象的输入输出是处于完备信息空间的大数据的研究对象，采用基于统计的、无模型的机器学习方法，建立建模、控制与优化的理论和技术。AI 在短期内的核心成效是将以前无法实现自动化的任务实现自动化。

（2）人工智能在工业自动化中的作用

AI 在工业 4.0 中发挥着不可或缺的作用，主要体现在以下几个方面：

① 提高生产效率和质量。AI 可以推动生产过程自动化、优化生产流程、预测生产故障，提高生产效率和质量。

② 降低生产成本。AI 可以减少人工成本、提高资源利用效率，降低生产成本。

③ 提升产品的个性化和定制化水平。AI 可以根据客户需求个性化生产产品，提升产品的个性化和定制化水平。

④ 提高产品的安全性和可靠性。AI 可以监控生产过程、预测产品故障，提高产品的安全性和可靠性。

（3）人工智能推动工业自动化不断发展

AI 技术的应用将使工业自动化水平不断提升，从而促进工业经济的转型升级。

① 人工智能将成为工业 4.0 的基础技术。AI 将在工业 4.0 的各个领域得到广泛应用，成为工业 4.0 的基础技术。

② 人工智能将与其他技术融合发展。AI 将与物联网、大数据、云计算等技术融合发展，形成新的技术生态。

③ 人工智能将推动工业 4.0 的智能化转型。AI 将推动工业 4.0 从自动化向智能化转型，实现从自动化到智能化的跨越。

借助 AI，工业制造将变得更加智能化、柔性化、个性化和安全化，实现对客户需求的快速响应和私人定制。能够自主学习、协作、持续进化的"AI 工人"在工厂里辅助人类员工开展各种复杂工作，它们将与人类形成相互信任、优势互补的合作关系。

5.3.2　ChatGPT 引领工业自动化迈向智能化

ChatGPT（一款 AI 聊天机器人程序）因其接近人类水平的自然语言回答而再次掀起了 AI 的浪潮。ChatGPT 表现出很高的人机交互水平，已经具备了面向通用人工智能的一些特征，成为全球经济增长的重要引擎，为各行业智能化带来全新机遇。制造业一直在寻求新的技术来提高生产力和效率，ChatGPT 激发的 AI 热潮，将极大促进制造业探索与人工智能的结合。

5.3.2.1　ChatGPT 重塑制造业智能化

OpenAI（美国的一家人工智能公司）的 ChatGPT 是由生成式 AI 技术驱动的自然语言处理工具，神奇之处在于能够通过理解和学习人类的语言进行对话，还能根据聊天的上下文进行互动，真正像人类一样交流和回答问题，并能够撰写邮件、文案、代码和论文等。

ChatGPT 基于 GPT（Generative Pretrained Transformer，生成式预训练转换器）系列预训练模型构建，利用 Transformer 架构，通过在大规模的文本语料库上训练，学习语言的统计规律和语义信息，并将这些知识编码到模型的参数中。

ChatGPT 通过突破性的"Transformer 架构大模型+RLHF（Reinforcement Learning from Human Feedback，人类反馈强化学习）算法"带来自然语言处理在表述逻辑性、自然性等人机交互体验领域的巨大提升，掀起 AI 产业一轮新高潮。

（1）制造业引入 ChatGPT

与传统的基于规则和专家知识的 AI 方法相比，ChatGPT 的 AI 模型基于文本生成的深度学习算法，在多个领域都有不错的表现，制造业也开始尝试引入 ChatGPT，主要应用包括以下几个方面：

① 增强型现实维修。ChatGPT 可以结合增强现实（AR）技术，在设备出现问题时提供维修服务。当操作员观察到设备有异常时，可以和 ChatGPT 进行对话，并通过 AR 技术将 ChatGPT 给出的指令直接显示在设备上，使得操作员更加方便快捷地进行维修。

② 自动化生产。ChatGPT 可以被应用于自动化生产线的管理中。通过与各种机器人或设备进行对话，ChatGPT 可以协调它们之间的沟通，使得整个生产线更加高效，并使生产成本更低。

③ 智能预测维护。ChatGPT 可以基于传感器和设备的实时数据分析，预测设备故障的风险，并提前发出警报。这样可以在设备发生问题之前采取有效措施，避免不必要的停机时间和损失。

④ 质量控制。可以利用 ChatGPT 进行产品质量控制，通过对生产数据的分析来判断产品的质量，并及时调整产品生产的过程，以达到更高的产品品质。

（2）ChatGPT 深入制造业面临的挑战

ChatGPT 可以帮助制造业更加智能化，提高生产力和效率，降低成本，提高产品质量，但是 ChatGPT 深入制造业领域仍面临着不少挑战：

① 尚未出现投入产出比明确的场景。在 ChatGPT 出现之前，AI 在制造业探索了许多场景，但质量检测和设备预测性维护仍是最受认可的领域。这两个领域的核心优势在于项目实施后的效果明显，如节省人力成本和设备故障发现时间节点的衡量。然而，ChatGPT 尚未找到具有类似经济效应的场景，大多数仍处于试点阶段。

② 面向工业领域的基础模型缺乏预训练阶段。目前的做法大多从精准训练开始，而非经过预训练阶段的知识强化，所以并未能够有效实现对领域知识的理解和推理。现阶段基础大模型主要集中在通用大模型的竞争，对面向行业的基础模型关注较少。

③ 制造业领域场景的高度碎片化对大模型提出了挑战。这种高度碎片化的场景使得从预训练阶段开始训练大模型变得困难，通用大模型又无法满足细分领域的需求，这种天然的矛盾可能会阻碍大模型的发展。

随着技术和行业的进一步发展，以 ChatGPT 为基础的智能自动化能够自主执行复杂的任务，减少人为错误，大幅提高生产效率，并使员工能够释放潜在能力，进行更多创新工作。ChatGPT 正成为改变制造业的智能化引擎，在制造业中将发挥越来越重要的作用，不断推动制造业可持续发展。

5.3.2.2　AI 助力实现 PLC 编程自动化

西门子将 ChatGPT 运用在工业领域，借助 ChatGPT 增强工业自动化工程解决方案，包括工程设计团队使用自然语言输入生成 PLC 代码，从而减少时间成本并降低错误率。

PLC 通过接收指令控制各种类型的机械或生产过程，是制造业在工业自动化时代进行转型升级的核心设备，应用领域涵盖了整个工业自动化过程的方方面面。

下面首先对 PLC 编程进行一个简单的介绍。假设要控制一盏台灯在按下按钮后亮起来，再按一次灯就会熄灭，这时用 PLC 编写一个控制灯的程序就可以实现这个功能，PLC 编程主要步骤如表 5-3 所示。PLC 编程是为了让 PLC 可以根据输入的信息或控制指令去执行对应的控制和操作任务，也就是由过程状态控制向过程操作控制转变。

表 5-3　PLC 编程步骤

PLC 编程主要步骤	具体应用	详解
需求分析	在这个步骤中，需要确认被控制的灯的 I/O 口、按钮的 I/O 口、控制逻辑等内容，需要确定这些信息可以被勘测，理解设备的工作原理、设备间的连接方式和信号传输方式等，同时也需要了解客户的操作要求	在这个案例中，需要了解控制灯的 I/O 口和按钮的 I/O 口的类型和工作原理。其次，根据实际要求，分析出需要一个开关来控制灯的亮灭。根据这些需求，我们可以设计出这个灯的控制系统的结构
系统设计	在这个步骤中，需要根据需求分析结果设计控制系统的结构和流程。需要设计 PLC 程序的框架、开发设备之间的逻辑连接关系，确定逻辑功能和报警方案，需要考虑灯亮灭的控制逻辑以及按钮的状态、时间等约束条件	设计完整个系统的结构后，需要将系统结构图和控制功能细化。需要设计灯亮灭的触发条件和控制程序的执行流程，并考虑异常情况下的处理程序
程序开发	在这个步骤中，根据系统设计编写 PLC 程序。PLC 编程需要使用 PLC 编程软件，根据实际情况使用梯形图或其他编程语言编写程序	针对上面的案例，可以设置一个记忆单元作为开关，根据按钮的状态变化逐步改变开关的值，让灯的状态相应地改变。此外，还需加入其他的编程指令和控制逻辑，使得灯的亮灭和开关的状态对应
调试和测试	在软件环境中进行程序调试和测试，模拟实验场景。这个步骤中，需要确保程序的正确性和可靠性，通过调试修正发现的问题，同时测试各种情况下程序的运行情况	在这个案例中，可以在 PLC 编程软件的仿真环境中进行模拟实验，通过与按钮交互验证程序的正确性。完成程序调试和测试后，可以将程序下载到实际控制设备中进行验证
系统集成	将 PLC 程序和控制设备进行集成，最终实现控制设备的正常工作。在这个步骤中，需要测试 PLC 编程的控制效果，调整实际控制设备和 PLC 编程的参数以达到合适的控制效果	

ChatGPT 自横空出世以来，各行各业对其褒贬不一，但其背后的数据库及学习算法的强大是不可否认的。ChatGPT 已经能够进行简单的代码编写，让 ChatGPT 用梯形图语言生成西门子的 S7-200PLC 的程序，如图 5-5 所示。

ChatGPT 不仅根据指令写出了完整的逻辑结构，而且还在最后给了用户提示：需要根据不同需求进行更改。虽然问题比较简单，但 ChatGPT 回答的速度很快，写出的程序结果也是我们所需要的，这说明 ChatGPT 是具有 PLC 编程能力的。未来 ChatGPT 在 PLC 编程上将能够实现根据自然语言生成 PLC 代码，并且只需对生成的程序进行检查测试即可应用，从而节省编写时间，并大大降低代码错误率。

在工业生产中，PLC 编程是一项非常重要的工作。但是，目前 PLC 编程的软件相互不兼容，不同的厂商所使用的软件也不同，因此相互之间无法直接进行通信，这使得编程这项工作变得非常烦琐且费时费力。这种软件不兼容的问题已经成为许多 PLC 编程工程师面对的挑战之一，具体表现为 PLC 编程工程师需要在不同的软件平台之间转换，需要额外的配置和接口工具来实现数据传输和沟通。这不仅增加了操作过程中的复杂性，也会增加项目的成本和时间，降低生产效率。

图 5-5　ChatGPT 生成 PLC 程序

基于 ChatGPT 技术，有望实现 PLC 编程自动化，并且提高 PLC 编程效率，同时也会大大降低 PLC 编程的门槛。但是，需要明确的一点是，自动化编程技术需要有一个合理的框架和算法体系，才能在实际应用中发挥良好的效果。毕竟 PLC 编程涉及许多细节问题，这些仍需要工程师付出一定的时间和精力去解决，自动化编程技术目前只是对人工编程过程的协助和助力，所以在实际应用中需要结合工程实践去设计和优化，以达到最好的效果。

AI 技术的快速发展为 PLC 编程环境的变革提供了强有力的支持，ChatGPT 将成为下一代 PLC 编程环境的潜在主角。

5.3.2.3　ChatGPT 在工业机器人中的潜在应用

在机器人领域，由于 ChatGPT 出色的问答交互能力，其应用首先与服务类机器人、人形机器人联想到一起。但 ChatGPT 的大模型能力不止于作为插件安装在机器人中输入、输出自然语言，其真正魅力在于打破了自然语言与机器物理世界的屏障。改变人类间交流方式之余，ChatGPT 还可以改变人类与机器的交流方式。

工业机器人被广泛应用于电子、物流、化工等各个工业领域之中，随着智能化传感器的加入和计算机技术的发展，工业机器人从简单的单一功能发展成为具有感知、执行和决策能力的机器人。AI 技术的突破，特别是 ChatGPT 的出现，使工业机器人迎来智能化发展的新阶段。

（1）使工业机器人理解非专业人类语义并编程

当前的机器人技术依赖于机器人与工程师之间紧密的反馈循环，工程师负责编写任务代码、观察机器人的行为并通过编写额外的代码来纠正错误。

　　ChatGPT 可以将描述目标任务的人类自然语言翻译为机器人的代码。这将有可能实现非技术用户代替工程师，人们只需使用自然语言提供原始任务描述，观察机器人并提供有关机器人行为的任何反馈。同时，ChatGPT 可以通过人类语言的多次输入和对话，将语义转化为代码以改进行为，如图 5-6 所示。

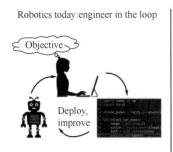
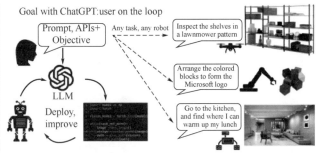

图 5-6　机器人应用的现在和未来

Robotics today:engineer in the loop—今天的机器人技术：工程师在环；Objective—目标；Deploy，improve—部署，改进；Goal with ChatGPT:user on the loop—用 ChatGPT 实现目标：用户在环；Prompt, APIs+ Objective—提示，应用程序接口＋目标；Any task，any robot—任何任务，任何机器人；LLM—Large Language Model，大语言模型；Inspect the shelves in a lawnmower pattern—以割草机模式检查货架；Arrange the colored blocks to form the Microsoft logo—排列彩色块形成 Microsoft 徽标；Go to the kitchen,and find where I can warm up my lunch—去厨房，找到可以加热午餐的地方

　　ChatGPT 可以通过用户不完全清晰的定义指令编写机器人代码，并在必要时请求进一步清晰阐释，最终直接生成可用代码，实现"无代码编程"。

（2）增强工业机器人信息处理分析能力

　　在信息处理与分析方面，ChatGPT 可以与数据分析师进行交互，以帮助他们分析和可视化工业生产数据，或者可以集成到生产线中，以帮助操作员完成多种任务。例如，为设备操作提供详细的步骤说明，帮助操作员在实际操作中遵循正确的程序，以确保生产设备的正常运行。

　　ChatGPT 还可以用于监控生产质量，通过提供有关如何改进质量的反馈，以提高产品质量，如图 5-7 所示。

图 5-7　ChatGPT+工业视觉有望提高产品质量

此外，当生产出现故障时，ChatGPT 还可以提供快速诊断和解决方案，帮助快速解决问题，从而提高生产效率。

（3）赋予工业机器人更强大的感知执行能力

相比过去制造行业大模型检测的单一场景，ChatGPT 具备构建"感知-执行"循环的能力，该能力将应用于更广泛的工业领域，如图 5-8 所示。

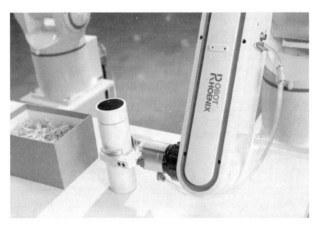

图 5-8　ChatGPT 构建"感知-执行"循环让机器人人性化

将计算机视觉模型访问权加入 ChatGPT 函数库后，ChatGPT 可以探索未知环境，通过计算相对目标角度，最终导航到用户指定目标。

具体来说，模型首先通过 API 库输出拥有"感知-执行"循环结构的代码，之后准确使用图像采集和目标检测等感知函数来提取机器人导航和控制的相关信息，并通过文本对话不断将观察（描述文本或极坐标）输入到 ChatGPT。最终 ChatGPT 能够解析这一观察流程并输出相关的动作。

对于更复杂的任务和环境，在以文本或向量形式适当描述场景环境方面还需要更多的研究和尝试。

虽然 ChatGPT 在工业机器人领域为世界打开了新思路，但目前应用的场景环境均相对简单。一方面，ChatGPT 学习和转化人类自然语言的能力已经有所证明，为工业机器人带来了新的希望和发展空间；另一方面，如何进一步在大模型浪潮中，成功商业化落地，也成为了工业机器人领域的新挑战。

回顾工业制造业智能化的发展历程，技术能力和算法无法满足实际应用需求、解决方案复制性较差难以落地等挑战一直存在。而目前基础模型（大模型）表现出多领域多任务的通用化能力，正在打破这些行业壁垒，并用低成本、普惠的方式，席卷容错率极低、成本敏感的产业应用。用 AI 解决产业问题蕴含着机会，ChatGPT 是一个起点，越来越多的行业正在迎来 AI 应用的"ChatGPT 时刻"。

AI 在工业自动化领域的应用还处于初级阶段，这也意味着 ChatGPT 和其他 AI 技术在工业自动化领域中有着广阔的发展前景。ChatGPT 为工业自动化带来了前所未有的机遇和挑战，引领制造业从工业自动化走向智能自动化。

5.3.3　机器人自动化全集成化繁为简

为了满足灵活的"多种类、小规模"的生产环境需求，除了提高机器灵活性，先进的技术还使得 OEM（原始设备制造商）能以更少的设备和更小的空间完成更多工作，越来越多的机器制造商正在提供紧凑型解决方案，以整合机器人技术和先进的运动控制技术。

集成式机器人不仅只是一个流行语，它是控制机器人的单一产线或单元控制器，可以减少对专用机器人控制器和相关硬件组件的需求，如伺服电机、驱动器、示教操纵台和 I/O。这样，单个控制器可用于控制多个机器人，并可简化集成和提高运营效率。

对 OEM 而言，关键问题不仅是哪些技术适合应用，还在于如何以理想的方式将这些技术集成到机器和工厂架构中。

机器制造商可以采用统一的方法进行机器控制。统一的机器控制使 OEM 能够更轻松地集成、控制和协调先进技术。还可为最终用户简化机器运行和维护，因为最终用户只需了解和支持一个系统即可。

在统一控制平台上构建的机器还可提供该机器生成的统一信息源，更便于 OEM 以有意义的方式传递信息。统一的机器控制可为可视化、报表和分析解决方案提供卓越的基础，有助于监控影响性能、效率和质量的关键因素。OEM 能借此制造更智能的设备，从而更轻松地集成到设施中，还可访问相应信息，使最终用户能够更好地响应不断变化的市场需求。

工业机器人系统集成是自动化生产的发展趋势，具有广阔的市场前景和发展潜力。

机器人全集成将统一机器人、设备、图像、安全的统合控制，掀起制造革新，通过更高水平且更加流畅的控制，实现自动化应用的革新，同时通过融合真实与虚拟，实现系统构建的革新。

5.3.3.1　西门子机器人数字化无缝集成

数字化机器人系统集成技术立足于虚拟现实、计算机网络、快速原型、数据库和多媒体等多种支撑技术，将数字化技术与制造技术、机器人技术等融合，能够根据用户需求快速收集资源信息，对产品信息、工艺信息和资源信息进行分析、规划和重组，实现对集成方案功能的虚拟仿真。

（1）机器人集成与自动化

机器人集成和自动化是同一枚硬币的两面。机器人集成涉及对机器人或机器人系统进行编程，以在生产操作中执行自动化任务。

工业机器人与自动控制系统是工业自动化的两大组成部分，但由于机器人控制和通用自动控制长期相对独立、并行发展，二者在控制系统上完全不同。机器人控制普遍使用专用驱控系统，强调的是多轴同步精准运动控制；而通用自动控制通常采用 PLC、DCS 来实现，注重的则是设备或产线的流程和逻辑控制。因此，二者往往不能由相同的控制器来控制。

然而，随着产线上工业机器人数量越来越多，产线的自动化程度要求越来越高，工业机器人和机电设备的控制集成整合到一个自动化系统之中，对于制造企业来说会有很多显而易见的价值和益处，比如更低的控制成本、更便捷的编程调试等。

因此，市场上也出现了用高性能通用自动控制器结合伺服驱动模块来做机器人控制，同时也做产线设备的自动控制，这样就可以将二者集成到一个控制系统之中。但这样的集成存在着很大的难度，特别是机器人的控制往往算法复杂，对运动控制编程要求很高，所以这样的深度集成并不是上佳之选。

西门子另辟蹊径，提出了新的自动化系统集成机器人控制的实现方法，称之为机器人集成技术与机器人库（Robot Library），可以将不同制造商的机器人快速轻松地集成到一个统一的架构之中。现在机械制造商和系统集成商能通过西门子 TIA（全集成自动化）博途平台，将工业机器人无缝集成到复杂的机器和制造环境中。

该统一架构功能特点如下：

① 全集成自动化助力生产运行更上一层楼。全集成自动化，西门子推出的这一款工业自动化系统，是所有自动化组件高效协作的典范。其中，开放式系统架构覆盖了整个生产过程，并且所有组件都具有以下特性：统一的数据管理、全球统一标准及统一的硬件和软件接口。这些特性极大缩短了工程组态时间，从而在大幅提升系统灵活性的同时显著降低了成本和面市时间。

② 产线集成简化机器人部署。全面的 TIA 博途工程框架可为用户在广泛的制造自动化项目规划上提供支持。西门子 SIMATIC 机器人程序库作为此应用程序的补充。机器人程序库用户可通过统一的用户界面，在 TIA 博途中直接对机器人进行编程并将其纳入计划中。

③ 将机器人与新技术相结合。得益于 TIA 博途的集成设计，用户现在可以自己在生产线中运行机器人，示教点动模式或路点生成等功能。新的综合程序库允许用户下载编程示例，以使用它们来控制机器人。通过 SIMATIC 机器人程序库集成到 TIA 博途中，机器人可以更快速地集成和部署到复杂生产线中。这还使机器人与 Edge（边缘）数据分析或云服务等技术的结合变得更加容易，并将它们纳入工厂状况的监控之下。

利用机器人集成技术与机器人库，机器人可以完全集成到机器操作概念中。这一过程无须专门的示教器和机器人开发软件，使用控制器的 HMI 和 TIA 博途即可完成。

（2）SIMATIC 机器人集成技术

SIMATIC 机器人库能够直接在 TIA 博途中对来自不同制造商的机器人进行统一的编程，并使用 SIMATIC S7-1500 控制器对其进行控制，无须在机器人侧进行额外的编程。如图 5-9 所示，SIMATIC 机器人库的概念提供了一个解决方案，以满足日益增长的需求，工业机器人可集成到更高级别的机器和工厂控制系统。它允许 PLC 工程师在一个统一的自动化平台上为机器人进行编程，减少对外部机器人专家的依赖。

SIMATIC 机器人库提供的功能块符合 PLCopen 标准，与 SIMATIC CPU 中的运动功能标准一致。通过库中的功能块启动和监控机器人，并且可将点对点运动和线性运动等运动命令传输给机器人。对于处理运动学计算的机器人控制器，需要使用命令解释器，它安装在机器人控制器上，并将机器人命令从 PLC 程序转换到机器人的路径规划。这使得机器人控制器的所有运动学和安全相关功能可以顺利执行，并且与 SIMATIC CPU 的负载无关。

SIMTIC PLC 与机器人采用 PROFINET 通信，它们之间的数据交换采用"统一机器人数据接口（Uniform Robot Data Interface，URDI）"规范。机器人侧需要安装一个指令解译器，用于解析 PLC 侧发出的运动控制指令。

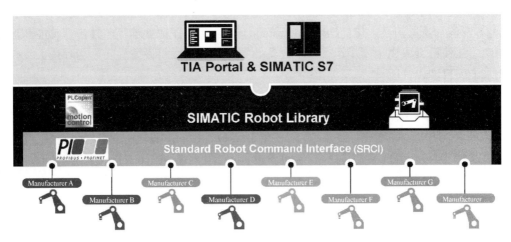

图 5-9　SIMATIC 机器人库控制框架

SRCI—Standard Robot Command Interface，标准机器人命令接口；Manufacturer—制造商；
PI—Profibus &Profinet International，Profibus &Profinet 国际联合协会

（3）SIMATIC 机器人库具备优势

使用 SIMATIC 机器人库具有以下优势：

① 通过 PROFINET 连接所有功能组件，如 SIMATIC CPU 和机器人控制器。

② 机器人编程仅需要 PLC 基础编程知识和机器人基础知识，利用 SIMATIC 机器人库可进行快速编程。

③ 机器设备和机器人控制在 PLC 中融合为一个单元，因此机器人可以完全集成到机器操作概念中。甚至可以通过 SIMATIC 控制器的 HMI 进行机器人示教，即手动移动到机器人位置并将目标点存储在 SIMATIC 控制器中。

④ 不同制造商的机器人可以统一编程和操作，更改机器人制造商不需要对现有 PLC 程序进行大量更改或对员工进行再培训。

SIMATIC 机器人集成是一种即用型解决方案，通过 SIMATIC 机器人库，借助 TIA 博途的标准环境，可以直接控制来自不同厂家的工业机器人。目前，西门子 PLC 已支持通过 SRCI 控制柯马、史陶比尔、川崎、安川、优傲和节卡（JAKA）机器人，未来将有更多的机器人主流品牌进入 SRCI "朋友圈"，陆续支持与自动化系统的集成控制。所有具有自动化技能的人都可以按照管理工业机器和设备的相同逻辑来管理工业机器人。

5.3.3.2　欧姆龙统合控制掀起制造革新

欧姆龙通过控制的整合和构建流程的整合，助力制造现场的高度自动化。

（1）控制的整合

控制的整合是指将机器人视为实现应用所需的一个要素，并与其他设备紧密整合，提供扎根于制造现场的、具有革新意义的自动化应用。

① 工匠技术的自动化。将一直相互独立的机器人和机械控制整合到 One Controller（一个控制器），可将外围设备与机器人合二为一、实现高度精细且精巧的控制。例如通过

与图像处理等多种传感功能完全同步的机器人动作的优化控制，将以往只有人工才能做到的插入、嵌缝的复杂加工和组装实现自动化。将工匠技术自动化，逐步解决劳动力短缺问题。

② 设备吞吐量的最大化。One Controller 不仅能实现图像处理等多种传感功能和运动控制，还能使机器人完全同步运行，使设备之间实时同步，将设备吞吐量达到最大化，实现高水平的自动化性能。

③ 助力实现"控制的整合"。作为具有完全不同特性的控制引擎，一直以来都是独立执行 PLC 的循环扫描型程序和机器人的顺序执行型程序。而欧姆龙在全球范围内推出了一种新技术，能将二者的程序任务、I/O 刷新整合至 One Controller 并使其同步运行。此技术得益于欧姆龙面向制造业的"各种控制设备群"，如图 5-10 所示。

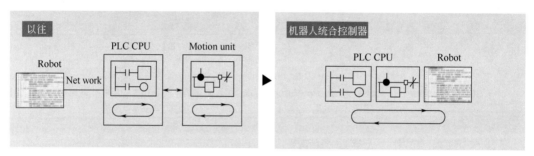

图 5-10 机器人统合控制器
Network—网络；Motion unit—运动单元

（2）构建流程的整合

构建流程的整合，融合了真实与虚拟，从而实现系统构建的革新，简化了自动化的构建，从而实现所思所想。

① 自动化工程链的革新。用 PLC 控制包括机器人在内的所有设备，整合并简化了一直以来相互独立的机器人和机械控制的"语言"。同时，还确立了涵盖机器人、输入设备乃至输出设备的 3D 模拟技术，在启动设备前，可视化设备任务，使工序设计、动作检验的效率得到飞跃性提升。从系统整体的构建到维护实现无缝整合，同时可重复利用先前开发的软件资产、CAD 资产，不仅可以进行设备开发，还可以解决设备引进中双方人力资源短缺的问题，实现 Time to Market（即时上市）。

② 远程启动设备、全新维护方式。模拟与实际设备之间实现无缝化，设备启动后，无须关闭生产线即可紧急追加品种或更改规格，可离线灵活应对。此外，还可跨越空间距离，进行远程维护，以全新方式实现设备启动和维护。

③ 助力实现"构建流程的整合"。为了使 PLC、机器人和模拟实现同步，将虚拟检验与实际设备的运行统一，推出了能与 PLC 和机器人的模拟器控制周期同步的模拟技术。欧姆龙在全球范围内搭载了将 PLC 和机器人整合至同一个 PLC 编程软件的一体型模拟器，如图 5-11 所示。

（3）机器人统合控制器

将机器人与控制设备的控制一体化——"机器人统合控制器"。控制的整合，将机器人与外围设备无缝整合，使以往只有人工才能做到的复杂作业实现自动化；构建流程的整合，利用真实与虚拟仿真技术，简化系统的构建和维护。利用二者整合，提供结合了机器人的革新应用。欧姆龙凭借制造业所需的"各种控制设备群"及长期积累的丰富应用知识和技术，实现了不停机检测，校准应用及将工匠技术高度自动化的应用。

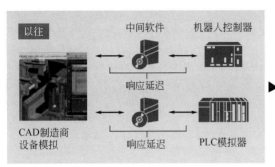

图 5-11　机器人流程整合模拟器

① 编程与模拟统一。One Software（一个软件）即可实现机器人和机器控制相整合的编程和 3D 模拟，掀起工程链的革新。将一直以来相互独立的机器人和机械控制编程语言统一，确立了可在一个软件整合开发环境中轻松进行模拟的技术。可在虚拟环境中将真实环境的生产设备连接起来，进行远程的设备启动和设备维护。利用与真实设备相融合的 3D 模拟，实现虚拟、远程环境下的生产

② PLC&机器人整合模拟。利用由 3D CAD 设计的 CAD 数据和控制程序，在没有 3D CAD 软件的情况下，只需 PLC 的编程工具，即可对机器人、输入设备乃至输出设备进行 3D 模拟，进行设备检验。此外，模拟架构也可通过向导方式实现轻松设定。

③ 轻松编程。统一了 PLC 的顺序和机器人语言，One Software 即可进行编程，每个程序的任务可在 OneController 中同步运行。无需以往的机器人连接程序，双方联锁的编程也非常简单。此外，通过 EtherCAT 连接的欧姆龙机器人还可由顺控程序直接控制。

④ 离线示教。在 3D 模拟中，可通过 PC 的鼠标或点动控制功能，在办公室开展示教作业。无需示教器在现场进行所有示教工作，可在办公室完成大致的示教，然后在现场进行最终微调，加快投产速度，如图 5-12 所示。

⑤ 通过 PLC 直接控制机器人。与 PLC 对驱动设备进行编程的方式一样，可轻松完成对机器人的编程。将机器人控制整合至 PLC，在保持机器人自身的高速性、高精度的同时，可以与其他设备一样使用 PLC，通过 EtherCAT 对机器人进行控制，PLC 工程师也能控制机器人。提供了可通过顺控程序直接控制机器人的指令集。这些指令遵循 PLC 中的运动控制逻辑，与以往使用 PLC 开发设备时的运动控制方式相同，对机器人进行编程。能够以相同的编程方式，通过 PLC 对并联机器人及适用于自动化用途的各种机器人进行控制。

图 5-12　机器人离线示教

⑥ 通过应用管理器轻松构建应用。与搭载了图像传感器的应用管理器组合使用，图像传感器相当于机器人的眼睛，可以在机器人的应用开发中利用向导方式自动生成代码，轻松编写高级应用程序。

欧姆龙统一机器人、设备、图像、安全的控制，将实现高度自动化的制造现场，高难度人工作业自动化的制造现场，机器人和外围设备高度同步的制造现场，融合虚拟与现实及摆脱时间、地点限制的制造现场。

i-Automation（*i*-自动化）！是欧姆龙价值创造理念。欧姆龙通过"控制进化"（integrated，集成、整合）、"智能化"（intelligent，智能）、"新型人机协作"（interactive，交互）实现生产现场自动化的制造革新，如图 5-13 所示。

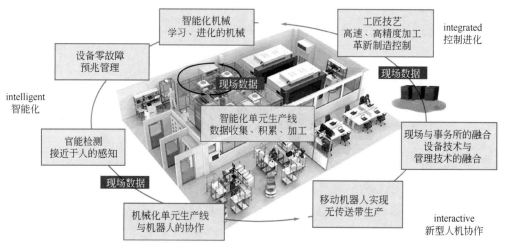

图 5-13　三个"i"掀起制造革新

5.3.3.3　贝加莱融合机器人技术和机器控制

如图 5-14 所示，贝加莱（B&R）将 ABB 机器人与其自动化产品实现了全集成。将机器人技术和机器控制融合到一个统一架构中，能够将机器自动化的柔性和精度提升到前所未有的水平，使制造商能够拥抱大规模定制的趋势，优化多批次、小批量的生产过程。

（1）机器人集成

ABB 机器人能完全集成到贝加莱自动化系统，意味着贝加莱现在能够为机器制造商提供来自同一供应商的机器自动化和机器人技术。除了控制、I/O 和驱动组件之外，机器制造商还将能够从贝加莱购买机器人。

ABB 机器人直接集成到贝加莱产品中，可以提供真正的一站式服务，能够向工业自动化客户提供围绕控制、驱动、机器人技术、传感分析和电气化的完整集成硬件和软件解决方案。其优势在于，凭借在应用方面的深厚专业知识积累，能够将 ABB 和贝加莱产品整合为一个解决方案。这将帮助制造商提高包括机器在内的各个层面上的柔性，从而支持更短的产品周期，实现小批次、多品种生产。

机器制造商将能够从 ABB 机器人丰富的产品组合中进行选择，其中包括各种臂展和负载的多关节机器人、SCARA 机器人、并联机器人和码垛机器人等多种类型。这对于需要与其他组件进行高度同步的机器应用而言尤为重要，例如拣选解决方案。ABB 机器人可以集成到机器自动化系统中，客户将从机器人技术和机器控制之间前所未有的同步水平中受益。集成后，在机器与机器人之间不用任何接口，而所有的轴和传感器都将在同一网络上进行通信，这将使精度提高到以前难以想象的微秒范围。

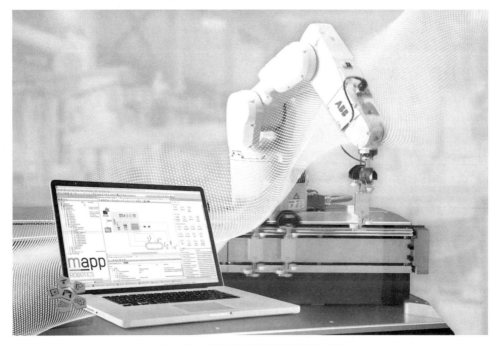

图 5-14　机器人技术和机器控制统一架构

将机器人技术和自动化进行集成意味着开发、诊断和维护仅需一个控制器和一个工程系统，减少额外的设备，从而节省占地面积。

更加用户友好的编程是将机器人技术与机器控制相结合的又一大决定性优势。集成后不再需要在一个开发环境中对机器人应用程序进行编程，而在另一个开发环境中对机器应用程序进行编程，现在只有一个应用程序和一个开发环境。这将有助于减少开发时间。通过应用基于 MApp（Modular Application，模块化应用程序）技术的现成的软件组件，开发人员可以快速安装和配置机器应用程序，包括机器人应用程序，无须具备任何专门的机器人编程语言知识。

新开发的集成解决方案能够为机器制造商提供支持，优化工艺流程，使自动化投资得到更大回报。传统上，机器人是一个独立的系统，它拥有自己的控制器和控制柜，工程、诊断和维护都由该系统执行，且使用自己的机器人语言，因此通常需要专业的程序员。ABB机器人能够将这些功能集成到单一架构中，创建一个完全集成的自动化系统。对于机器开发人员而言，现在无论是将单个运动控制轴还是将整个机器人集成到机器中，都没有什么区别。

传感器与机器人运动之间的同步将通过集成变得更容易。例如，使用贝加莱视觉相机进行缺陷检测的结果可以在不到 1ms 的时间内转换为 ABB 机器人的控制命令，因此剔除生产线上有缺陷的工件既无须人工干预，也不会降低制造效率。

由于机器制造商不再需要使用单独的硬件、通信网络和应用程序，因此可以在机器人和其他机器组件之间实现更紧密的同步。机器人和机器所有运动控制轴的运动都可以实现前所未有的微秒级精度协同，这不仅提高了机器的生产率，而且还增加了生产过程的产出。

机器人和所有其他自动化组件一样都是在贝加莱的通用工程环境中进行编程，而且用户还可以使用数字孪生技术，在制造机器之前对机器的整个运动序列进行仿真和优化，包括机器人。这使工程和开发变得既快捷又便宜，从而降低了希望在生产机械中实施机器人技术的机器制造商的进入门槛，提高了投资回报率。

（2）机器视觉集成

机器需要感知、反馈，即所谓的"能观能控"。机器的视觉集成具有更为丰富的信息采集能力，它采集的图像不仅可以用于计算对象的轮廓尺寸进行定位，也可以对中心进行计算，还可以识别缺陷等，较以往的传感器具有更丰富的感知能力。随着电子技术发展，更低的成本使之使用更为广泛。

传统视觉与自动化分属两个不同的行业，而今天，像贝加莱这样的自动化厂商基于控制的全局思考，规划视觉产品，推出集成机器视觉，它将视觉集成到自动化系统中，通过Automation Studio（自动化工作室）像 I/O 一样编程，通过变量耦合实现视觉与运动控制、机器人的 POWERLINK 网络实时交互、高速同步，以达到更高的集成能力，实现动态、实时的产线响应。贝加莱集成视觉将原来需要分别采购的独立器件集成于一体，相机、镜头、处理单元、光源、通信集于一体，更高集成，更高协同。

机器视觉系统已经从高级传感器发展到集成在控制器中的检测系统。选择合适的基于PC 的自动化平台可以使它们变得更好。

多年来，全球半导体芯片制造企业一直在提倡硬件整合的概念，而集成机器视觉和基于 PC 的控制是其中的一个机遇。

功率和性能不断提高的 CPU 可以加载以前由独立设备处理的复杂计算功能。机器视觉技术也不例外，随着它的不断发展，工程师们更清楚地看到了令人兴奋的新功能。

凭借更高的分辨率和更快的图像处理能力，机器视觉系统已经成为一个完整的、集成的检测解决方案。合适的照明和透镜仍然决定着图像质量，但其他领域正在取得重要进展。

将机器视觉集成到机器的主控制器中，即使在最复杂、高速应用的情况下，机器视觉技术也能够满足要求，同时还可以减少单独硬件的数量。这种方法确保了从触发图像到对结果进行操作的所有事项都在机器控制的实时代码中执行。在机器主控制器中将图像处理与现场总线更新、轴位置和其他代码变量保持紧密同步，可以实现与机器、触发器和照明的紧密同步，并能够立即根据视觉结果采取行动。

在自动化和控制中，实时性由自动控制器定义，该控制器运行所有必需的代码，并以统一的已知速率更新 I/O 设备。例如，运动控制器以预先定义的速率或频率更新轴的位置。实时还意味着，实时调度不受实时环境之外的任务（如操作系统或其他非实时软件）的影响。这种一致的、已知的控制器更新率，就是 DIN 44300 标准"信息处理"中定义的实时处理。

对于不同的机器视觉应用，处理速度的设置也因需求而异。例如，一个应用可能要求以每秒5幅图像的速率检查图像,而另一个应用可能要求以每秒50幅图像的速率检查图像。

这两个案例都可以在实时环境中定义和处理检查，并将检查结果发送给主机控制器。所选解决方案的类型会影响实现实时功能的能力。

在专用处理器上运行视觉检查代码时，完成检查所需的时间与处理器、处理速度、正在执行的代码和图像直接相关。如果需要运行得更快，可以减少正在处理的图像数据、优化代码或使用速度更快的硬件。

在独立的多核 CPU 上运行的 Windows 操作系统中，传统的基于 PC 的视觉检测代码在运行时，其他因素也在起作用。使用多核可以减少总体处理时间，但是，其他进程也可以访问这些核、管理进程之间的共享核心，这可能会导致完全执行视觉检查代码所需时间的波动。为确保运行效果，选择硬件时通常要超出实际需求，如选择更大的机柜、额外的运行电源及机柜内处理额外热量的冷却设备等，但这些都会增加成本。

对智能相机、PC 视觉和视觉控制器系统的另一个要求是，在确定检查结果时，还必须将这些结果传达给主机控制器。这些结果可以是简单的"通过/失败"，也可以是由大量数据组成的图像。将此数据传输到机器控制器所需的时间，可能会对运行效果产生影响，因此也必须予以考虑。

一个新的方法是在一个先进的、基于 PC 的实时自动化平台及其配套软件的隔离核心上处理视觉检测数据。在这类平台上，可以在一个功能强大的硬件上运行许多分隔的机器控制模块，包括视觉检测。基于 PC 的软件平台为实时调用模块化软件提供了一个框架。

通过在此实时环境中对组件进行模块化，可以在一个硬件上独立执行多个 PLC、C++或视觉检测模块。基于 PC 的自动化还提供了将处理器内核与系统隔离的能力。

例如，将一个或多个隔离核专用于视觉处理，可以防止其他进程影响完成视觉检查所需的时间。在同一平台上运行的其他进程或模块，不会导致计时结果发生变化。另一个好处是，检查结果（包括图像）可立即用于在同一自动化软件平台上并行运行的主要机器自动化应用。

使用先进的基于 PC 的实时自动化软件平台，可以带来可观的实际好处。这包括比机器视觉与机器控制平台彼此分离时，更高的实时吞吐量和系统可用性。这不仅仅是一种不同的处理机器视觉的方式，它也有助于提高整个机器和过程的性能。

过去，需要采用多台 PC 实现视觉、HMI、顺序控制和机器控制功能。现在，一个基于 PC 的实时自动化软件平台就可以完成这些任务。

这一过程的某些准备工作，是在实时环境之外的一个专门开发的高级语言程序中进行的。基于 PC 的控制系统，允许在同一台工业 PC 上无缝集成软件模块和用户定制程序。自动化软件还利用通用通信接口，支持与其他软件系统之间的必要通信。

（3）集成开发平台

工欲善其事必先利其器，智能的机器开发需要高效的开发工具，图 5-15 所示为贝加莱集成开发环境 Automation Studio。

该平台能够实现智能，主要体现在以下几个方面：

① 开发高级算法：对于印刷集成套色、线切割张力控制和岸桥防摇防扭等复杂控制，都具有智能算法开发能力，同时提供运行支撑。

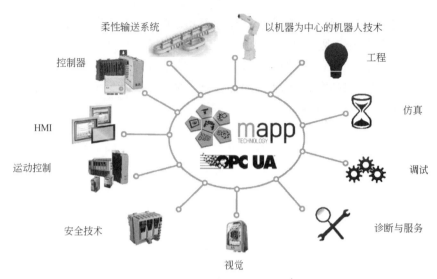

图 5-15　集成开发环境 Automation Studio

② 封装工业 Know-How：将已有的知识封装为可复用的模块。

③ 集成连接的对象：将不同的对象集成为一个机器的大脑与执行机构，并与第三方设备开放连接，与智能优化系统连接。这需要平台有开放的支持能力，如总线、OPC UA、软件接口。

④ 与开放的智能结合：将 IT 世界已有的智能算法应用于工业场景。

⑤ 长期的知识积累：对于机器制造商而言，可以通过一个集成开发平台来实现具有核心竞争力的工业知识封装，构建高效的开发体系，实现高效的技术创新。

借助广泛的硬件产品（控制、驱动、HMI、智能输送系统）以及丰富的行业技术［如 mapp、实时通信、以机器为中心的机器人技术（Machine Centric Robotics，MCR）、reACTION（极速响应）等］，贝加莱通过数字化设计与集成开发平台的工程为行业带来了"个性化"的机器智能解决方案，形成用户的差异化竞争力，以满足机器与产线的高品质、低成本、快速交付和个性化的需求。

在机器人系统集成方案逐步信息化和数字化的基础上，AI 技术的引入让智能化成为机器人系统集成解决方案的新趋势。由 AI 和人类专家共同组成的人机一体化智能系统，能够在制造过程中进行智能活动，诸如分析、推理、判断、构思和决策等，实现人与智能机器的合作共事，扩大、延伸和部分地取代人类专家在制造过程中的脑力劳动。AI 的参与能够大幅提高制造效率，改善产品质量，降低产品成本和资源消耗，最终实现将传统工业自动化提升到智能化的目标。

综上，机器人集成技术在工业自动化领域具有广泛的应用前景。随着技术的不断进步和创新，机器人集成技术将在未来发挥更加重要的作用，为工业生产带来更多便利和效益。

智能制造正呈现出更加多样化和强大的发展趋势。这不仅将为工业带来更高的效率、更好的质量，还将推动产业结构的优化与升级，为人类社会的可持续发展作出贡献。在新的技术革命浪潮下，智能制造的未来注定充满着无限的可能性和希望。让我们拭目以待，迎接智能制造的辉煌时代！

思考题与习题

5-1　工业智能关键技术包括哪些主要方面？

5-2　AI+制造业的产业结构包括哪几层？

5-3　生产过程智能化涉及的技术领域主要包括哪几个方面？

5-4　3D 视觉成像技术路径主要包括哪几种？

5-5　机器视觉的四大核心驱动力是什么？

5-6　协作机器人的技术特点主要包括哪些方面？

5-7　人机协作 HRC 有哪几种表达方式？

5-8　人工智能在工业自动化中的作用主要体现在哪几个方面？

5-9　ChatGPT 深入制造业领域主要面临哪些挑战？

5-10　如何理解欧姆龙通过三个"i"掀起制造革新？

第 6 章

基于 NX MCD 的机器人自动上下料系统

本章思维导图

扫码获取本书配套资源

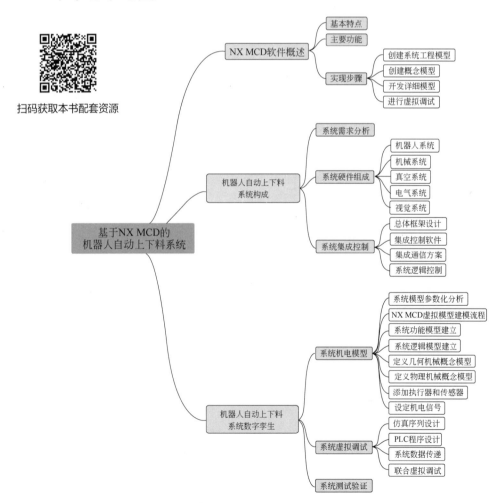

本章学习目标

（1）了解 NX MCD 基本特点；

（2）熟悉 NX MCD 主要功能；

（3）掌握 NX MCD 实现步骤；

（4）了解机器人自动上下料系统硬件组成；

（5）熟悉机器人自动上下料系统集成控制；

（6）掌握机器人自动上下料系统机电模型建立；

（7）掌握机器人自动上下料系统仿真序列设计；

（8）熟悉机器人自动上下料系统 PLC 程序设计；

（9）掌握机器人自动上下料系统数据传递；

（10）掌握机器人自动上下料系统虚拟调试。

机器人自动化集成系统的设计开发是一项复杂的系统工程，涉及多门交叉学科、多个硬件平台、多种软件工具、多类编程语言的一体化协同并行应用，需要掌握广泛的理论知识和运用繁杂的技术技能。下面介绍汽车转向节机器人自动上下料系统的详细设计过程，主要包括 NX MCD 设计工具、系统构成、数字孪生、虚拟调试、系统测试五个方面，帮助读者掌握机器人自动化集成系统设计的基本方法和具体步骤。

6.1
NX MCD 软件概述

NX MCD 软件涵盖了机械、电气、传感器等诸多领域，是一种多学科并行协作设计的开发环境。NX MCD 可以通过功能建模方法，先构建系统的功能模型，然后将工程领域中的需求功能、机械设计、电气设计、自动化设计和虚拟调试集成到一起。NX MCD 还提供 PLC 接口，能够将虚拟设备和实际 PLC 联合调试，为机电一体化仿真提供更加可靠的调试验证手段，并增强了 NX MCD 的使用范围。NX MCD 还可以进行产品生命周期管理，对产品从设计到维修提供一套完整的解决方案。

6.1.1　基本特点

传统的机电产品概念设计的缺点是太过单一，综合性不强。从客户需求角度讲，没有办法适应大部分的要求；从性能方面讲，有的过于偏重控制部分，有的比较侧重机械设计领域，没有考虑到几个部分之间的融合设计问题。由于传统的软件缺乏各领域之间相互连接的"共同语言"，在机械设计完成前，电气设计和软件开发很难开始，因此开发出一种综合性的设计工具显得尤为必要。

现有的设计仿真软件中，机械和电气交叉得并不多。机电一体化，在业界并没有太多的工具支持，机械和电气的设计仿真存在着较大的鸿沟。为解决这一问题，NX MCD 应运而生。

NX MCD 平台是 NX 设计软件中一个集机械、电气、自动化设计于一体的全新的机电产品概念设计模块，如图 6-1 所示。

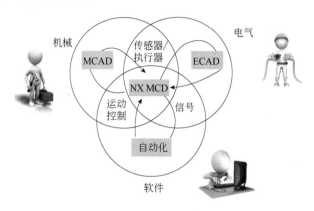

图 6-1　NX MCD 机电软设计

该模块仿真平台采用 NVIDIA 的 PhysX 物理运算引擎，其特有的动力学仿真设计使仿真效果更加接近物理环境。NX MCD 能够支持特定机械运动和行为的三维模型，还支持制造系统 I/O 层级的仿真机制，同时支持传感器和执行器在内的运动和程序仿真。NX MCD 附有丰富的自动化接口，支持软件在环（SiL）和硬件在环（HiL）的虚拟调试。

NX MCD 具有以下特点：

① NX MCD 允许对机械产品设计进行功能建模，然后进一步进行仿真调试，突出了机电一体化系统中的机械主体地位。

② 大大提高了物理现实与虚拟设计的融合速度，将总体开发时间提升 25% 左右，最高可以到 30%，同时 NX MCD 可以实现功能设计方法，能够集成上游和下游工程领域，包括需求管理、机械设计、电气设计及软件自动化工程四个方面。

③ NX MCD 实现的三维建模与仿真包含了多物理场及通常存在于机电一体化产品中自动化相关行为的概念，能得到更优质的概念产品。可以利用系统工程原则跟踪客户需求，直至最后完成设计。

NX MCD 是一种全新的适用于机电一体化产品设计仿真的解决方案，可以就设备硬件结构的合理性及控制软件的可靠性进行虚拟调试验证。NX MCD 还提供了机电设备设计过程中的硬件在环仿真调试，由于这种调试是采用虚拟设备与实际 PLC 联调，为机电一体化设计带来了更可靠的调试验证手段和直观的仿真现象。调试方式的丰富性及建模设计过程的可扩展性极大地扩展了 NX MCD 的使用范围。

NX MCD 可实现创新性的设计技术，帮助设计人员满足日益提高的要求，不断提高生产效率、缩短设计周期和降低开发成本。NX MCD 在机电一体化设计中有巨大的应用潜力和良好的市场前景。

6.1.2　主要功能

（1）集成式多领域的工程涵盖方法

NX MCD 可为功能设计的全新方法提供支持。功能分解作为机械、电气及软件/自动化学科之间的通用语言，可使这些学科并行工作。此法可确保从产品开发最初阶段就能获得机电一体化产品的行为和逻辑特性需求，并获得支持。

NX MCD 可与西门子 PLM 软件的 Teamcenter 结合使用，以提供端到端机械设计解决方案。在开发周期开始时，设计人员可以使用 Teamcenter 的需求管理和系统工程功能构建工程模型，体现出客户的意见。Teamcenter 采用结构化层次收集、分配和维护产品需求，可从客户角度描述产品。开发团队可以分解功能部件，并对各种功能进行描述，将它们与需求直接联系起来。这种功能模型可促进跨学科协同，并可确保在整个产品开发过程中满足客户期望。

NX MCD 可在早期阶段促进跨学科概念设计，所有工程学科可并行协同设计一个项目：

① 机械工程师可以根据三维形状和运动学创建设计；

② 电气工程师可以选择并定位传感器和驱动器；

③ 自动化编程人员可以设计机械的基本逻辑行为，首先设计基于时间的行为，然后定义基于事件的控制。

（2）概念建模和基于物理场的仿真

NX MCD 提供易于使用的建模和仿真，可在开发周期的最初阶段迅速创建并验证备选概念。借助早期验证可帮助检测并纠正错误，此时解决错误成本最低。NX MCD 可从 Teamcenter 直接载入功能模型，以加快机械概念设计速度。对于模型中的每项功能，可为新部件创建基本几何模型，或从重用库中添加现有部件。对于每个部件，可通过直接引用需求和使用交互式仿真来验证正确操作，迅速指定运动副、刚体、运动行为、碰撞行为及运动学和动力学的其他方面。通过添加诸如传感器和驱动器等其他细节，可为电气工程和软件开发准备好模型，可为驱动器定义物理场、位置、方向、目标和速度。NX MCD 包括多种工具，用于指定时间、位置和操作顺序。

NX MCD 中的仿真技术基于游戏物理场引擎，可以基于简化数学模型将实际物理行为引入虚拟环境。该仿真技术易于使用，借助优化的现实环境建模，只需几步即可迅速定义机械概念和所需的机械行为。仿真过程采用交互方式，因此可以通过鼠标指针施加作用力或移动对象。NX MCD 可对一系列行为进行仿真，包括验证机械概念所需的一切，涉及运动学、动力学、碰撞、弹簧、凸轮、物料流等方面。

（3）通过智能对象封装机电系统

NX MCD 有强大的机电数据一体化模块，包括三维几何、动力学、机械、传感器等组合模块，通过模块化和重用，NX MCD 可最大限度提高设计效率。借助该解决方案，可获取智能对象中的机电一体化知识，并将这些知识存储在库中，供以后重用。在重用过程中，因为能够基于经过验证的概念进行设计，所以可提高质量，并且可通过消除重新设计和返工，加快开发速度，提高设计效率，缩短研制周期，同时将结果数据库存，并可重复使用。

借助 NX MCD 可以在一个文件中获取所有学科的数据，包括三维几何体和图形数据、运动学和动力学物理数据、传感器和驱动器及其接口数据、凸轮和齿轮运动数据、功能及操作数据等内容。这些智能对象可以通过简单的拖放操作从重用库应用于新设计中。

（4）面向其他工具的开放式接口

NX MCD 的输出结果可以直接用于多个学科的具体设计。

① 机械设计。由于 NX MCD 基于 NX CAD 平台，因此可以提供高级 CAD 设计需要的所有机械设计功能。NX MCD 还可将模型数据导出到很多其他 CAD 工具中，包括 NX、Catia、Creo、SolidWorks 等工具，并可以导出为独立于 CAD 的 JT（Jupiter Tessellation，木星镶嵌）格式。

② 电气设计。借助 NX MCD 可以开发传感器和驱动器列表，并以 HTML（Hyper Text Markup Language，超文本标记语言）或 Excel 电子表格格式输出，电气工程师可以使用此列表选择传感器和驱动器。

③ 自动化设计。NX MCD 可通过提供零部件和操作顺序支持更高效的软件开发，操作顺序甘特图能以 PLCopen XML 标准格式导出，用于行为和顺序描述，这种格式被广泛用于开发 PLC 代码的自动化工程工具中。

6.1.3 实现步骤

在开发周期开始时，设计人员首先定义和管理用户需求，体现出客户的意见，通过功能分解，各学科之间可以协调工作，并创建系统工程模型，从而确保在产品的概念设计过程中与需求的联系；然后对功能模型中的每项功能构建基本几何模型或从重用库中添加现有部件，从而创建产品的概念模型；接着对于每个部件指定运动副、刚体、运动行为、碰撞行为及运动学和动力学的其他方面；最后通过直接引用需求和使用交互式仿真来验证操作，并检验是否满足用户需求。NX MCD 的实现步骤如图 6-2 所示。

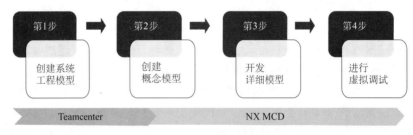

图 6-2 NX MCD 实现步骤

（1）创建系统工程模型

利用基于功能的构架提供系统方案，主要包括：

① 模块化定义和设计；

② 提高可配置性；

③ 跟踪和管理需求；

④ 扩大现有设计的重用；

⑤ 组织和管理复杂的设计。

（2）创建概念模型

创建和验证机电一体化概念设计，主要包括：

① 定义操作序列；

② 确定基于时间的运动行为；

③ 将运动加入 CAD 的设计中；

④ 生成一个传感器和执行器列表；

⑤ 将信号与逻辑事件连接；

⑥ 识别和指定关键细节。

（3）开发详细模型

开展详细设计，主要包括：

① 用详细设计替换概念设计模型；

② 通过零件编号从库中加入电机到当前设计；

③ 在 MCAD 和 ECAD 的改动中使设计模型不断进化；

④ 导出数据到虚拟调试工具。

（4）进行虚拟调试

在没有物理原型的环境开始虚拟调试，主要包括：

① 模拟真实的机器行为，包括 PLC、CNC、执行器和传感器四方面；

② 重用 3D 可视化概念模型进行数控仿真；

③ 验证生产参数，测试 PLC 程序。

6.2
机器人自动上下料系统构成

在"工业 4.0"和"中国制造 2025"的浪潮下，中国的工业制造由"制造"逐步向"智造"转变。随着智能制造的发展，工业机器人开始大规模进入工厂，在各个领域得到广泛应用。在工厂加工中，已经开始采用机器人代替人工进行上下料，将工业机器人和数控机床、传送带等工业设备集成在一起，配合相应的机械手爪能够实现多种品类产品的自动抓取。通过分析机器人自动上下料系统的生产需求，可对汽车转向节自动上下料系统进行总体设计，明确系统硬件组成及作用，并对自动上下料系统进行集成控制详细分析和设计。

6.2.1　系统需求分析

随着汽车的普及，汽车零部件需求量大增，工厂需要对汽车转向节进行自动上下料来代替人工节约成本。机器人自动上下料系统是根据当今社会发展的需求，将智能化、自动化逐步运用到工厂生产中的智能系统。机器人自动上下料系统将多种设备集成在一起，集成度高，结构复杂。机器人自动上下料系统主要由 PLC、机器人、数控机床、传送装置等工控设备组成，由于工程师现场调试存在成本高、效率低等问题，因此在投入使用之前，将实体模型通过三维软件重现进行虚拟调试。信号的交互主要通过 PLC 或工业以太网进行控制，从而对生产中的设备进行虚拟调试。机器人自动上下料系统利用高精度的工业机器人代替人工对汽车转向节进行自动上下料和定位装箱，工作场景如图 6-3 所示，借助视觉定位，将传送带上的转向节位姿信息传送给机器人，机器人进行实时动态准确抓取。

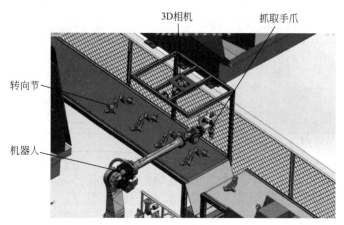

图 6-3　机器人自动上下料工作场景

机器人自动上下料系统应具有快速准确的数据采集功能。在数字孪生系统中，数据是整个数字孪生体系的核心，数据采集通过 PC 端信息交互软件进行编程实现，对机器人控制器和 PLC 控制器进行开发驱动，使 PC 端能够和工控设备进行数据交互和传输；该系统应高度集成化，通过集成网络将工控设备连接在一起成为信息传输纽带，系统采用以太网集成通信；该系统还需要能够进行虚实交互仿真，将虚拟模型和实体设备进行有效映射，通过采集物理模型中的信号对虚拟模型进行控制，能够在 PC 端对系统进行清晰准确的监控。

上料需求是指传送带对工件和包装纸箱进行传送，为系统提供等间距的物料来源，使系统能够保持上料节奏间隔一致；视觉需求将准确快速对转向节进行拍照计算，并将位姿数据、转向节中心孔坐标传递给机器人；下料需求需要采用工业机器人将传送带上的转向节精准抓取后放入包装箱中，并将包装箱进行封箱处理。

机器人自动上下料系统的主要需求是实现转向节由传送带抓取到装箱的整体全自动化过程，即机器人系统结合视觉定位，将传送带上料的工件坐标传递给机器人，机器人进行抓取装箱等一系列操作。具体要求为：工件上料传送带负责工件的上料，纸箱运输传送带负责包装好的纸箱运输，工件上料传送带先进行工件上料，当工件到位传感器检测到工件时，工件上料停止，同时 3D 相机对工件拍照并进行位姿计算，将处理后的位姿数据传递给抓取机器人，抓取机器人接收位姿信号后对工件进行抓取，将工件放入另一条传送带上的纸箱中，然后封箱机器人抓取纸箱盖对纸箱进行封箱，等到封箱结束后纸箱开始传输运行，将纸箱传送到下一工位进行自动装车。

6.2.2　系统硬件组成

对机器人自动上下料系统进行功能需求分析后，对机器人自动上下料系统进行硬件结构组成设计，如图 6-4 所示，分为五部分：机器人系统、真空系统、机械系统、电气系统和视觉系统。机器人系统主要负责机器人的运动，即将转向节抓取手爪安装在机器人法兰盘处，使机器人按照规划路径进行运动；机械系统主要实现转向节的传送和机器人末端端拾器控制；真空系统主要实现整个系统中气压设定；电气系统主要为整个系统提供电源及对上料工件进行检测；视觉系统实现工件的拍照定位，将工件位置和姿态信息计算处理出来。各个部分互相协作、相互通信配合，实现机器人自动上下料系统的功能需求。

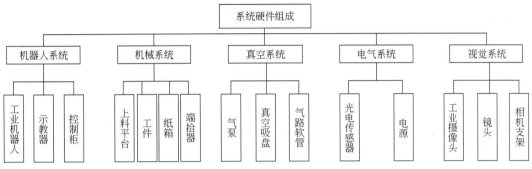

图 6-4　机器人自动上下料系统硬件结构组成

（1）机器人系统

机器人系统主要由工业机器人、示教器、控制柜等组成。工业机器人负责运动路径的变换，示教器便于对机器人控制器进行程序编写，控制柜是机器人的主要控制部分。机器人系统采用 ABB IRB4600-40/2.55 型号工业机器人，如图 6-5 所示，该机器人是一款六轴高性能工业机器人，最大工作半径 2.55m，有效载荷高达 40kg，适应多种安装形式，能够承受严苛的工作环境，适用于搬运、切割、焊接等应用。该机器人采用 IRC5 控制器，能够实现串口通信和以太网通信，机器人系统主要负责对工件和纸箱进行抓取搬运。

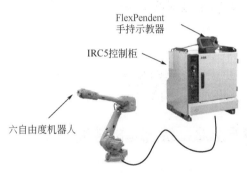

图 6-5　ABB IRB4600 工业机器人系统图

（2）机械系统

机械系统主要由上料平台、工件、纸箱、端拾器组成。上料平台主要由两条宽度、长度相同、运行速度相同的传送带组成，代替人工负责工件和纸箱的上料；工件为汽车用转向节，转向节又称为"羊角"，是汽车转向桥中的重要零件之一，能够使汽车稳定行驶并灵敏传递行驶方向，转向节如图 6-6 所示，材质均为铝合金，净重分别为 3.15kg、3.85kg，结构属于不规则体；端拾器主要负责工件的抓取，由于工件属于不规则物体，需要对工件设计定制夹具进行抓取。

（3）真空系统

真空系统由气泵、真空吸盘和气路软管组成。真空系统主要用于机器人抓取手爪，气泵为气压手爪提供稳定的压力，使手爪具有稳定的夹持力，防止在抓取过程中由于运行不平稳而造成工件掉落。真空吸盘用于封箱机器人纸箱盖的抓取，因为纸箱盖表面平整且质量较小。气路软管为整个真空系统中的空气提供传送渠道。

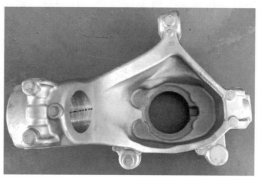

图6-6 转向节

（4）电气系统

电气系统主要由光电传感器、电源组成。光电传感器主要负责检测工件和纸箱，通过传感器信号控制传送带的开关。光电传感器是将接收的光信号转化为输出的电信号的一种装置，由于对射型光电传感器受结构和光线环境影响小，因此选择 M18 对射型光电传感器。电源能够为整个上下料系统提供稳定的工作电压。

（5）视觉系统

视觉系统主要由工业相机、镜头和相机支架组成。工业相机在光电传感器检测到工件时拍照，然后用软件对照片进行图像处理，将处理后的工件位姿信息传递给机器人控制器。工业相机具有深度识别和精度高等特点，可为系统采集高质量的转向节图像。成像的好坏与相机镜头有直接关系。相机支架将相机固定在传送带上，为相机提供稳定的工作环境。

6.2.3 系统集成控制

为使机器人自动上下料系统能够实现各个设备的协同运行，达到节省人工成本和提高效率的目的，需要对系统中的设备进行集成控制。机器人自动上下料系统中涉及视觉、机械、电气等多种技术，集成系统中设备也比较多，需采用机器人控制器和 PLC 对系统中的各个设备进行集成控制。该系统采用西门子 SIMATIC S7-1500 PLC 作为下位机控制机器人自动上下料，从而简化人工操作，节省上料流程，实现全自动操作，提高生产效率。

6.2.3.1 总体框架设计

工业机器人由机械部分、传感部分和控制部分三部分组成。机械部分主要包括组成工业机器人的各个机械臂，以及在末端法兰盘安装的具有作业功能的末端执行器。通过关节轴之间的配合将机器人机械部分连接在一起，用电机驱动使末端执行器达到所需要的工作空间。传感部分主要由各种传感器组成，通过传感器感知外界和系统中各种对机器人有用的信息，传感部分主要用来提升机器人的灵活性、智能化水平。控制部分主要由机器人控制器来控制，通过机器人控制器可以使机器人达到各种位姿，完成各项规划运动。控制部分是机器人最重要的核心部分。

　　PLC 经常被应用于自动控制中，它能够通过编程将程序指令储存在自身中以便随时调用，PLC 不仅能够按照时序逻辑进行控制，还有报警功能，能够对系统进行检测并实行联锁保护，并且还能够对开关量信号、脉冲量信号、计时器等离散量的数据进行采集监控。PLC 已经取代继电器成为工业自动化生产中常用的控制设备。此外，PLC 还具有和外界连接的通信接口，除了能够实现对 I/O 信号的控制之外，还具有对模拟电压和数字脉冲信号的输出能力，另外还可外接触摸屏、显示屏等，轻松实现人机交互。

　　机器人自动上下料系统集成控制将多种设备集成在一起，集成控制能够实现生产过程的全自动化，减少人员和时间成本，同时提升生产效率。机器人自动上下料系统中集成控制方案主要包括机器人控制器、PLC 控制器及 PLC 和机器人控制器之间信号通信方案三部分，如图 6-7 所示，系统中还包括传送带和工业相机等设备。机器人自动上下料系统主要由 PLC 控制器和机器人控制器对系统进行联合控制，PLC 控制器主要负责发送信号控制传送带的启停及工业相机拍照的节拍，当 PLC 接收到光电传感器信号时则会发出信号使传送带开启或暂停，并使工业相机开始拍照计算。PLC 也起到控制机器人运动的作用，PLC 发送机器人运动信号给机器人控制器后机器人才会开始运动。机器人控制器控制工业机器人和机械手爪，主要负责机器人运动路径规划和控制，以及机器人 I/O 信号的逻辑控制。

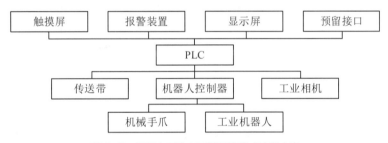

图 6-7　机器人自动上下料系统集成控制方案

　　PLC 外接触摸屏，可以对系统进行直观的观测和实时的信息输入。PLC 一般还配置有报警装置，能够对系统进行监控，确保系统安全地运行。PLC 还具备预留接口，可以和其他设备进行连接，尽可能地扩大系统的多功能性。

　　通过集成控制系统，可以将整个系统复杂的操作过程融合成整体控制，增加对设备的控制性，工作人员可以提前根据待操作的工序编写程序存储至计算机，也可以直接在人机交互界面修改程序和参数，实现对不同工件的上下料。

6.2.3.2　集成控制软件

　　集成控制软件是在 Windows 操作系统上利用 C#语言在 Visual Studio 编程平台上开发的，主要包括 ABB 应用程序和 PLC 的 OPC 客户端两大部分。集成控制软件框架如图 6-8 所示，ABB 应用程序是利用 ABB 机器人的 PC SDK 进行二次开发，ABB 应用程序基于 COM 的机器人内部 API 可与机器人控制器或虚拟控制器（VRC）相连接；PLC 的 OPC 客户端则是利用 OPC 技术提供的函数针对通用 OPC 服务器开发，该客户端可与多个 OPC 服务器相连接。ABB 应用程序与 OPC 客户端之间也可进行数据信息、资源等的交互与共享。

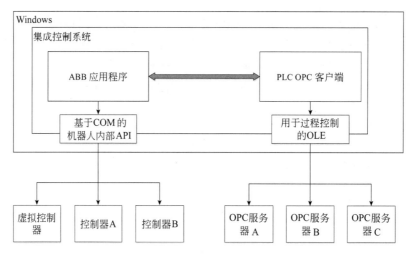

图6-8　集成控制软件框架

（1）软件功能

集成控制系统的软件功能如图 6-9 所示。机器人应用程序可以在线搜索所有的机器人控制器并选择目标控制器进行连接、对 I/O 信号进行读写、对 RAPID 程序进行读取和调用等，实现机械单元信息的读取等功能。监控程序可以实现截屏、录像等操作。OPC 客户端能够进行搜索连接 OPC 服务器、设置 OPC 组属性、对 OPC 数据项进行读写等操作。

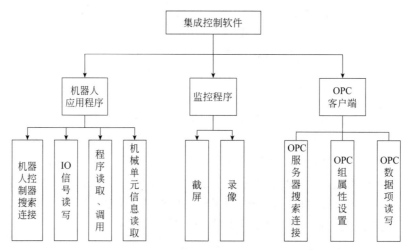

图6-9　集成控制系统软件功能

集成控制系统的软件模块关系如图 6-10 所示，主要包括：

① 通信功能。通信功能主要是 PC 机与 ABB 机器人及 PLC 之间通过工业以太网进行通信，另外 ABB 模块还需要和 PLC 模块进行数据交互。该功能可以实现在 PC 机上读写、调用机器人内部程序和数据等操作，也可实现 PC 端读写 PLC 内部数据的功能。

② 人机交互功能。人与生产设备交流的渠道就是人机交互功能，该功能是一项既基础又重要的功能。良好的人机交互机制不仅可以使控制者向设备传递控制指令，也可以让控制者实时获得设备的工作数据，使控制者更好地控制设备。

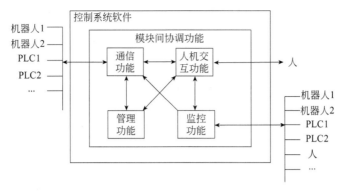

图 6-10　集成控制系统软件模块关系

③ 模块间协调功能。合理调用及分配系统资源和有效管理运行时的信息需要软件具有模块间的协调功能。因为集成控制系统软件集成了 ABB 机器人和 PLC，而且机器人及 PLC 内部也具有多个模块，在软件运行过程中不可避免地会发生数据信息冲突，甚至导致软件卡阻等问题，所以必须建立合理的协调功能。

④ 管理功能。管理功能包括程序管理、设备管理、过程管理等内容。其中，程序管理主要是对 ABB 机器人内部 RAPID 程序的导入、导出及修改等；设备管理主要是管理机器人及 PLC 的一些信息；而过程管理主要是在 ABB 机器人及 PLC 中控制系统对上下料过程信息进行检测，对有些不合理的地方进行修改，以提高效率。

⑤ 监控功能。工业生产的工作环境一般都比较复杂和恶劣，会在一定程度上影响工作人员的身体健康。如果具有监控功能，控制者就无须时刻在作业现场坚守，可以在工控室通过监控的方式实时监视整个作业系统的运行状况。

集成控制软件是整个系统的核心，是操作者控制和获取自动化生产状态的重要平台。

（2）多线程控制

集成控制系统是针对工业生产设计的，对系统资源和 CPU 的利用率就显得格外重要。多线程技术对于集成控制系统软件这种复杂的软件来说必不可少。

多线程就是指操作系统在单个进程中执行多个线程的能力。如果在软件编程中采用了多线程编程技术，每个线程完成不同的功能，这样在程序执行的时候操作系统就支持这几大功能并发执行。通俗地讲，就是在一段时间内可并行完成更多的任务，这样既增强了控制系统软件的反应能力，又提高了系统的执行效率。

为了使集成控制软件合理利用资源、提高执行效率，软件开发时运用了多线程技术。该系统结合实际情况开发了 3 个线程：ABB 线程、PLC 线程、监控线程。

① ABB 线程的任务是实现 PC 机与 ABB 之间的通信与控制。主要负责连接所有在线的 ABB 机器人控制器，获取机器人 I/O 信号，获取机器人末端的位置、速率、各轴转角、操作模式、坐标等数据信息，远程读取、加载及调用机器人 RAPID 加工程序等。

② PLC 线程的任务是实现 PC 机上 OPC 客户端通过 OPC 服务器与 PLC 的连接与控制。主要负责获取并连接需要连接的 OPC 服务器，获取或修改 OPC 组属性，获取 OPC 项的详细信息，读取或修改 OPC 项中的时间戳、品质、Tag（标签）值等具体信息。

③ 监控线程的任务是实现对生产设备的实时监控。主要负责连接所有的监控设备，

获取监控图像，对某一时刻监控画面截屏或对某段监控实施录像。

在运用多线程技术的程序中，如果同时允许不同线程对共享对象进行操作将导致程序异常，甚至出现整个程序崩溃的情况。这就要求程序设计时对线程进行合理分配以实现线程同步。线程同步技术的目的是防止共享对象被同时访问，是使用互斥锁排他的方式来实现的。互斥锁的工作原理是当某一线程要访问对象时，要先向操作系统申请锁对象，如果互斥锁正好处于释放状态，那么该线程立即获得锁并且访问该对象，访问结束后释放互斥锁；如果互斥锁不处于释放状态，则说明其他线程正在访问该对象，那么该线程会因没有访问权限而被阻塞，直至获取互斥锁方可访问该对象。线程分配算法流程如图6-11所示。

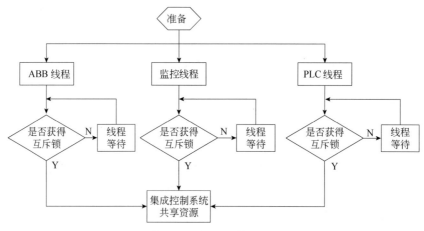

图6-11　线程分配算法流程

ABB线程与PLC线程对集成控制系统中共享数据读取同步的逻辑关系如图6-12所示，保证同一时间只有一个线程能获得集成控制系统共享数据的访问权。

（3）OPC 客户端开发

OPC客户端网络连接功能是OPC客户端的核心功能，能够遍历搜寻目标PC机中的所有OPC服务器并可与目标服务器建立通信，显示与目标OPC服务器绑定的所有PLC项对象。OPC客户端网络连接开发流程如图6-13所示。

程序开始时，会自动获取计算机IP、名称等信息，如果是远程计算机，则需手动输入目标计算机IP。根据IP扫描PC机内部存在的OPC服务器，如果存在则将扫描到的OPC服务器枚举显示在服务器的下拉列表中；否则弹出错误窗口并显示报错原因。选中要连接的OPC服务器并连接，如果连接成功，在OPC项对象列表中显示缺省组中的项对象；否则继续尝试连接该服务器。当发送退出程序命令时，程序先释放已连接的OPC项对象资源，然后释放OPC组资源，最后释放OPC服务器资源并断开连接，至此程序结束。

获取目标PC机上的OPC服务器是通过扫描目标PC机的方式，这就需要获取PC机名称，刚开始默认是本地PC机名称，局域网内其他PC机名称可以通过IP来获取。通过目标PC机的名称来获取该PC机内部OPC服务器名称并加载至列表中。如果没有扫描到OPC服务器，将弹出枚举出错属性窗口。

选中要连接的OPC服务器，点击连接按钮，程序将自动连接目标OPC服务器。如果连接成功，则在页面底部显示已连服务器名称等信息；否则弹出错误窗口，并显示错误原因。

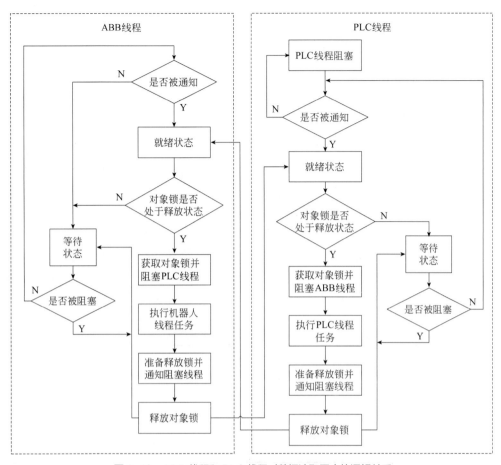

图 6-12　ABB 线程和 PLC 线程对数据读取同步的逻辑关系

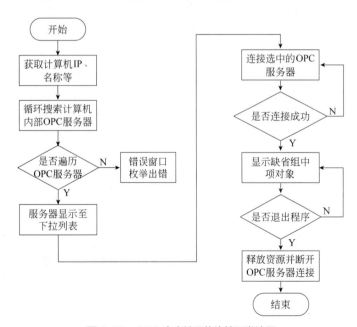

图 6-13　OPC 客户端网络连接开发流程

当点击"写入"按钮时，程序将目标服务器句柄、要写入数值等作为参数，通过调用Write()函数的方式，将数值写入。

6.2.3.3　集成通信方案

集成控制是实现自动化生产的基础，集成控制必须实现各个设备之间的通信。集成通信是整个系统中信息传输和相互联系的纽带，是确保整个系统实时安全运行的前提保障。机器人自动上下料系统主要由机器人控制器和PLC集成控制，要保证机器人和PLC及系统其他单元信息互通、高度匹配、实时通信，需要结合现场工作条件确定各设备之间的通信方式。

一般情况下，工业机器人是不单独进行作业的，而是通过和其他工业设备集成到一起完成工业活动，工业机器人的通信连接至关重要。机器人一般配备多种类型的通信接口。常见的工业机器人通信系统分为两级：第一级是采用网络通信技术或串行通信技术来实现的PC与机器人控制器的通信，第二级是采用工业现场总线通信技术来实现的机器人控制器和外围设备之间的通信，如表6-1所示，可以实现工业机器人同PC及周围设备的通信。

表6-1　工业机器人常见通信方式

PC	通信线路	I/O 单元
RS232	DeviceNet	I/O 主板
OPC server	Profibus	扩展 I/O 板
Socket Message	Profibus-DP	—
—	Profinet	—
—	EtherNet IP	—

由表6-1可知，工业机器人与PC之间的通信方式有多种，主要有串口RS232、Socket Message和OPC server等方式，机器人还可以通过DeviceNet、Profibus、Profinet等通信线路与外围设备进行连接，另外工业机器人还提供丰富的I/O接口与外围设备进行通信。

机器人自动上下料系统中机器人的通信方式由现场所用到的机器人通信接口为准，该系统选用的机器人为ABB机器人，ABB机器人具备常见的各种通信方式。机器人控制器和PLC的通信方式采用工业以太网通信方式进行连接。工业以太网具有兼容性好、通信速率高等优点，能够支持现阶段大部分网络通信协议，且以太网技术已经在工业应用中非常成熟。机器人自动上料系统中，PLC和HMI也采用以太网通信连接。

机器人控制器可以通过I/O输入输出来控制外围设备，PLC也可以通过数字开关信号控制机器人内部程序的运行。机器人自动上下料系统中，机器人控制器与机械手爪采用I/O连接方式。由于机械手爪气压一般保持恒定，只需要控制气动阀的开关即可，可将机械手爪气动阀的控制线与机器人控制柜I/O输入输出信号线连接。

机器人自动上下料系统中，PLC与传送带及工业相机相连，主要控制传送带的启停及工业相机拍照的节拍。PLC集成通信方案中，PLC与传送带和工业相机采用I/O连接方式。PLC数字开关信号与传送带及工业相机开关量信号相连接。

6.2.3.4　系统逻辑控制

机器人自动上下料系统的逻辑控制主要通过 PLC 实现，PLC 根据数字输出信号控制传送带的启停、光电开关的接通和机器人手爪开闭等信号。

纸箱由传送带进行上料，当传送带上的光电传感器检测到纸箱时，纸箱上料传感器停止，等待装箱。工件跟随传送带上料，当光电传感器检测到传送带的工件时，光电传感器信号被触发，系统将信号传递给 PLC，PLC 控制传送带停止运行，相机进行拍照定位。相机将经过图像处理得到的工件中心点坐标位置和姿态信息传递给机器人控制器，机器人控制器驱动机器人末端运动到中心点坐标。当机器人运动到位之后，给 PLC 发送信号，PLC启动手爪气缸压缩信号，手爪张开，对工件进行抓取，手爪上安装有传感器。当传感器被触发时，表示手爪已经抓取工件，此传感器标志着机器人装箱路径开启，机器人抓取手爪将其放入位置确定的纸箱中，然后机器人复位等待下一次抓取工作。

机器人自动上下料系统中，要求机器人控制器与 PLC 密切配合，实现高度自动化和集成化，通过建立整个系统的逻辑流程，从而将整个系统控制融合成为一个整体。

6.3
机器人自动上下料系统数字孪生

6.3.1　系统机电模型

6.3.1.1　系统模型参数化分析

基于 NX MCD 的虚拟模型建模流程，对机器人自动上下料系统构建虚拟模型，虚拟模型在虚拟调试应用中占有核心地位。

虚拟模型是整个数字孪生的核心，模型建立的精确度将直接影响仿真结果。为了降低仿真消耗的时间，使仿真结果更加同步、真实，要对 3D 模型进行轻量化处理，以减少数字模型加载时间和计算机处理时间，确保仿真效果和虚拟调试信号交互的实时性。将虚拟模型与物理实体采用 1∶1 复原构建，才能使仿真结果更加精确。

机器人自动上下料系统虚拟模型主要分为四个模块：传送带、纸箱、物料、抓取手爪。模块构成如图 6-14 所示，这些模块通过在逻辑模型中建立一个反映自动化上下料运动的逻辑树，真实模拟机器人自动化上下料的全过程。将设备模型导入 NX MCD 中，然后设计定

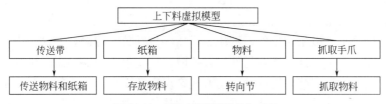

图 6-14　系统虚拟模型模块构成图

义后续的运动属性和仿真序列。

纸箱的尺寸根据所需要包装的工件尺寸确定，纸箱尺寸为 300mm×300mm×200mm，纸箱有专属配套纸箱盖，纸箱盖尺寸为 310mm×310mm×80mm，图 6-15 为纸箱模型和纸箱盖模型。

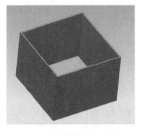 

(a) 纸箱模型　　　　　　　　　　　　(b) 纸箱盖模型

图 6-15　纸箱模型和纸箱盖模型

机器人自动上下料系统中传送带主要有两条，工件上料传送带模型如图 6-16 所示，工件上料传送带主要负责工件上料，传送带尺寸根据工件尺寸确定为 4000mm×800mm×800mm，在工件传送带上安装光电传感器，用来检测工件是否到位。纸箱上料传送带用于纸箱传输，尺寸根据纸箱尺寸确定为 4000mm×800mm×800mm，同样在纸箱传输传送带上安装光电传感器，实现纸箱的有序供料。

由于转向节细节曲面过多，对实体转向节进行 3D 扫描后将得到的模型在 3D CAD 软件中进行细节处理和轻量化，转向节模型如图 6-17 所示。

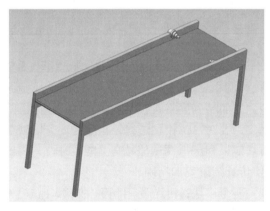 

图 6-16　传送带模型　　　　　　　　　图 6-17　转向节模型

上下料系统中重要的是对转向节抓取手爪的设计。由于转向节属于不规则物体，普通的机器人手爪并不适合对转向节进行抓取，因此需要针对要抓取的工件进行特制手爪设计。常见的机械手爪一般采用电气、液压、机械和气动传动控制，并添加电机控制手指，使机械手能够按照人手那样灵活对物件进行抓取。气动手爪能够对工件进行精确拾取，且速度控制有一定保障，因此采用气动驱动方式实现手爪开合。由于转向节并不呈现对称特征，无法明确找出工件重心，因此未采用传统的从外向内抓取的方法，而是采用从转向节中心孔向外涨紧的方法对转向节进行抓取。机器人手爪设计如图 6-18 所示。

手爪设计原理为：当给气缸进气口供给压力时，活塞杆下移，带动端盖下移，使连杆产生转动，由于圆盘是固定不动的，摩擦爪与圆盘之间是线性滑动副连接，所以连杆转动将会带动摩擦爪向外平行移动，从而与转向节中心孔内壁接触，依靠摩擦力将转向节牢固抓取。手爪采取三指机构，在抓取圆形物品时比二指、四指机构具有更好的对中性。

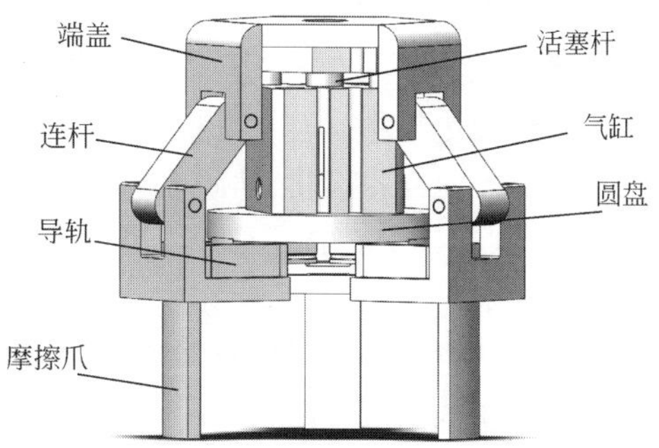

图 6-18　机器人手爪设计图

6.3.1.2　NX MCD 虚拟模型建模流程

由数字孪生的结构组成可知，虚拟模型是整个数字孪生的关键，可以在 NX MCD 软件中建立数字孪生虚拟模型。机器人自动上下料系统包括机械和电气两方面，同时包含复杂的几何、规律、行为和物理信息，对应的数字孪生虚拟模型必须能够反映物理实体的外观尺寸和运动变化，能够根据外界传感器数据做出相关响应，而且必须具有相关的运动学和动力学特性。NX MCD 不仅能够实现三维建模和仿真，还能在系统中添加机械和电气属性，并且支持传感器信号的仿真，同时 NX MCD 还具有各种接口，能够更高效地进行数字孪生仿真。基于 NX MCD 建立机器人自动上下料系统虚拟模型需要按照一定的顺序进行操作，整体流程如图 6-19 所示。

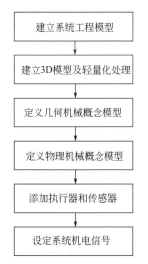

图 6-19　NX MCD 中创建虚拟模型流程图

① 建立系统工程模型。系统工程模型在系统设计初期就开始设计，系统的工程活动是通过系统建模方法来支持系统设计、分析、验证等整个过程。系统工程模型包括需求模型、功能模型和逻辑模型三部分。需求模型是根据设计任务需求出发，通过调研分析，确定设计对象的工作任务，系统需求模型是整个系统工程模型的基础。功能模型是结合系统需要的功能、工艺，进一步确定系统构成，有助于进行系统组件选型。逻辑模型将系统分为不同的逻辑块，将逻辑块连接起来，通过各逻辑块之间的连接和协作实现系统功能的表达。

② 建立 3D 模型及轻量化处理。虚拟模型可以从 NX MCD 软件中直接建立模型，也可以在其他 CAD 软件中建立模型然后导入 NX MCD 中。为了提高模型的视觉效果，需要对模型零件选择材质，使零件具有真实感，然后可在 3Dmax（专业三维建模、渲染和动画软件）中对零部件进行轻量化处理，减少仿真负担，增加仿真实时性。

③ 定义几何机械概念模型。机械概念模型包括几何模型和物理模型两方面，将零部件及设备模型按照工业实际需求进行装配，组成系统几何概念模型。

④ 定义物理机械概念模型。几何概念模型并不具备仿真能力，因此需要对几何模型赋予机电对象属性，才能进行运动仿真。根据各自功能需要达到的目的，为几何模型添加物理属性和运动属性。

⑤ 添加执行器和传感器。NX MCD 中的广义执行器主要有速度控制执行器和位置控制执行器，能够为装置的运动属性添加执行机构。添加传感器能够显示生产中的实际状态，使仿真结果更加精确。

⑥ 设定系统机电信号。实际运行情况下系统需要和 PLC 进行信号交互才能够进行实时通信，在 NX MCD 中添加机电信号，作为虚拟模型和 PLC 控制器之间的纽带，可以通过信号映射进行数据交互传输。此外信号之间还需要进行逻辑运算，可以采用信号适配器命令对信号进行管理，对信号添加逻辑运算控制运行或行为，并将计算出的信号传输给外界或反馈给 NX MCD。

6.3.1.3 系统功能模型建立

对机器人自动上下料系统进行功能设计，不仅能够完整表达出系统的具体要求，还能够实现功能到行为、结构的转换。机器人自动上下料系统包括上料、视觉、抓取三个功能，三个功能分别对应装置的不同部分，如图 6-20 所示。

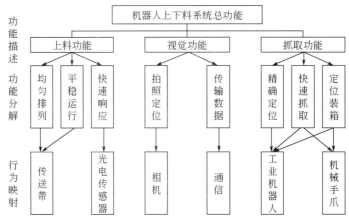

图 6-20　机器人自动上下料系统功能总图

① 上料功能。传送带定时将工件和纸箱进行上料传输，要求工件和纸箱均匀排列、平稳运行，而且当光电传感器检测到工件和纸箱时传送带能够快速做出响应。

② 视觉功能。待传送带停止后，位于转向节正上方的工业相机拍照并进行图像处理，将处理之后得到的转向节位姿信息传递给机器人控制器。

③ 抓取功能。通过机器人控制器驱动机器人去抓取工件和纸箱盖，实现转向节装箱和封箱。

在 NX MCD 中建立系统的功能模型，如图 6-21 所示，可以在树形图中看到系统每个模块所需要达到的要求。

6.3.1.4 系统逻辑模型建立

确定了系统功能模型之后，则需要了解为了达到这些功能，系统需要进行什么操作，这时就需要创建系统的逻辑模型。逻辑模型不仅能够表明需要做什么来实现系统功能，同时也对系统动作行为的执行时序有指导意义，基于逻辑模型创建的仿真序列会使系统运行更加流畅。根据系统功能模型的描述和分解，对系统的动作行为进行分析，建立系统的逻辑流程。逻辑模型主要是分析各部件之间的关系，在什么时候应该进行什么样的动作，实现什么样的功能。

名称	字母代码	字母代码描述	参考名称	已修改	描述
功能					
上料功能					
均匀排列					
平稳运行					
快速响应					
视觉功能					
拍照定位					
传输数据					
抓取功能					
精确定位					
平稳快速抓取					
定位装箱					

图 6-21　基于 NX MCD 的系统工程功能模型建立

系统逻辑流程分析如下：

① 传送带送料。系统先通过传送带进行送料，待光电传感器检测到工件后，光电传感器发出开关信号，PLC 接收信号控制传送带电机停止转动，使传送带停止运动，待工件被抓取之后，PLC 发出信号使电机继续转动，系统上料正常进行。纸箱传输传送带控制同理。

② 拍照处理。待传送带停止之后，相机对转向节拍照，并对所拍的照片进行处理，将得到的工件姿态和中心点坐标通过通信接口传递给机器人控制器。

③ 抓取装箱。机器人控制器接收到相机内部传递的坐标后，发出命令控制机器人运动，等机器人末端移动到工件正上方后，机器人发出信号使工件抓取手爪张开，实现转向节抓取，之后机器人将转向节搬运放置到纸箱内。封箱机器人抓取纸箱盖对纸箱进行封箱处理。

通过对系统逻辑流程进行分析，在 NX MCD 中建立逻辑分析树，如图 6-22 所示，逻

名称	字母代码	字母代码描述	参考名称	已修改	描述
需求					
功能					
逻辑					
机器人自动上下料...	==W	Auxiliary Function	==W		
上料系统	=M1	Main Function	==W=M1		工件和纸箱按需上料
传送带1	=A1	Auxiliary Function	==W=M1.A1		工件上料
传送带2	=A2	Auxiliary Function	==W=M1.A2		纸箱上料
光电传感器	=A3	Auxiliary Function	==W=M1.A3		检测工件和纸箱到位
视觉系统	=M3	Main Function	==W=M3		对工件拍照定位识别
相机架	=A1	Auxiliary Function	==W=M3.A1		安装相机
3D工业相机	=M1	Main Function	==W=M3.M1		对工件拍照
抓取功能	=M2	Main Function	==W=M2		对转向节和纸箱进行抓取
工业机器人1	=M1	Main Function	==W=M2.M1		对工件进行抓取装箱
工业机器人2	=M2	Main Function	==W=M2.M2		对纸箱盖进行抓取封箱
三指手爪	=M3	Main Function	==W=M2.M3		抓取工件
吸盘手爪	=M4	Main Function	==W=M2.M4		抓取纸箱盖

图 6-22　基于 NX MCD 的系统工程逻辑模型建立

辑模型和功能模型相似，均采用分析树的形式呈现。逻辑模型需要在每个模块下创建部件，然后对部件进行逻辑描述，表达系统的逻辑功能。

6.3.1.5　定义几何机械概念模型

几何机械概念模型的创建是将创建的三维组件通过系统逻辑模型中各元件的相依性面板添加进去，然后将几何组件根据实际设备的布局情况装配在一起。将机器人自动上下料系统三维模型导入 NX 中，点击【应用模块】-【更多】-【机电概念设计】进入 NX MCD 界面。机器人自动上下料系统的几何机械概念模型如图 6-23 所示，主要包括传送带、机器人、抓取手爪、3D 摄像头、转向节工件、纸箱等组成部分。

图 6-23　机器人自动上下料系统几何机械概念模型

6.3.1.6　定义物理机械概念模型

几何概念模型仅仅表示系统各组件之间的装配情况，并不具有物理特性，物理机械概念模型是在机械概念模型的基础上为几何部件添加物理特性和运动属性。

（1）系统物理属性定义

由于几何体在三维模型中没有被赋予机电对象属性，因此并不具备物理系统控制下的所有运动属性，只赋予基本机电对象特征之后，才能够进行物理属性的运动仿真。因此，根据各子功能需要达到的目的，构建对应的机械/机构的几何模型，为模型定义质量、惯性矩、初始速度、摩擦系数、刚体和碰撞体等物理属性方面的概念。

① 设置刚体。首先需要向系统中的各个组件添加刚体属性命令，几何对象本身并不具备物理属性，几何对象只有添加了刚体，受到重力和其他力的作用，才能添加运动属性，进行运动控制。例如，只有定义了刚体属性的几何体才会在重力的作用下下落。需要对传送带、工件、纸箱、机器人及手爪、相机、传感器等定义刚体属性，使其受重力影响。

如图 6-24 所示，单击工具栏中的【刚体】-【刚体】命令。

执行创建【刚体】命令之后，系统弹出如图 6-25 所示的【刚体】对话框。在该对话框中，单击【选择对象】选项，然后在视图环境中选中转向节，将其设置为【刚体】，之后在对话框的最下方【名称】文本框中输入刚体的名字，如"工件"。最后单击【确定】按钮，就创建好了一个刚体。定义刚体是整个数字孪生模型的基础,后续的运动、行为制定都是在刚体基础上进行设置。

图 6-24　创建刚体

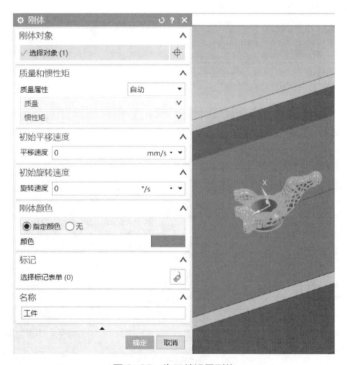

图 6-25　为工件设置刚体

②　设置碰撞体。接着需要对静止或运动的构件进行碰撞体的定义,碰撞体只有定义在刚体上才会起作用,如果两个物体碰撞在一起,但是没有添加碰撞体属性,则两个物体之间并不会因为碰撞而停下,而是会彼此穿过。为了防止纸箱和工件穿过传送带、传送带穿过地面,需要对地面、传输面、纸箱和工件进行碰撞体属性定义。碰撞体的碰撞形状有多种,如方块、球形、多个凸多面体、网格面等,碰撞体的几何体精度越高,物体就越容易发生穿透故障。为了提高仿真时的性能,减少仿真时系统的复杂计算,应尽可能使用最

简单的碰撞形状，如将地面、传输面等简单的物体碰撞形状设置为方块。由于 NX MCD 会自动识别模型的尺寸，设置碰撞形状时，系统会默认创建一个几何体把整个组件包裹在里面，因此有些构件需要手动去设置。例如，当手爪抓取转向节时，不能将整个转向节设置为碰撞体，需要将转向节内壁的环形面设置为凸多面体，否则手爪将无法伸进工件中心孔进行抓取。另外，纸箱是一个没有盖子的空箱子，需要将工件放进纸箱中，不能将整个纸箱设置为碰撞体，如果将纸箱碰撞形状设置为方块，则转向节不能进入纸箱中。需要将纸箱内壁的每个面设置为网格面，这样就可以避免运动干涉，提高仿真精度。

单击工具栏中的【碰撞体】-【碰撞体】命令，如图 6-26 所示。

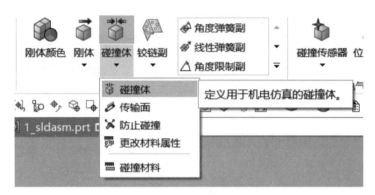

图 6-26　创建碰撞体

打开【碰撞体】对话框，选择一个刚体对象，将该刚体设置为"碰撞体"。将纸箱碰撞形状设置为网格面，如图 6-27 所示；将转向节中心孔内壁的面设置为凸多面体，如图 6-28 所示。

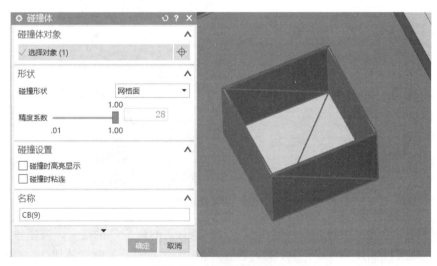

图 6-27　为纸箱添加碰撞体

另外，在类别设置中，类别 0 代表该碰撞体可以与任何其他类别的碰撞体发生碰撞，类别 1 代表该碰撞体只能与其他类别为 1 的碰撞体发生碰撞。

③ 设置传输面。为了达到将工件传输的目的，需要将传送带上表面添加传输面的机

电属性。

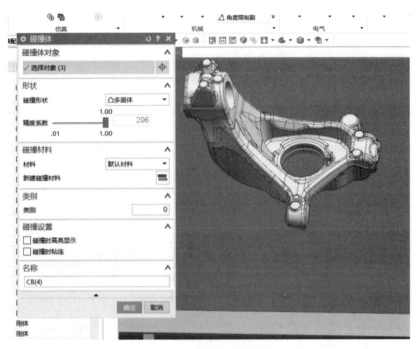

图 6-28　为工件添加碰撞体

如图 6-29 所示，单击工具栏中的【碰撞体】-【传输面】命令。

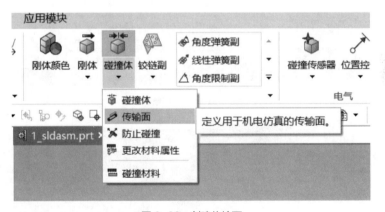

图 6-29　创建传输面

　　打开【传输面】对话框，如图 6-30 所示，在该对话框中选择【选择面】选项，选择上料桌面，设置运动类型为"直线"，矢量方向为 XC 的正方向，速度为 300mm/s，名称为"工件上料"。同理，将纸箱上料传输面名称设置为"纸箱上料"。

　　④ 设置对象源。工件和纸箱需要通过传送带源源不断地进行传送，需要将纸箱和工件设置为对象源，使其在起始位置不断出现。

　　如图 6-31 所示，单击工具栏中的【刚体】-【对象源】命令。

　　以工件设为对象源为例，如图 6-32 所示，【选择对象】为工件，【触发】可以选择"基于时间"或者"基于事件"，此处选择"基于时间"，【时间间隔】为30s，单击【确定】按钮，即可在"机电导航器"中生成一个对象源。将纸箱设置为对象源操作和工件类似。

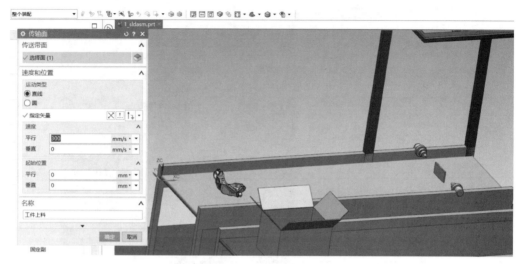

图6-30　设置工件上料传输面

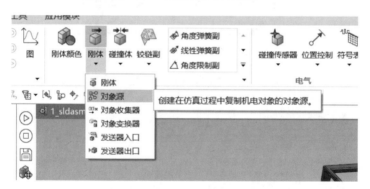

图6-31　创建对象源

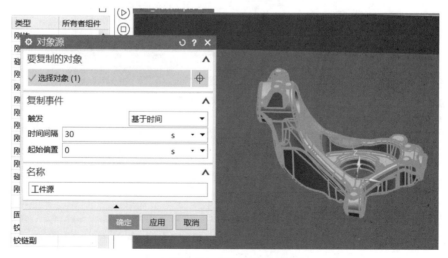

图6-32　设置工件为对象源

（2）系统运动属性定义

为构件添加运动属性能够使机构在自由度和运动路径上受到限制。为机器人自动上料系统添加运动学行动，通过对刚体之间添加相应的运动副来定义刚体的运动形式，确定各部件之间的运动关系，从而实现刚体之间的相应运动。本系统用到的运动方式主要有固定副、铰链副、滑动副及路径约束运动副。

单击工具栏命令按钮，如图 6-33 所示。

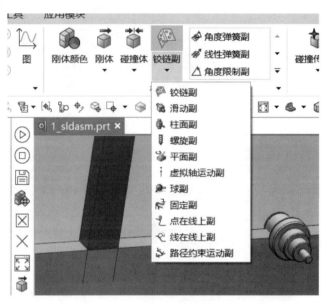

图 6-33　运动副命令

① 设置固定副。固定副一般是指将一个物体固定到一个固定的位置，如大地，或将两个刚体固定在一起，使这两个刚体能够一起运动。对于系统中静止的物理对象，或两个刚体之间相对静止没有发生位置运动，则需要给它们之间添加固定副关系。机器人自动上下料系统中需要将机器人底座固定在地面上，将手爪固连在机器人法兰盘处，将光电传感器和相机支架固定在传送带上，将深度相机固定在相机支架上等。

单击工具栏中【固定副】命令。例如，机器人底座需要固定在地面，则创建机器人底座固定副，如图 6-34 所示，将机器人底座选作连接件，然后点击【确定】。

同样，机器人抓取手爪需要和机器人六轴法兰盘固连在一起，如图 6-35 所示，连接件为机器人手爪，基本件为连接片，点击【确定】。

② 设置铰链副。铰链副是用来连接两个固件并允许两者之间以公共旋转轴做相对转动的机械装置，首先为机器人各个关节连接处添加铰链副，使机器人能够正常运动，然后为手爪手指连接处添加铰链副，使其能够发生相对转动，实现手爪的张开和收缩。

单击工具栏中的【铰链副】命令，在弹出的【铰链副】对话框中，通过【选择连接件】和【选择基本件】选择构件并进行属性设置。需要设置铰链副的有机器人各个关节连接处和手爪手指连接处，以机器人底座和 1 轴为例，如图 6-36 所示。连接件为机器人 1 轴，基本件为机器人底座，【指定轴矢量】为 Z 轴，【指定锚点】为基座底部圆心。同理，将其他需要设置铰链副的地方进行设置。

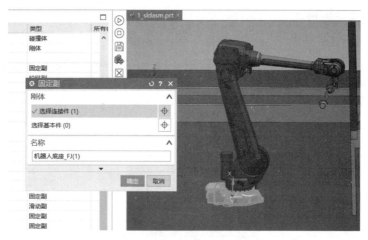

图 6-34　创建机器人底座固定副

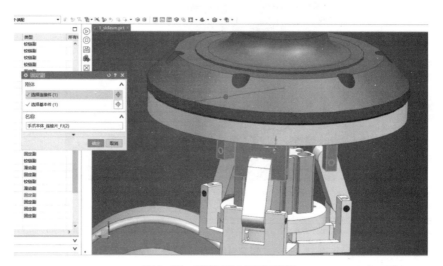

图 6-35　创建机器人手爪固定副

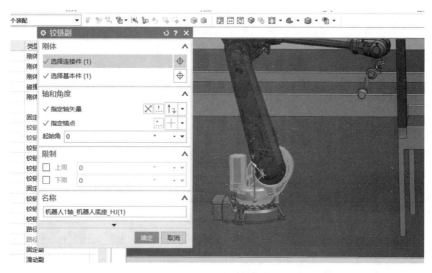

图 6-36　设置铰链副

③ 设置滑动副。滑动副是指运动副的两个构件之间只能按照某一方向做相对移动，并且只有一个平移自由度。为机器人自动上下料系统中手爪的活塞杆和气缸设置滑动副，连接件为气缸，基本件为手爪本体，使活塞杆能够平移升降。

单击工具栏中【滑动副】命令，如图 6-37 所示，将手爪中的活塞杆和气缸设置为滑动副，连接件为气缸，基本件为手爪本体，【指定轴矢量】为沿着气缸方向，点击【确定】。

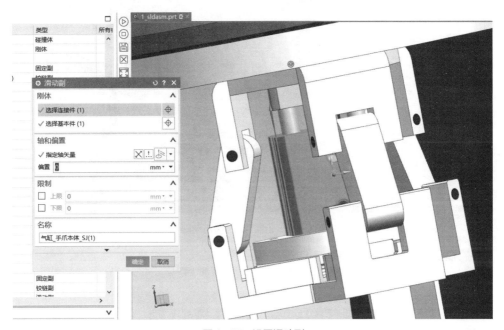

图 6-37　设置滑动副

手爪设置结束后，手爪固连在机器人法兰盘上，手爪各个关节之间依靠铰链连接，手爪的开合由气缸活塞杆的推动进行控制。

④ 设置路径约束运动副。路径约束运动副是指让机器人按照指定的坐标系或指定的曲线运动，用来控制机器人末端路径。机器人自动上下料系统中可用该运动副来控制机器人末端运动路径。

单击工具栏中【路径约束运动副】，如图 6-38 所示，在弹出的对话框中，【刚体】选择机器人末端连接片，然后添加点创建一条机器人抓取工件的路径（点越多，机器人运动越平稳，路径越准确）。【曲线类型】选择"样条"则为圆滑曲线，如果选择"直线"则为几条直线组成，此处选择"样条"。

机器人自动上下料系统中各个运动属性的定义如图 6-39 所示。

6.3.1.7　添加执行器和传感器

（1）添加执行器

为机器人自动上下料系统添加广义执行器，在 NX MCD 中广义执行器分为两种：速度控制执行器和位置控制执行器。

① 添加位置控制。位置控制用来控制运动几何体的目标位置，让几何体按照指定的

速度运动到指定的位置后停下来，多用在机器人各轴关节处的铰链副上，用来控制机器人关节运动，机器人手爪的运动路径都由机器人控制器控制机器人各个关节运动实现。

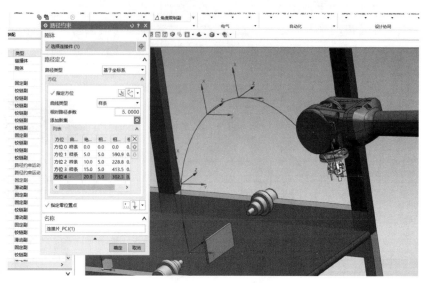

图 6-38　设置路径约束运动副

📁 运动副和约束		
☑ 3D相机_相机支架_FJ(1)	固定副	
☑ 大地_FJ(1)	固定副	
☑ 底座1_大地_FJ(1)	固定副	
☑ 底座2_大地_FJ(1)	固定副	
☑ 光电传感器_工件上料_FJ(1)	固定副	
☑ 机器人1轴1_底座1_HJ(1)	铰链副	
☑ 机器人1轴2_底座2_HJ(1)	铰链副	
☑ 机器人2轴1_机器人1轴1_HJ(1)	铰链副	
☑ 机器人2轴2_机器人1轴2_HJ(1)	铰链副	
☑ 机器人3轴1_机器人2轴1_HJ(1)	铰链副	
☑ 机器人3轴2_机器人2轴2_HJ(1)	铰链副	
☑ 机器人4轴1_机器人3轴1_HJ(1)	铰链副	
☑ 机器人4轴2_机器人3轴2_HJ(1)	铰链副	
☑ 机器人5轴1_机器人4轴1_HJ(1)	铰链副	
☑ 机器人5轴2_机器人4轴2_HJ(1)	铰链副	
☑ 机器人6轴1_机器人5轴1_HJ(1)	铰链副	
☑ 机器人6轴2_机器人5轴2_HJ(1)	铰链副	
☑ 连杆1_手爪本体_HJ(1)	铰链副	
☑ 连杆1_手指1_HJ(1)	铰链副	
☑ 连杆2_手爪本体_HJ(1)	铰链副	
☑ 连杆2_手指2_HJ(1)	铰链副	
☑ 连杆3_手爪本体_HJ(1)	铰链副	
☑ 连杆3_手指3_HJ(1)	铰链副	
☑ 气缸_手爪本体_SJ(1)	滑动副	
☑ 手爪本体_机器人6轴1_FJ(1)	固定副	
☑ 手爪圆盘_气缸_FJ(1)	固定副	

图 6-39　定义运动属性

　　单击工具栏中的【位置控制】命令按钮。如图 6-40 所示，为机器人轴关节处的铰链副添加位置控制，【机电对象】选择前面创建的铰链副，【目标】和【速度】默认为 0，在后续用仿真序列进行控制。

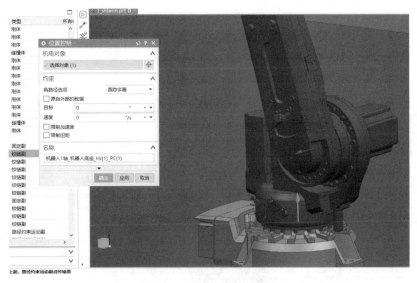

图 6-40　添加位置控制

② 添加速度控制。速度控制可以控制机电对象按设定的速度运行。单击工具栏中的【速度控制】命令按钮，用前面设置的【路径约束运动副】添加速度控制，用来控制机器人移动速度。如图 6-41 所示，【机电对象】选择上述路径约束运动副，【速度】根据实际情况进行设定。

图 6-41　设置速度控制

③ 添加反算机构驱动。反向运动学或反算机构驱动也是一种控制机器人运动的方法，有时候路径约束运动副在运动时会产生抖动，而用反算机构驱动则运动平稳得多。单击工具栏中【反算机构驱动】命令按钮，如图 6-42 所示。

反算机构驱动有两种形式："在线"和"脱机"。反算机构驱动的"脱机"模式如图 6-43 所示，【刚体】选择连接片，【指定点】选择连接片中心点，【指定方位】选择默认即可，然后添加姿态，和路径约束运动副一样，姿态越多，机器人运动路径越平稳，点击【确定】。

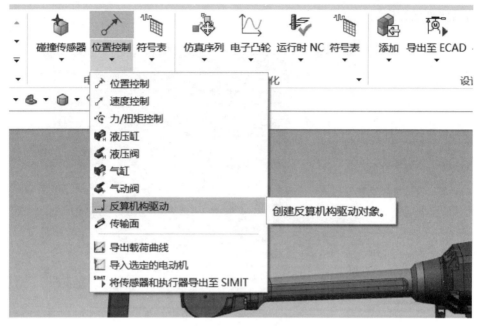

图 6-42　创建反算机构驱动

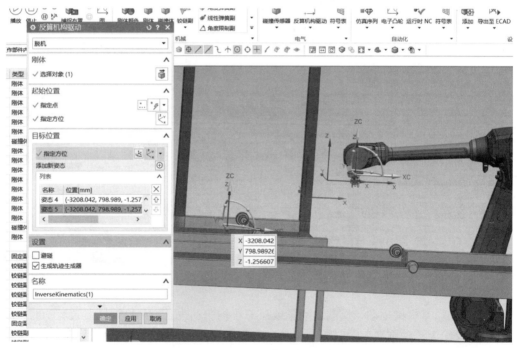

图 6-43　设置"脱机"反算机构驱动

反算机构驱动的"在线"形式，也可和其他软件进行联合虚拟调试使用，如博途等，如图 6-44 所示，该情况下只需选择刚体对象和起始位置即可，点击【确定】按钮。

（2）添加传感器

如图 6-45 所示，单击工具栏中的【碰撞传感器】-【碰撞传感器】命令。

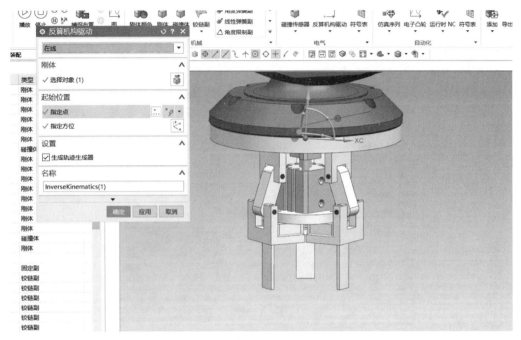

图 6-44　设置"在线"反算机构驱动

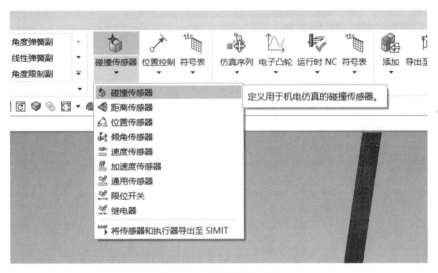

图 6-45　创建碰撞传感器

　　碰撞传感器是指当碰撞发生时被激活输出信号的机电特征对象，可以利用碰撞传感器来收集碰撞事件。在机器人自动上下料系统中，碰撞传感器是机器人仿真序列和 PLC 控制器信号交互的重要枢纽，因此需要对光电传感器进行工件到位碰撞传感器设置和纸箱到位碰撞传感器设置。工件和纸箱碰到传送带上的小木块时传送带停止，需要将两个小木块设置为碰撞传感器。如图 6-46 所示，为机器人自动上下料系统添加工件到位碰撞传感器。

　　机器人自动上下料系统中执行器和传感器的设置如图 6-47 所示。

碰撞传感器
碰撞传感器对象
选择对象 (1)
形状
碰撞形状
方块
形状属性
自动
指定点
指定坐标系
长度
200
mm
宽度
100
mm
高度
10.0000000000005
mm
类别
类别
0
碰撞时高亮显示
碰撞时高亮显示
名称
工件检测
确定
取消

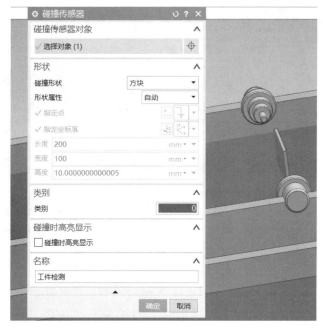

图 6-46　添加碰撞传感器

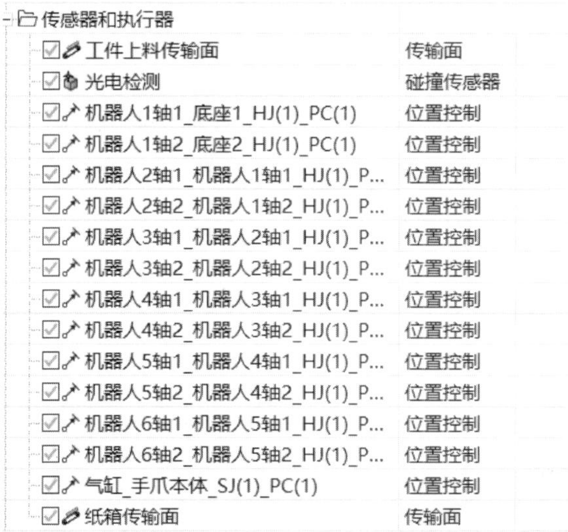

传感器和执行器
工件上料传输面
传输面
光电检测
碰撞传感器
机器人1轴1_底座1_HJ(1)_PC(1)
位置控制
机器人1轴2_底座2_HJ(1)_PC(1)
位置控制
机器人2轴1_机器人1轴1_HJ(1)_P...
位置控制
机器人2轴2_机器人1轴2_HJ(1)_P...
位置控制
机器人3轴1_机器人2轴1_HJ(1)_P...
位置控制
机器人3轴2_机器人2轴2_HJ(1)_P...
位置控制
机器人4轴1_机器人3轴1_HJ(1)_P...
位置控制
机器人4轴2_机器人3轴2_HJ(1)_P...
位置控制
机器人5轴1_机器人4轴1_HJ(1)_P...
位置控制
机器人5轴2_机器人4轴2_HJ(1)_P...
位置控制
机器人6轴1_机器人5轴1_HJ(1)_P...
位置控制
机器人6轴2_机器人5轴2_HJ(1)_P...
位置控制
气缸_手爪本体_SJ(1)_PC(1)
位置控制
纸箱传输面
传输面

图 6-47　设置执行器和传感器

6.3.1.8　设定机电信号

在真实的设备运行情况下，整个系统需要和 PLC 进行信号交互才能够进行实时通信，系统只有在接收信号控制时才能做出反应动作。因此，为了更好地模拟实际运行情况，需要在 NX MCD 中为虚拟模型添加机电信号，生成的机电信号可以通过 NX MCD 传输到外界与 PLC 信号进行信号映射实现数据交互。NX MCD 中的信号类型包括输入信号和输出信号两种。输入信号是由控制器发送给 NX MCD 的信号，输出信号是由 NX MCD 发出、控制器接收的信号。NX MCD 创建信号可以通过信号命令进行创建，如果信号之间需要逻辑判断与运算管理，则采用信号适配器添加管理，对信号的形成逻辑进行组织管理，由其提供的数据可以参与到运算过程中，为 NX MCD 对象提供新的信号，以支持对运动或行为的控制，并将新的信号传送给外界或 NX MCD 系统中。机器人自动上下料系统虚拟模型中，输出信号包括工件检测信号和纸箱检测信号两种，输入信号包括机器人运动信号、机器人搬运信号、机器人归位信号和手爪张开信号四种。如图 6-48 所示为机器人自动上下料系统定义的机电信号。

信号	
☑ ⑴ 封箱归位	信号
☑ ⑴ 工件检测	信号
☑ ⑴ 机器人搬运	信号
☑ ⑴ 机器人封箱	信号
☑ ⑴ 机器人归位	信号
☑ ⑴ 机器人运动	信号
☑ ⑴ 手爪张开	信号

图 6-48　添加系统机电信号

6.3.2　系统虚拟调试

虚拟调试就是虚拟仿真技术在工业领域的应用，通过虚拟技术创建出物理制造环境的数字复制品，用于测试和验证产品设计的合理性。基于数字孪生的虚拟调试技术是在 NX MCD 虚拟环境中创建能够代替实物的数字模型，并运用自动化平台系统与 PLC 仿真器连接，进行软件在环的方式完成物理对象数字模型的调试工作。

虚拟调试通过仿真软件创建出和物理现实环境相同的虚拟模型，对模型进行仿真来验证系统的合理性。在 NX MCD 对机器人自动上下料系统建立了虚拟模型后，需要运用虚拟调试技术对系统虚拟模型进行调试。将 NX MCD 模型中的信号和 PLC 中的信号对应起来，通过 PLC 程序对系统进行调试。

NX MCD 平台除了作为机电一体化设计建模与仿真平台之外，还具有其他开放接口，能够和现在工业中主流软件进行联合仿真分析。西门子 TIA 博途是面向自动化工程概念及标准等定义的软件平台，可完成 PLC 的编程和仿真工作。将 NX MCD 中的虚拟模型同 TIA 博途中的 PLC 控制器进行编译仿真，能够通过对数字模型的调试代替对实体物理对象的调试。PLCSIM Advanced 是一种能够提供虚拟 PLC 的高级仿真器，可视为 TIA 博途 SIMATIC S7-1500 控制器的虚拟化对象，可以作为整个系统的虚拟控制器。整个系统由 NX MCD、TIA 博途和 PLCSIM 联合组成。

通过 NX MCD 建立机器人自动上料虚拟模型。在结构方面，根据几何对象定义了刚体、碰撞体等物理属性，添加了运动副等运动属性，并为系统添加了传感器、执行器和机电信号等，但是如果要实现虚拟仿真，则需要为整个系统添加 PLC，通过 PLC 和 NX MCD 联合对机器人自动上料系统进行虚拟调试。

选用软件在环的虚拟调试方式，如图 6-49 所示，以 RobotStudio（机器人工作室）中虚拟 ABB 控制器 VRC 替代实际的 IRC5 控制器，以 PLCSIM Advanced 仿真控制器替代实际的 PLC 控制器，NX MCD 创建系统物理设备数字孪生，OPC 服务器作为数据连接通道。

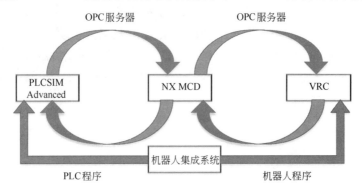

图 6-49　软件在环 SiL 结构

6.3.2.1　仿真序列设计

仿真序列是一种通过流程来展示系统逻辑的表达方式，仿真序列能够比较直观地展现出系统的逻辑。通过创建基于时间的仿真序列，可以使系统按照时间顺序有条理地进行运作。基于事件的仿真序列需要将系统中的传感器信号或外界的信号作为触发条件来控制仿

图 6-50　创建仿真序列

真序列的开始、停止等。仿真序列可以用来控制执行机构、运动副等，还可以用常见条件语句来约定何时触发改变。机器人自动上下料系统虚拟调试需要创建添加外部 PLC 信号仿真序列，仿真序列中包含了整个系统中所有的运动属性和运动状态。

单击工具栏【自动化】里【仿真序列】命令按钮创建仿真序列，如图 6-50 所示。

首先应该确定整个系统的运动流程，然后根据整个流程来添加仿真序列。本系统主要是实现机器人自动抓取工件和装箱，流程如图 6-51 所示，工件上料传送带对工件进行上料，工件上料传送带在接收到工件到位传感器信号时速度变为 0，同时该信号通过 PLC 控制工业相机开始拍照，计算出转向节位姿坐标后，通过通信接口将坐标数据传递给装箱机器人，装箱机器人对工件进行抓取。当工件离开上料传送带后，工件检测传感器信号变为 false（假），转向节上料继续进行。当工件放入纸箱后，封箱机器人将包装箱上盖吸附并封箱。封箱结束后纸箱传输传送带对纸箱进行运输，将装完工件的纸箱传递给下一步工序，同时下一个空纸箱等待被装箱。

仿真序列的条件有两种：基于时间的仿真序列和基于事件的仿真序列。仿真序列需要精确控制每一步的时间精度和位置精度，因此采用序列编辑器为系统创建基于时间的仿真序列来控制系统按照时间准确无误地运行。仿真序列可以准确地控制系统的行为动作，仿真序列添加后对序列进行时间排序，将每一步用线连接起来，就组成了完整有序的系统运行过程。如图 6-52 所示，此时仿真序列并没有与外部连接，只是方便系统调试。

在实际生产情况下，仿真序列需要连接外部执行器信号或传感器信号才能进行相关动作。因此，需要在仿真序列中添加外部机电信号来控制整个系统的运动，将系统中创建的工件检测信号、机器人搬运、手爪张开等输入信号作为仿真序列事件的触发信号，使系统

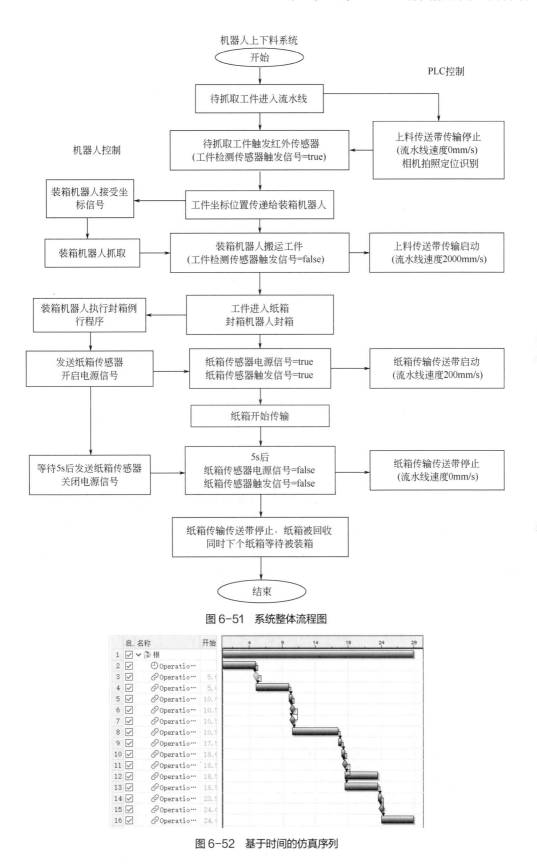

图 6-51　系统整体流程图

图 6-52　基于时间的仿真序列

调试更加灵活，调试结果也会和现实情况更接近。当机器人需要抓取时，在仿真序列中设置触发调节，触发条件为外部信号"机器人运动"，只有当"机器人信号"为 true（真）时，仿真序列才会触发，如图 6-53 所示。

图 6-53　基于事件的仿真序列设计

这样就可以将 NX MCD 系统模型与外部信号结合进行调试。同样，将封箱归位信号、工件检测信号、机器人搬运信号、机器人封箱信号、机器人归位信号、手爪张开信号等添加入仿真序列创建中。在基于事件的仿真序列中，如果条件满足，仿真序列将自动执行。

下面展示一些典型的仿真序列的创建过程：

当光电传感器检测到工件时，工件传送带暂停。如图 6-54 所示，机电对象为工件上料传送带，将【活动的】值改为 false（假），条件为工件检测传感器的值为 true（真）。

当光电传感器检测到纸箱时，纸箱传送带暂停。如图 6-55 所示，机电对象为纸箱上料传送带，将【活动的】值改为 false（假），条件为纸箱检测传感器的值为 true（真）。

当上料传送带停止时，机器人去抓取工件，机电对象为连接片第一段路径约束运动副的速度控制，时间设置为 5s，如图 6-56 所示。

机器人运动到指定位置之后手爪张开，如图 6-57 所示，机电对象选择手爪滑动副的位置控制，时间设置为 1s。

通过固定副抓取。将 3 个手爪设置为固定副，手爪 1 设置如图 6-58 所示，机电对象选固定副，连接件设置为工件，基本件设置为手爪 1，时间设置为 0.5s。另外 2 个手爪同样设置。

图 6-54　添加工件检测仿真序列

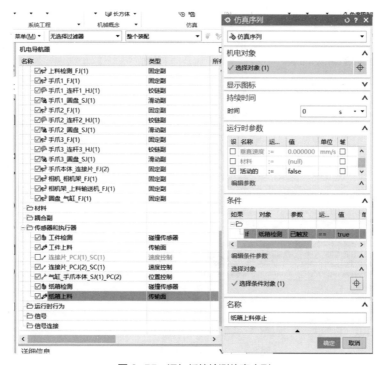

图 6-55　添加纸箱检测仿真序列

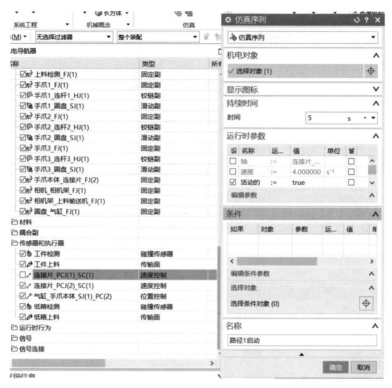

图 6-56　添加路径 1 启动仿真序列

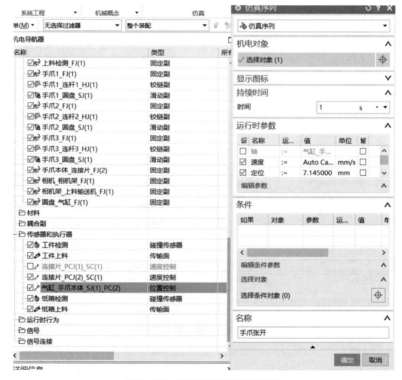

图 6-57　添加手爪张开仿真序列

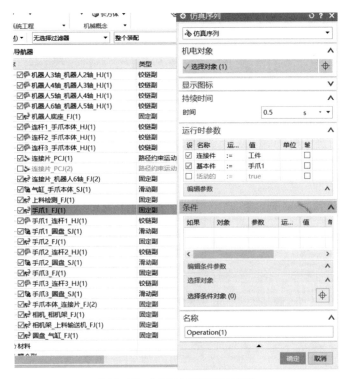

图 6-58　添加手爪抓取仿真序列

将路径 1 关闭，如图 6-59 所示。

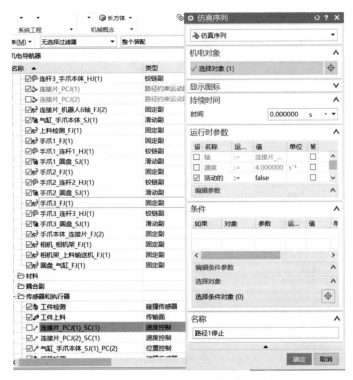

图 6-59　添加路径 1 关闭仿真序列

开启路径 2，机器人抓取工件放入纸箱中，如图 6-60 所示，机电对象选择路径 2。

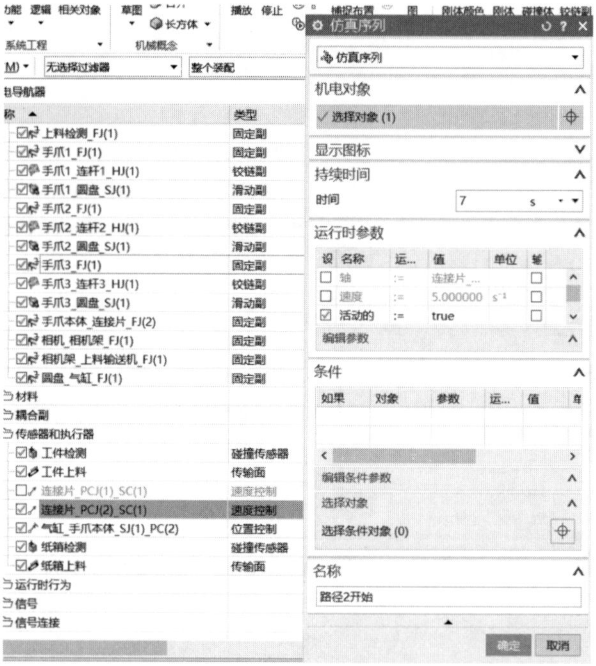

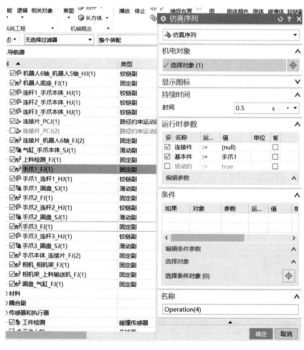

图 6-60　添加路径 2 开始仿真序列

手爪松开，手爪 1 设置如图 6-61 所示，机电对象为手爪 1 处的固定副，连接件为（null）（空）。另外 2 个手爪同样设置。

图 6-61　添加手爪松开仿真序列

手爪闭合，如图 6-62 所示，将手爪滑动副反方向移动。

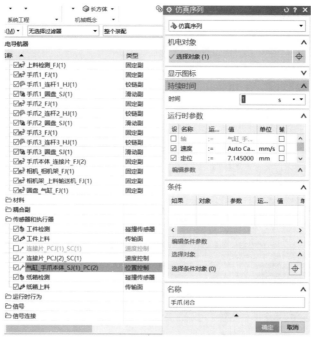

图 6-62　添加手爪闭合仿真序列

关闭路径 2，如图 6-63 所示。

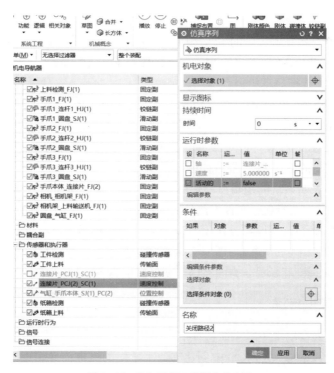

图 6-63　添加路径 2 关闭仿真序列

机器人归位，等待下一次抓取，如图 6-64 所示。

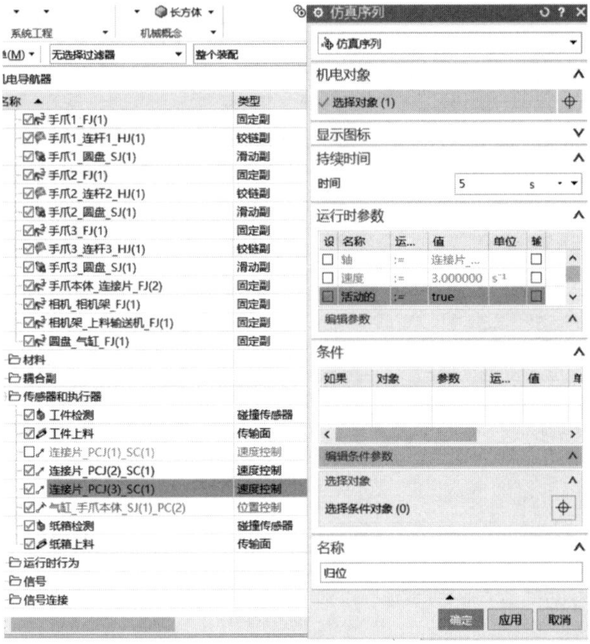

图 6-64　添加机器人归位仿真序列

6.3.2.2　PLC 程序设计

PLC 控制器控制机器人自动上下料系统中的光电开关信号、传送带启停信号及机器人运动信号。PLC 本身就具备大量的 I/O 接口，且 I/O 连接是最基础的连接方式，PLC 与限位信号和传感器信号通过 I/O 连接的通信方式直接与 PLC 输入输出单元接口连接。PLC 也可以通过 I/O 输入来选择启动机器人运动。

TIA 博途支持各种 PLC 编程语言，梯形图由于方便阅读、易于理解而成为最常用的 PLC 编程语言。机器人自动上下料系统需要在 TIA 博途中建立一个项目，根据系统流程图在项目中编写 PLC 控制程序，PLC 变量作为系统中与外界交互的重要数据，需要对 PLC 数据进行设置。编写的部分 PLC 程序如图 6-65 所示。

PLC 程序主要表明系统的逻辑流程，PLC 控制程序控制传送带和机器人的运动情况。PLC 控制程序中，输入信号包括工件检测信号和纸箱检测信号两种；输出信号包括机器人运动信号、机器人搬运信号、机器人归位信号、机器人封箱信号、封箱归位信号和手爪张开信号六种。编写的 PLC 程序编译无误后，就完成了项目组态。在项目中创建的信号，一方面和 NX MCD 信号实现交互，另一方面将信号变量赋值给各个程序运算实现 PLC 程序控制。

6.3.2.3　系统数据传递

创建契合机器人自动上下料系统特性的虚拟模型后，采用技术手段实现来自不同制造商的工业设备中的数据与 NX MCD 中创建的数字孪生的机电信号相连接，获取机器人自动上下料系统的全部数据。

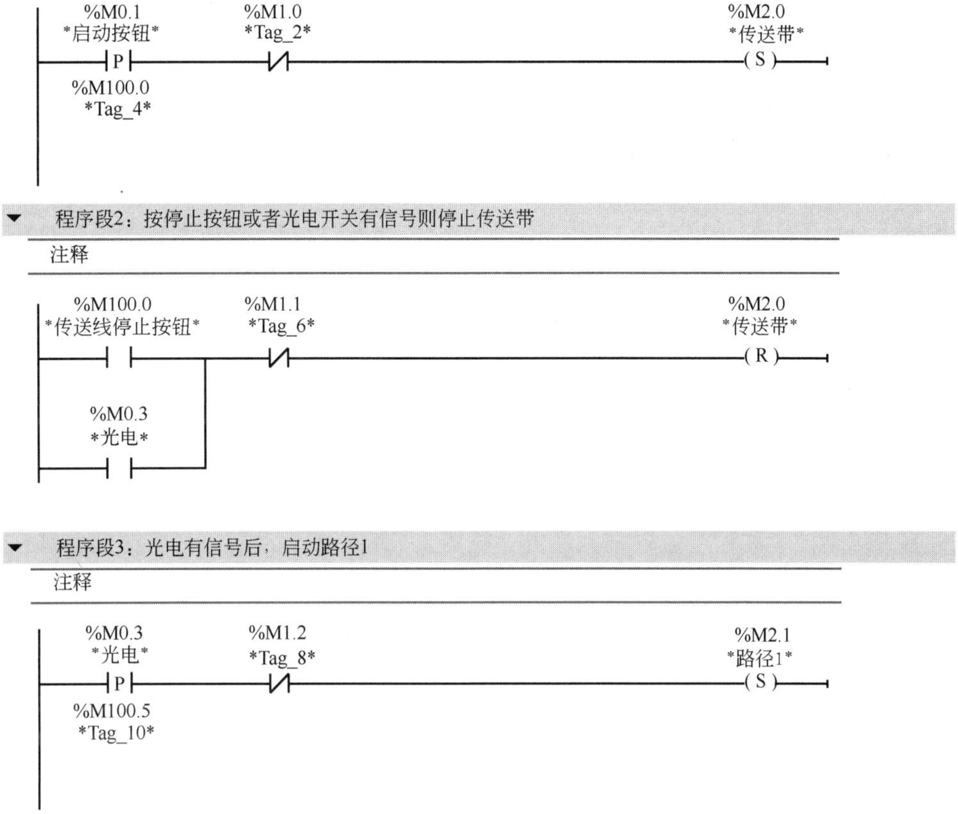

图 6-65　部分 PLC 控制信号

为保证数字孪生虚拟模型与物理对象的实时交互，稳定、快速、安全的数据连接方式尤为重要。机器人自动上下料系统的底层设备由大量来自不同生产品牌和不同通信方式的设备和产品组成，系统中的设备接入、数据类型解析和格式均不具备统一性。面对底层设备的软件和硬件由于制造商不同而引起的不能互通的难题，依靠特定硬件和平台的一般信息采集方式并不能满足实际需求。

OPC 技术与制造商无关，它可以有效解决系统的数据连接难题。NX MCD 集成有 OPC 客户端，为机器人自动上下料系统的数字孪生模型及虚拟调试应用提供了极大便利。

（1）数据连接

机器人自动上下料系统中的工业设备与 NX MCD 中生成的数字孪生的连接采用 OPC 技术实现。在机器人自动上下料系统的集成控制方案中，将机器人控制器和 PLC 作为系统的控制部分。实现机器人自动上下料系统的数据连接任务的主要工作内容是 OPC 服务器与 NX MCD 的 OPC 客户端的连接、OPC 服务器与机器人控制器和 PLC 的连接。

NX MCD 集成有丰富的自动化接口，包括 OPC、SHM（Shared Memory，共享内存）、PROFINET 以及 MATLAB 等接口。机器人自动上下料系统的数据连接工作中，OPC 服务器与 NX MCD 中的 OPC 客户端连接。

OPC 服务器通过 OPC 数据接口为媒介实时读取工业现场设备的信息和数据。工业机器人作为生产领域的高精尖产品，机器人制造商为了技术保密，一般会封装机器人的内部信息和数据，普遍使用的商业版 OPC 服务器，如 KEPware（凯谱华）OPC Server 和 Matrikon（麦拓）OPC Server 等，都没有工业机器人的设备连接端口，可以采用与机器人品牌配套的 OPC 服务器来读取机器人控制器中的系统信息和程序信息。

PLC 作为标准化的工业设备，一般都设置有连接 OPC 服务器的端口。OPC 服务器一般通过以太网的方式建立与 PLC 的连接。

机器人自动上下料系统采用 OPC 服务器实现机器人控制器、PLC 与 NX MCD 中虚拟模型的数据连接。机器人控制器采用机器人品牌专用 OPC 服务器，而 PLC 采用以太网通信方式连接 PLC 硬件设备和 PC 端的 OPC 服务器软件。

（2）数据采集

OPC 服务器中的 OPC 项对象已经能够完成对物理对象的数据采集工作。机器人自动上下料系统的数据采集主要是获取 PLC 和机器人控制器的内部信息。

机器人的信息全部由机器人控制器存储与处理，市场中常用的工业机器人控制器主要实现机器人运动控制和信号处理两大任务。机器人控制器的运动控制任务主要是通过驱动机器人的关节数据来完成对机器人末端执行器的轨迹规划。机器人控制器的信号处理任务主要是对机器人末端执行器数据和机器人控制信号数据的监测与控制。采用 OPC 服务器的数据连接方式也可以采集机器人的系统信息、末端执行器数据和控制信号数据。机器人的关节数据接口作为机器人运动控制的核心技术，在机器人出厂时就被机器人制造商封装，OPC 服务器不能实现机器人关节驱动数据的采集。

可采用对机器人控制器二次开发来采集机器人关节驱动数据的解决方案。各个品牌的工业机器人在出厂时都会提供 PC SDK，方便在 PC 端对机器人的数据进行检测和控制。工业机器人的 PC SDK 是机器人生产商为方便用户对机器人进行二次开发而发行的软件开发包，每个品牌的工业机器人都会有不同版本的 PC SDK。PC SDK 中封装有机器人控制器中的各种功能域，通过建立各功能域中相关类的实例可控制和读取机器人的信息。

ABB 机器人 PC SDK 功能域的主要类关系如图 6-66 所示。ABB 机器人的关节驱动数据就封装在运动系统的功能域中。

以机器人控制器二次开发方式采集机器人关节驱动数据，首先是建立机器人控制器和 PC 端的通信连接；连接 PC 的网线接口和机器人控制器的工业以太网接口，完成硬件连接；更改 PC 端的网络设置，将计算机的网络设置更改为"自动获取 IP 地址"，以保证计算机和机器人控制器在同一局域网内进行通信。

机器人关节驱动数据采集的程序设计流程如图 6-67 所示。首先要新建网络扫描器，扫描与计算机以太网连接的机器人控制器的信息；然后根据机器人控制器信息，调用机器人控制器生成类中的方法，来创建控制器实例；机器人关节驱动数据存储在运动系统功能域机械单元类的关节变量中；定义计时器控件，将计时器控件与机器人关节驱动数据信息绑定；通过设置计时器控件的时间间隔来确定机器人轴驱动关节数据的采集周期，计时器控件的时间间隔越小，采集的机器人关节驱动数据的实时性越好。

（3）OPC 通信程序

机器人关节驱动数据采集完成后，需要与 NX MCD 中的机器人虚拟模型连接。机器人关节驱动数据连接是先在 OPC 服务器中创建机器人关节驱动数据的 OPC 项对象，然后编写 OPC 客户端程序，将机器人关节驱动数据传递给 OPC 服务器中对应的 OPC 项对象。

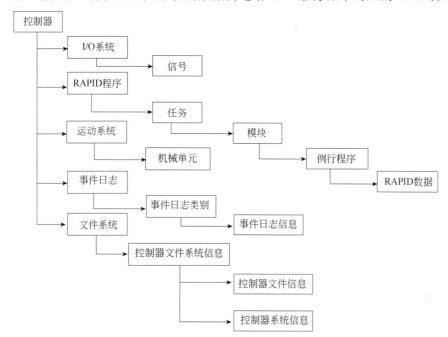

图 6-66　ABB 机器人 PC SDK 功能域主要类关系模型图

机器人关节驱动数据传递的程序设计流程如图 6-68 所示。首先程序通过计算机的基本信息来遍历计算机中安装的本地连接的 OPC 服务器；选择要连接的 OPC 服务器进行连接，然后获取并显示组中的 OPC 项对象。此时用户根据需求对已显示的 OPC 项对象进行读/写操作；如果进行读操作，则程序将获取到的项对象信息显示到设置好的文本框内；如果进行写操作，则需要操作人员选择 OPC 服务器中已经创建的机器人关节驱动数据的 OPC 项对象，然后写入从机器人控制器中采集的关节驱动数据。

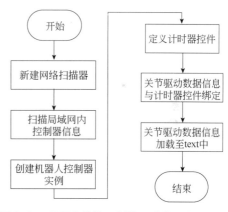

图 6-67　机器人关节驱动数据采集的程序设计流程

机器人自动上下料系统的数据采集主要采集 PLC 中的程序变量数据、机器人控制器中的控制信号和机器人关节驱动数据。OPC 服务器可以采集 PLC 中的变量信号和机器人控制器中的控制信号，机器人关节驱动数据主要通过对机器人控制器的二次开发来完成，并将其传输给 OPC 服务器中的机器人关节驱动变量。

同样，在 PC 机上实现对 PLC 控制器的通信与控制，也采用 OPC 服务器—OPC 客户端数据通信方式。OPC 服务器一般都兼容 PLC 的接口，可以实现对 PLC 程序的信号传递。通过在 PC 端建立 OPC 客户端的方式，对 OPC 服务器中的 PLC 信号进行读取和修改。

6.3.2.4　联合虚拟调试

将在 TIA 博途中编译无错的 PLC 程序通过 PLCSIM Advanced 下载到虚拟 S7-1500PLC

中，再通过信号映射的方式，使 TIA 博途中的 PLC 信号和 NX MCD 中的信号建立映射连接。在 NX MCD 信号映射中选择外部信号类型为 PLCSIM Advanced 实例，根据信号映射关系将 PLC 信号和 NX MCD 中的信号进行信号映射，将 NX MCD 中的变量和 PLC 中的输入输出变量匹配起来。PLC 中的输入信号对应 NX MCD 中的输出信号，PLC 中的输出信号对应 NX MCD 中的输入信号，从而实现外部的 PLC 信号和 NX MCD 信号进行数据交换，实现 PLC 对整个系统的控制。信号映射过程如图 6-69 所示。

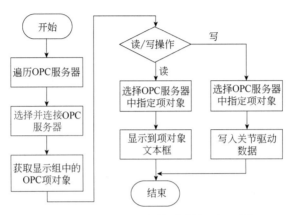

图 6-68　机器人关节驱动数据传递的程序设计流程

图 6-69　机器人自动上下料系统信号映射

TIA 博途可以控制整个系统的虚拟调试过程。机器人自动上下料系统信号配置完成后，系统整体数据就实现了流通。在 TIA 博途软件中可以控制 PLC 程序运行，在 NX MCD 软件中可以观察系统虚拟调试过程。点击 NX MCD 播放按钮，将 TIA 博途中 PLC 程序系统开启信号变为 1，整个系统便开始运作，可以显示 PLC 程序实时控制机器人自动上下料系统进程。如图 6-70 所示为机器人自动上下料系统工作的虚拟调试过程。

(a) 机器人运动抓取转向节

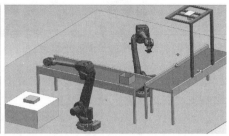

(b) 机器人搬运转向节

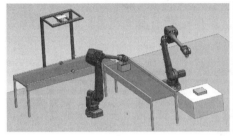

(c) 机器人装箱

(d) 机器人封箱

图 6-70　机器人自动上下料系统工作的虚拟调试过程

观察虚拟环境下机器人自动上下料系统的工作状态和数据检测，当机器人超出运动范围时，仿真中的机器人便会发生抖动，进行修正后可及时解决运行程序中的异常问题，经过优化整改后，机器人自动上下料系统虚拟调试结果符合生产要求，这样的调试方式简单方便，能够明显提升生产效率，满足大量上下料生产的需求。

说明：本案例设计是在 NX 1872 版本中完成。由于软件不断升级更新功能，在设计过程中各种功能的具体应用方法请参考所用软件 NX MCD 的帮助文件或通过互联网文档资源查阅所用软件 NX MCD 对应版本的功能说明。

6.3.3　系统测试验证

为了验证机器人自动上下料系统虚拟调试结果的可行性，搭建机器人自动上下料实验平台进行实际运行测试。机器人自动上下料系统测试平台如图 6-71 所示，测试平台的设备由 ABB IRB1410 机器人、机器人控制器、工业相机、光电传感器、转向节及抓取手爪等组成。机器人控制器和 PLC 对整个机器人自动上下料系统进行控制。

机器人自动化上下料实际运行测试时需将虚拟调试过程中修正过的程序输入到测试平台，将 PLC 程序下载到真实 PLC 中，所有的程序输入完成之后，通过 PLC 控制机器人进行自动上下料，观察整个测试过程中机器人及其他工控设备的运行状况，主要观察机器人是否能准确进行转向节的抓取，实际运行状况是否和虚拟调试存在差异，如果存在差异应及时调整。测试过程如图 6-72 所示。

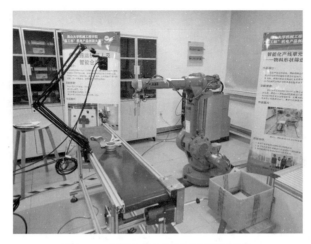

图6-71　机器人自动上下料系统测试平台

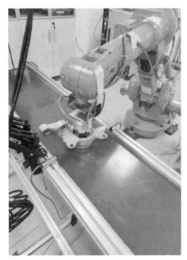

(a) 机器人到达转向节处

(b) 机器人抓取转向节

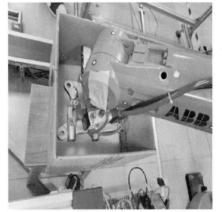

(c) 机器人搬运转向节

(d) 转向节装箱

图6-72　机器人自动上下料系统实验过程

在实际运行测试中，当光电传感器有信号后，传送带迅速做出停止或启动反应，相机拍照后在 PC 端进行图像处理，将计算结果数据传递给机器人，机器人能够准确对转向节进行抓取，然后快速稳定地放入纸箱内。实际测试验证了机器人自动上下料系统虚拟调试结果的正确性，能够避免实际生产过程调试的风险，证明了基于 NX MCD 的虚拟调试的可行性，表明虚拟调试不仅可以降低调试时间和成本，提高工厂的生产效率，还能及时发现设计初期就存在的问题并进行修改，具有较强的实际应用价值。

　　为了解决工厂中人工上下料效率低、容易疲惫等问题，采用工业机器人对汽车转向节进行自动抓取和装箱。以工业机器人控制器和 PLC 控制器对自动上下料系统进行集成控制，通过 NX MCD 对系统进行软件在环虚拟调试。机器人关节运动数据通过OPC 信息传递模块传送到 NX MCD，有效打通了 NX MCD 中机器人驱动仿真的技术瓶颈。集成控制软件将机器人控制、PLC 控制与 NX MCD 模型无缝结合，指令、信息、数据实时交互。利用 3D 机器视觉识别转向节位姿信息，机器人可以进行实时准确抓取，有助于自动化生产中对多种工件、不同位姿进行动态识别。基于 NX MCD数字孪生模型的联合控制虚拟调试，实现了机械、电气、软件技术的有机融合。机器人自动上下料实际测试，验证了虚拟调试技术行之有效，能够提高工厂效率。虚拟调试所具有的优势是传统现场调试无法相比的，在虚拟调试的过程中能够提前发现系统中存在的缺陷和错误，根据虚拟调试结果可对系统及时进行修正，避免实际调试中的许多问题，从而提高设计效率、节约调试时间、降低调试成本，具有较强的实际应用价值，可适用于多工位、多控制器机器人自动化生产技术开发与应用。

思考题与习题

6-1　NX MCD 平台为何能实现机电软一体化设计？

6-2　NX MCD 如何对一个项目实现跨学科并行协同设计？

6-3　集成控制系统软件模块关系中主要包括哪些功能？

6-4　集成控制软件多线程控制中的 3 个线程完成了什么任务？

6-5　NX MCD 数字孪生虚拟建模主要包括哪些方面？

6-6　NX MCD 如何实现软件在环的虚拟调试方式？

6-7　NX MCD 包括哪几种仿真序列设计？

6-8　ABB 机器人 PC SDK 主要包括哪些功能域？

6-9　机器人自动上下料系统中 3D 机器视觉有什么作用？

6-10　基于 NX MCD 数字孪生的虚拟调试具有哪些优势？

参考文献

[1] 龚仲华，龚晓雯. 工业机器人完全应用手册[M]. 北京：人民邮电出版社，2017.

[2] 李慧，马正先，马辰硕. 工业机器人集成系统与模块化[M]. 北京：化学工业出版社，2018.

[3] 胡金华，孟庆波，程文峰. FANUC 工业机器人系统集成与应用[M]. 北京：机械工业出版社，2021.

[4] 张明文，王璐欢. 智能制造与机器人应用技术[M]. 北京：机械工业出版社，2020.

[5] 马立新，陆国君. 开放式控制系统编程技术：基于 IEC 61131-3 国际标准[M]. 北京：人民邮电出版社，2018.

[6] 田锋. 精益研发 2.0：面向中国制造 2025 的工业研发[M]. 北京：机械工业出版社，2016.

[7] 梁乃明，方志刚，李荣跃，等. 数字孪生实战：基于模型的数字化企业[M]. 北京：机械工业出版社，2020.

[8] 周祖德，娄平，萧筝. 数字孪生与智能制造[M]. 武汉：武汉理工大学出版社，2020.

[9] 甘特·莱因哈特. 工业 4.0 手册[M]. 闵峻英，张为民，何林曦，等译. 北京：机械工业出版社，2021.

[10] 张雪亮. 深入浅出西门子运动控制器 S7-1500T 使用指南[M]. 北京：机械工业出版社，2019.

[11] 赵敏，宁振波. 铸魂：软件定义制造[M]. 北京：机械工业出版社，2020.

[12] 李培根，高亮. 智能制造概论[M]. 北京：清华大学出版社，2021.

[13] 肖维荣，齐蓉. 装备自动化工程设计与实践[M]. 2 版. 北京：机械工业出版社，2021.

[14] 郑维明. 智能制造数字孪生机电一体化工程与虚拟调试[M]. 北京：机械工业出版社，2020.

[15] 孟庆波. 生产线数字化设计与仿真(NX MCD)[M]. 北京：机械工业出版社，2020.

[16] 高建华，刘永涛. 西门子数字化制造工艺过程仿真[M]. 北京：清华大学出版社，2020.

[17] 蔡红霞，周传宏. 工业人工智能[M]. 北京：清华大学出版社，2023.

[18] 张重生. 深度学习与人工智能实战[M]. 北京：机械工业出版社，2024.

[19] 梁桥康，秦海，项韶. 机器人智能视觉感知与深度学习应用[M]. 北京：机械工业出版社，2023.

[20] 章毓晋. 3D 计算机视觉：原理、算法及应用[M]. 北京：清华大学出版社，2021.

[21] 陶波，赵兴炜. 协作机器人[M]. 北京：清华大学出版社，2023.

[22] 陶永，魏洪兴，赵罡. 协作机器人技术及应用[M]. 北京：机械工业出版社，2023.

[23] 刘琼. ChatGPT：AI 革命 [M]. 北京：华龄出版社，2023.

[24] 范煜. 人工智能与 ChatGPT[M]. 北京：清华大学出版社，2023.

[25] 代方园. 汽车转向节机器人自动上下料系统虚拟调试研究[D]. 秦皇岛：燕山大学，2022.

附录

英文术语缩略词

A

AB：Allen-Bradley，艾伦·布拉德利，（美国）AB（公司），美国罗克韦尔公司子公司

ABB：Asea Brown Boveri，（瑞士）阿西布朗勃法瑞（公司），艾波比

AC：Alternating Current，交流电

ActiveX：活动型对象

A/D：Analog/Digital，模拟/数字

ADAMS：Automatic Dynamic Analysis of Mechanical Systems，机械系统动力学自动分析，美国 MSC 公司子公司 MDI 公司开发

ADAS：Advanced Driver Assistance Systems，高级驾驶辅助系统

ADC：Analog-to-Digital Converter，模/数转换器或模拟/数字转换器

A&E：Alarm & Events，（OPC）报警&事件

AGV：Automated Guided Vehicle，无人搬运车/自动导引小车

AI：Artificial Intelligence，人工智能

AI/AO：Analog Input/Analog Output，模拟输入/模拟输出

AlphaGo：阿尔法围棋，谷歌开发的一款围棋人工智能程序

Altium：奥腾，一种 EDA 软件，源自 Protel 软件，澳大利亚 Altium 奥腾公司

ALU：Arithmetic Logic Unit，算术逻辑单元

AM：AC Motor，交流电机

AMF：American Machine and Foundry，美国机械与铸造（公司）

AMQP：Advanced Message Queuing Protocol，高级消息队列协议

Android：安卓

ANL：Argonne National Laboratory，（美国原子能委员会）阿贡国家实验室

ANSYS：Analysis System，分析系统，大型通用有限元分析软件，美国安斯公司

API：Application Programming Interface，应用程序编程接口

Apollo Program：阿波罗计划

APP：Application，应用程序

Apple：美国苹果公司

AR：Augmented Reality，增强现实

ARM：Advanced RISC Machine，高级精简指令集机器，（英国）ARM 公司

AS：川崎机器人编程语言

ASCII：American Standard Code for Information Interchange，美国信息交换标准码

ASIC：Application Specific Integrated Circuit，专用集成电路

AutoID：Automatic Identification，自动识别

Automation Interface：自动化接口

AutomationML：Automation Markup Language，自动化标记语言

Automation Studio：自动化工作室，贝加莱自动化软件平台

AVB：Audio/Video Bridge，音频/视频桥接

AWS：Amazon Web Services，亚马逊云服务

B

Baker Hughes：贝克休斯，美国通用电气 GE 子公司

BCNet-S7：一种以太网通信模块

BGA：Ball Grid Array，球栅阵列

Big Data：大数据

Blob：斑点检测

Bluetooth：蓝牙

B2MML：Business to Manufacturing Markup Language，业务到制造标记语言

BN：Bayesian Network，贝叶斯网络

BOM：Bill Of Materials，物料清单

Bool：Boole，布尔量，数据类型

BOP：Bill of Process，工艺过程清单

Bosch：（德国）博世（公司）

BP：Back Propagation，反向传播

BPMN：Business Process Model and Notation，业务流程模型和符号

B&R：Bernecker&Rainer，伯内克·赖纳，（奥地利）贝加莱（公司），瑞士 ABB 公司子公司

Bug：错误、故障、漏洞

Byte：字节，8 位二进制数

C

C：一种通用的面向过程的程序设计语言，美国贝尔实验室开发

C++：作为 C 语言的继承，是一种面向对象的程序设计语言；

C#：C Sharp，从 C/C++衍生出来，在继承 C/C++强大功能的同时，抛弃了 C/C++的一些复杂特性，是一种面向对象的程序设计语言，美国微软公司开发

3C：Computer、Communication、Consumer Electronics，计算机、通信和消费性电子，简称 3C（行业）

CA：Certificate Authority，认证授权

CAD：Computer Aided Design，计算机辅助设计

Cadence：一种 EDA 软件，美国 Cadence（铿腾）公司开发

CAE：Computer Aided Engineering，计算机辅助工程

Caffe：Convolutional Architecture for Fast Feature Embedding，用于特征提取的卷积架

构，一个清晰、高效的深度学习框架

CAN：Control Area Network，控制区域网，德国博世公司开发

CAM：Computer Aided Manufacturing，计算机辅助制造

CANopen：higher level protocols standardized on top of CAN bus，CAN 总线之上更高级别的标准化协议，CiA 制定

CAPP：Computer Aided Process Planning，计算机辅助工艺过程设计

CAT：Computer Aided Test，计算机辅助测试

CATIA：Computer-graphics Aided Three-dimensional Interactive Application，计算机图形辅助三维交互式应用，大型 CAD/CAM/CAE 软件，法国达索公司

CAX：Computer Aided X，计算机辅助技术

CCA：Circuit Card Assembly，电路卡装配

CCD：Charge Coupled Device，电荷耦合器件

CC-Link：Control & Communication Link，控制与通信链路（系统），日本三菱公司开发

CCIR：Consultative Committee of International Radio，国际无线电咨询委员会

Cellular：蜂窝

CF：Compact Flash，紧凑型闪存

CFC：Continuous Function Chart，连续功能图（PLC 编程语言之一）

CFD：Computational Fluid Dynamics，计算流体动力学

CG5：柯马机器人控制器

ChatGPT：Chat Generative Pre-trained Transformer，生成式预训练转换器模型，是 OpenAI 研发的一款聊天机器人程序

CI：ControlNet International，ControlNet 控制网国际有限公司

CiA：CAN in Automation，自动化 CAN 用户和制造商协会

Cincinnati Milacron：（美国）辛辛那提·米拉克隆（公司）

CIP：Common Industrial Protocol，通用工业协议

Client：客户端

CLOOS：（德国）克鲁斯（公司），1919 年 Carl Cloos（卡尔·克鲁斯）在德国锡根市（Siegen）成立了以自己名字命名的焊接公司

CLOUD：云

Cloud Computing：云计算

CMOS：Complementary Metal Oxide Semiconductor，互补型金属氧化物半导体

CNC：Centralized Network Configuration，集中式网络配置
　　　　Computerized Numerical Control，计算机数字控制/计算机数控

CNN：Convolutional Neural Network，卷积神经网络

Cobot：Collaborative Robot，协作机器人

COM：Component Object Model，组件对象模型

COMAU：（意大利）柯马（公司）

Compact PCI：紧凑型外设组件接口

ControlNet：CIP over dedicated network，专用网络上的通用工业协议

Cortex：核心，ARM 处理器（A/R/M 三个系列）

CPLD：Complex Programmable Logic Device，复杂可编程逻辑器件

CPS：Cyber-Physical System，信息物理系统/赛博物理系统

CPU：Central Processing Unit，中央处理单元/中央处理器

CS9：史陶比尔机器人控制器

C/S：Client/Server：客户端/服务器

CTRL 端口：Control 端口，控制端口

CTP：Collection Tree Protocol，汇聚树协议

Creo：大型 CAD/CAM/CAE 软件，源自 Pro/ENGINEER（Pro/E）软件，美国 PTC 参数技术公司

CRM：Customer Relationship Management，客户关系管理

CTRL：ConTRoL，西门子 SIMIT UNIT 连接端口

CUC：Centralized User Configuration，集中式用户配置

Custom Interface：客户端接口

D

2D：Two Dimensional，二维

3D：Three Dimensional，三维

3Dmax：一种专业三维建模、渲染和动画软件

D/A：Digital/Analog，数字/模拟

DA：Data Access，数据访问

Dassault：（法国）达索（公司）

DBN：Deep Belief Network，深度置信网络

DC：Direct Current，直流电

DCOM：Distributed Component Object Model，分布式组件对象模型

DCS：Distributed Control System，分布式控制系统

DD：Direct Drive，直接驱动（电机）

Delta：Δ，德尔塔（并联型机器人）

DENSO：（日本）电装（公司）

Devol：（美国）戴沃尔（最早提出工业机器人的概念，并申请了专利）

DeviceNet：CIP over CAN bus，CAN 总线上的通用工业协议，美国罗克韦尔公司 AB 子公司开发

DI/DO：Digital Input/Digital Output，数字输入/数字输出

Digital Factory：数字化工厂

Digital Prototype：数字原型，数字样机

Digital Thread：数字神经

Digital Twin：数字孪生

DIN：Deutsche Industrie Norm，德国工业标准

DL：Deep Learning，深度学习

DMU：Digital Mockup，数字化样机

DNC：Distributed Numerical Control，分布式数字控制/分布式数控

DnD：Drag and Drop，拖拽

DOE：Design Of Experiment，实验设计

DP：Decentralized Periphery，（Profibus）分布式外设

　　　Datagram Packet，数据报文包

Drive Module：驱动模块

DSP：Digital Signal Processor，数字信号处理器

DWord：Double Word，双字，四个字节，32 位二进制数

E

EAM：Enterprise Asset Management，企业资产管理

EBOM：Engineering BOM，工程物料清单

ECAD：Electronic/Electrical CAD，计算机辅助电子设计/计算机辅助电气设计

Echelon：（美国）埃施朗（公司）

EDA：Electronic Design Automation，电子设计自动化

Edge：边缘

EEPROM：Electrically EPROM，电可擦除可编程只读存储器

EMC：Electro Magnetic Compatibility，电磁兼容性

EMERSON：（美国）艾默生（公司）

EMI：Electro Magnetic Interference，电磁干扰

eMTC：enhanced Machine Type Communication，增强型机器类型通信

EPROM：Erasable Programmable ROM，可擦除可编程只读存储器

EPSG：Ethernet POWERLINK Standardization Group，Ethernet POWERLINK 标准化组

Epson：（日本）爱普生（公司）

ERP：Enterprise Resource Planning，企业资源计划

EST：Enhancements for Scheduled Traffic，调度流量增强

Ethernet：以太网

EtherCAT：Ethernet for Control Automation Technology，控制自动化技术以太网，德国倍福公司开发，基于 CANopen

EtherNet/IP：EtherNet/ Industrial Protocol，以太网/工业协议，CIP over Ethernet，以太网上的通用工业协议，最初由美国罗克韦尔 AB 公司开发，后来 ODVA 和 CI 共同制定标准，基于 DeviceNet，采用 UDP 数据包进行数据交换

Euromap：Europe's Association for plastics and rubber machinery manufacturers，欧洲塑料和橡胶工业机械制造商协会

Excel：微软公司电子表格软件

F

FA：Factory Automation，工厂自动化

false：假

FANUC：（日本）发那科（公司），Fuji Automatic NUmerical Control，富士自动化数控，富士的名字来自母公司富士通（Fujitsu）

FB：Function Block，功能块

FBD：Function Block Chart，功能块图（PLC 编程语言之一）

FC：Function，功能

FCN：Fully Convolutional Network，全卷积网络

FCS：Fieldbus Control System，现场总线控制系统

FDI：Field Device Integration，现场设备集成

FEA：Finite Element Analysis，有限元分析

FeCrBSi：铁路硼硅，一种高刚度自熔性合金

FF：Fieldbus Foundation，现场总线基金会，由费希尔-罗斯蒙特公司为首联合成立
　　　FOUNDATION Fieldbus，基金会现场总线

Flash EPROM：闪存

FlexPendent：手持示教器

FMC：Flexible Manufacturing Cell，柔性加工单元

FMEA：Failure Mode and Effect Analysis，失效模式和效果分析

FMS：Flexible Manufacturing System，柔性制造系统

FPGA：Field Programmable Gate Array，现场可编程门阵列

FORTRAN：Formula Translation，公式翻译，一种用于科学和工程计算的程序设计语言

FOV（H×V×D）：Field of View（Horizontal×Vertical×Diagonal），视角场角（水平×垂直×对角线）

G

GAN：Generative Adversarial Network，生成对抗网络

Gantt Chart：甘特图

GB：Guo Biao，国标

GE：General Electric Company，美国通用电气公司

Generative Design：创成式设计

4G/5G：4th/5th Generation Mobile Communication Technology，第四/五代移动通信技术

GKN：Guest，Keen & Nettlefolds，（英国）吉凯恩

GPRS：General Packet Radio Service，通用分组无线服务

GPS：Global Position System，全球定位系统

GPT：Generative Pretrained Transformer，生成式预训练转换器

GPU：Graphic Processing Unit，图形处理单元/图形处理器

Gradient：梯度

H

H1：现场总线基金会发布的低速总线标准，简称 FF

H2：现场总线基金会发布的高速总线标准，后称 HSE

Hannover Messe：德国汉诺威博览会

HART：Highway Addressable Remote Transducer，可寻址远程传感器高速通道（协议），美国罗斯蒙特公司开发

HDA：Historical Data Access，（OPC）历史数据访问

Hessian：海森

Hexagon：（瑞士）海克斯康（公司）

HiL：Hardware in Loop，硬件在环

HMI：Human Machine Interface，人机界面

HMI Simulation：虚拟 HMI/HMI 仿真

HPLC：High speed Power Line Carrier，高速电力线载波，也称为宽带电力线载波

HRB：洛氏硬度 B 级

HRC：洛氏硬度 C 级

HRC：Human-Robot Cooperation，人机协作

　　　Human-Robot Cooperation；人机合作

　　　Human-Robot Coexistence，人机共存

HSE：High Speed Ethernet，高速以太网，H2 现场总线技术，FF 制定

HTML：Hyper Text Markup Language，超文本标记语言

HTTP：Hypertext Transfer Protocol，超文本传输协议

Hz：赫兹，频率单位，s^{-1}

I

IAR：Ingenjörsfirman Anders Rundgren（瑞典语），安德斯·伦德格伦工程公司，单片机 8051C 系列

i-Automation：i-自动化

IC：Integrated Circuit，集成电路

IDE：Integrated Development Environment，集成开发环境

IDF：Intermediate Data Format，中间数据格式

IDX：Incremental Design eXchange，增量式设计交换

IEC：International Electrotechnical Commission，国际电工技术委员会

IEEE：Institute of Electrical and Electronic Engineers，电气和电子工程师学会

IET：Interspersing Express Traffic，散布式快速流量

IGM：（奥地利）艾捷默（公司）

IIoT：Industrial Internet of Things，工业物联网

IL：Instruction List，指令表（PLC 编程语言之一）

INDICS：Industrial Intelligent Cloud System，工业智能云系统，中国航天科工工业互联

网云平台

    Industrial AI：工业人工智能

    INFORM：安川机器人编程语言

    Int：Integer，整数，二个字节，16 位二进制数

    Integrated：集成，整合

    Intel：英特尔

    Intelligent：智能

    Interactive：交互，互动

    Interbus：一种串行现场总线，德国菲尼克斯开发，欧洲现场总线标准三大总线之一

    InterbusClub：Interbus 设备生产厂家和用户的全球性组织

    Inventor：三维可视化 CAD 软件，美国 Autodesk（欧特克）公司开发

    I/O：Input/Output，输入/输出

    iOS：苹果移动操作系统

    IoT：Internet of Things，物联网

    IP：Industrial Protocol，工业协议

        Internet Protocol，互联网协议/因特网协议

    IPC：Industrial PC，工业计算机

    iQSS：iQ Sensor Solution，三菱传感器解决方案

    IR：InfraRed，红外

        Intermediate Representation，中间表示

    IRC：Industrial Robot Controller，工业机器人控制器

    IRC5：ABB 机器人控制器

    I, Robot：（文学作品）我，机器人

    ISA：Industry Standard Architecture，工业标准结构

        International Society of Automation，国际自动化学会

    ISO：International Organization for Standardization，国际标准化组织

    Isaac Asimov：（美国科幻小说家）艾萨克·阿西莫夫

    IT：Information Technology，信息技术

J

JAKA：Just Always Keep Amazing，节卡，国内一家协作型机器人公司

Java：一种面向对象的编程语言，美国 SUN Mricrosystems（太阳微系统）公司（被 ORACLE 甲骨文公司收购）开发

JIS：Just In Sequence，由生产顺序决定需要量，顺序供货，排序拉动，准时化顺序供应

JIT：Just In Time，准时制生产

Joeph F·Engelberger：（美国）约瑟夫·恩格尔伯格（Unimation 公司创始人，机器人之父）

JT：Jupiter Tessellation，木星镶嵌，一种 ISO 标准化的轻量化 3D 数据格式

Judea Pearl：朱迪亚·珀尔，发明了贝叶斯网络

K

Karel：卡雷尔，发那科机器人编程语言

Karel Capek：（捷克文学家）卡雷尔·恰佩克

Kawasaki：（日本）川崎（公司）

KdTree：K-Dimensional Tree，K 维树

KEBA：（奥地利）科控（公司）

KEIL：单片机编译软件，ARM cortex 系列单片机，C51 系列，德国 KEIL 公司被英国 ARM 公司收购

KeMotion R5000：科控机器人控制器

KEPware OPC Server：一种商业版 OPC 服务器，美国 PTC 子公司 Kepware（凯谱华）开发

KPI：Key Performance Indicator，关键绩效指标

KRC：KUKA Robot Controller，库卡机器人控制器

KRL：KUKA Robot Language，库卡机器人编程语言

KUKA：（德国）库卡（公司）

L

LAN：Local Area Network，局域网

Laplace：拉普拉斯

Laser Triangulation：激光三角测量法

LCD：Liquid Crystal Display，液晶显示器

LD：Ladder Diagram，梯形图（PLC 编程语言之一）

LED：Light Emitting Diode，发光二极管

Linux：一种类似于 UNIX 的操作系统

LLM：Large Language Model，大语言模型

LLN：Low-power and Lossy Networks，低功耗及有损网络

LonWorks：Local Operating Networks，局部操作网络，美国埃施朗公司开发

LoRa：Long Range，远距离（无线协议），美国 Semtech 升特公司开发

LTE：Long Term Evolution，长期演进

LPWAN：Low Power WAN，低功耗广域网

LSTM：Long Short Term Memory，长短期记忆

M

MAC：Media Access Control，介质访问控制

MacOS：Macintosh Operate System，苹果操作系统

main：ABB 机器人编程语言 RAPID 中主例行程序

MAP：Manufacturing Automation Protocol，制造自动化协议

mapp：modular application，模块化应用开发

MATLAB：MATrix LABoratory，矩阵实验室，大型数学计算软件，美国迈斯沃克公司

MATLAB Simulink：MATLAB 软件中仿真模块

Matrikon OPC Server：一种商业版 OPC 服务器，美国 Honeywell（霍尼韦尔）子公司 Matrikon Kepware（麦拓）开发

MBD：Model Based Definition，基于模型的定义

MBE：Model Based Enterprise，基于模型的企业

M-Bus：Meter BUS，户用仪表总线

MC：Motion Control，运动控制

MCAD：Mechanical CAD，计算机辅助机械设计

MCR：Machine-Centric Robotics，以机器为中心的机器人技术

MDI：Mechanical Dynamics Inc.，美国动力机械公司，美国 MSC 公司子公司

MDO：Multidisciplinary Design Optimization，多学科设计优化

Mentor：一种 EDA 软件，德国西门子公司 Mentor（明导子）公司开发

MES：Manufacturing Execution System，制造执行系统

Meta：元，原 Facebook，脸书

Microchip：（美国）微芯（公司）

Microsoft Azure：微软云服务

MindApps：西门子云服务应用层

MindSphere：西门子云服务平台层

MindConnect：西门子云服务连接层

MIT：Massachusetts Institute of Technology，（美国）麻省理工学院

Mitsubishi：（日本）三菱（公司）

ML：Machine Learning，机器学习

M2M：Machine to Machine/Man，机器对机器，机器对人，人对机器，机器对移动网络的连接和通信

.mod：ABB 机器人编程的程序文件格式

Modbus：一种现场总线，美国莫迪康公司开发

Modicon：（美国）莫迪康（公司），法国施耐德公司子公司

MOM：Manufacturing Operation Management，制造运营管理

Motoman：（日本安川公司）莫托曼（机器人系列）

MPlab IDE：单片机编译软件，美国微芯公司 PIC 单片机

MPU：Micro Processor Unit，微处理器

MQTT：Message Queuing Telemetry Transport，消息队列遥测传输协议

MR：Mixed Reality，混合现实

ms：millisecond，毫秒

MSC：MacNeal-Schwendler Corporation，（美国）麦克尼尔-施文德勒公司，Hexagon（瑞士）海克斯康子公司

MTConnect：Machine Tool Connect，数控机床互联通信协议

MVB：Multifunction Vehicle Bus，多功能车辆总线（TCN 之一）

N

NACHI：（日本）不二越（公司）

NASA：National Aeronautics and Space Administration，美国航空航天局

NB-IoT：Narrow Band Internet of Things，窄带物联网，移动物联网技术

NetConf：Network Configuration，网络配置协议

NIST：National Institute of Standards and Technology，美国国家标准与技术研究院

NLP：Natural Language Processing，自然语言处理

NN：Neural Network，神经网络

NX：大型 CAD/CAM/CAE 软件，源自 Unigraphics（UG）软件，德国西门子公司

NX 12：NX 版本 12

NX 1872：NX 版本 1872

NX MCD：NX Mechatronics Concept Designer，NX 机电一体化概念设计模块

null：空

NVIDIA：（美国）英伟达（公司）

O

OCR：Optical Character Recognition，光学字符识别

OCV：Optical Character Verification，光学字符验证

ODVA：Open DeviceNet Vendors Association，开放式设备网供应商协会

OEE：Overall Equipment Effectiveness，设备综合效率

OEM：Original Equipment Manufacturer，原始设备制造商

OF：Optical Format，光学格式

Offline：脱机

OLE：Object Linking And Embedding，对象连接与嵌入

OMRON：（日本）欧姆龙（公司）

One Controller：一个控制器

One Software：一个软件

Online：在线

Online Learning：在线学习

OPC：OLE for Process Control，应用于过程控制的 OLE

OPC DA：OPC Data Access，OPC 数据访问

OPC Foundation：OPC 基金会

OPC UA：OPC Unified Architecture，OPC 统一架构

OPC XML DA：基于 XML 的 OPC 数据访问

OpenAI：Open Artificial Intelligence，开放式人工智能，美国的一家人工智能公司

OSI：Open System Interconnection，开放式系统互连

OT：Operation Technology，运营技术

OTC：Osaka Transformer Cooperation，（日本）欧地希（公司）

P

P1：Port 1，端口 1，西门子 SIMIT UNIT 连接端口

PA：Process Automation，（Profibus）过程自动化，流程自动化

PackML：Packaging Machine Language，包装机械语言

Panasonic：（日本）松下（公司）

Pascal：一种结构化编程语言

PC：Personal Computer，个人计算机

PCB：Printed Circuit Board，印刷电路板

PC-based：based on Personal Computer，基于 PC

PCI：Peripheral Component Interface，外设组件接口/外围部件互联

PDL2：柯马机器人编程语言

PDM：Product Data Management，产品数据管理

Phoenix：（德国）菲尼克斯（公司）

Photodiode：光电二极管

PhysX：物理运算引擎

PI：PROFIBUS & PROFINET International，PROFIBUS & PROFINET 国际联合协会，包括用户组织 PNO 等

PIC：Peripheral Interface Controller，外围接口控制器，一种单片机系列，美国微芯公司

PID：Proportion Integration Differentiation，比例积分微分（控制）

Pixel：像素

Plant Simulation：工厂仿真软件，Tecnomatix 系列软件之一

PLC：Programmable Logic Controller，可编程逻辑控制器

PLCopen：PLC 开放标准，运动控制标准化编程工具，全球唯一的工业控制器编程标准，将 PLC、数控、机器人和运动控制集成到一起

PLCopen XML：PLCopen 扩展标记语言，文件交换标准

PLCSIM：PLC Simulation，PLC 仿真器

PLCSIM Advanced：PLC Simulation Advanced，PLC 仿真器高级版

PLM：Product Lifecycle Management，产品生命周期管理

PNO：Profibus and Profinet Nutzerorganisation，Profibus 和 Profinet 组织

Point Cloud：点云

PORT：端口

POWERLINK：奥地利贝加莱公司开发的在 IEEE 802.3 上实施的以太网，基于 CANopen

Process Designer：工艺设计软件，Tecnomatix 系列软件之一

Process Simulate：工艺仿真软件，Tecnomatix 系列软件之一

Profibus：Process Fieldbus，过程现场总线，德国西门子公司开发，欧洲现场总线三大

标准之一

Profinet：Process Field Net，过程现场网络，德国西门子公司开发，基于 Profibus

PTC：Parametric Technology Corporation，（美国）参数技术公司

Pub：Publish，发布

Purdue Model：普渡模型

PyTorch：PythonTorch，一个用 Python 编写的开源的深度学习框架

Q

QMS：Quality Management System，质量管理系统

R

3R：VR/AR/MR，虚拟现实，增强现实，混合现实

RAM：Random Access Memory，随机存取存储器

RAMS：Reliability Availability Maintainability Safety，可靠性-可用性-可维修性-安全性

RAPID：Robot Application Programming Interface and Development，机器人应用编程接口和开发，ABB 机器人编程语言

RBF：Radial Basis Function，径向基函数

RC8A：Robot Controller 8A，电装机器人控制器

reACTION：极速响应，极速控制，极速自动化

Real：实数，四个字节，32 位二进制数

Rexroth：（德国）力士乐（公司），德国博世公司子公司

RF：Radio Frequency，（无线）射频

RFID：Radio Frequency Identification，无线射频识别/电子标签

RGB：RedGreenBlue，红绿蓝

RI /RO：Robot Input/Robot Output，机器人输入/机器人输出

RISC：Reduced Instruction Set Computing，精简指令集

RL：Reinforcement Learning，强化学习

RLHF：Reinforcement Learning from Human Feedback，人类反馈强化学习

Robot：机器人

Robota：（捷克语）奴隶/苦力

Roborts：Lawrence Roberts，（MIT） 劳伦斯·罗伯茨

Robotics：机器人学

RobotR-30iA：发那科机器人控制器

RobotStudio：机器人工作室，ABB 机器人仿真软件

Rockwell：（美国）罗克韦尔（公司）

ROM：Read Only Memory，只读存储器

ROS：Robot Operating System，机器人操作系统

Rossum's Universal Robots：（剧本）罗素姆万能机器人

RPC：Remote Procedure Call，远程过程调用

RPL：IPV6 Routing Protocol for LLN，LLN 路由协议

RS：Recommend Standard，（通信接口）推荐标准

RV：Rotary Vector，旋转矢量（减速器）

S

S7-1500：西门子 S7 系列 PLC 型号 1500

S7-PLCSIM：西门子 S7-PLC 系列仿真软件

S7-PLCSIM Advanced：西门子 S7-PLC 系列仿真软件高级版

SAE：Society of Automotive Engineers，国际自动机工程师协会/国际汽车工程师协会

SAM：Segment Anything Model，分割一切

SAP：（德国）思爱普（公司）

SCADA：Supervisory Control And Data Acquisition，监控与数据采集

SCARA：Selective Compliance Assembly Robot Arm，选择顺应性装配机械臂

Scale：标度

SCM：Supply Chain Management，供应链管理

SDK：Software Development Kit，软件开发套件

SERCOS：Serial Real-Time Communication System，串行实时通信系统，德国力士乐公司开发

SERCOS Ⅲ：the third generation SERCOS，第三代 SERCOS，基于 SERCOS

Server：服务器

SFC：Sequential Function Chart 顺序功能图（PLC 编程语言之一）

SHM：Shared Memory，共享内存

SIFT：Scale Invariant Feature Transform，尺度不变性特征变换

SI/SO：SOP Input/SOP Output，标准操作面板输入/输出

Siemens：（德国）西门子（公司）

Sigfox：一种 UNB 超窄带技术，法国 Sigfox 公司（被新加坡 UnaBiz 公司收购）

SiL：Software in Loop，软件在环

SIMATIC：Siemens AutoMATIC，西门子自动化系列

SIMATIC S7：（西门子）自动化 PLC 系列

SIMIT：Siemens Industrial Manufacturing Simulation and Test，西门子工业制造仿真和测试软件

SIMIT UNIT：（西门子）SIMIT 单元（硬件）

SIMOTION：Siemens MOTION，西门子运动控制系列

SimTalk：一种仿真语言，在 Plant Simulation 软件中应用

SINUMERIK 840D：西门子数控系统系列型号

SLAM：Simultaneous Localization and Mapping，同时定位与地图构建

Smart Camera：智能相机

SmartController EX：欧姆龙机器人控制器

SOA：Service Oriented Architecture，面向服务的架构

Socket：套接字

Solid Edge：CAD 软件，德国西门子公司

SolidWorks：世界上第一个基于 Windows 系统开发的三维 CAD 系统，法国达索公司开发

Solidworks Simulation：Solidworks 软件的有限元分析子模块

SOP：Standard Operator Panel，标准操作面板

ST：Structured Text，结构化文本（PLC 编程语言之一）

Station Configuration：工作站配置

Stäubli：（法国）史陶比尔（公司）

Structured Light：结构光

Sub：Subscribe，订阅

SURF：Speeded up Robust Features，加速鲁棒性特征

SysML：Systems Modeling Language，系统建模语言

T

Tag：标签

TAS：Time Aware Shaper，时间感知整形器

TC：TeamCenter，西门子 PLM 软件

TCN：Train Communication Network，列车通信网

TCP：Transmission Control Protocol，传输控制协议

Tecnomatix：数字化制造软件，德国西门子公司开发

TensorFlow：张量流，被使用最广泛的一个深度学习框架

TensorRT：Tensor Runtime，张量运行时，NVIDIA（英伟达）推出的一个高性能深度学习推理框架，之前称为 GIE（GPU Inference Engine，GPU 推理引擎/推理机）

TIA Portal：Totally Integrated Automation Portal，（西门子）全集成自动化博途软件

Time To Market：即时上市

TLS：Transport Layer Security，安全传输层协议

ToF：Time of Flight，飞行时间法

Topology Optimization：拓扑优化

Transfer Learning：迁移学习

Transformer：转换器

true：真

TSN：Time Sensitive Networking，时间敏感网络

TTL：Transistor-Transistor Logic，晶体管-晶体管逻辑

U

UA：Unified Architecture，统一架构

UDP：User Datagram Protocol，用户数据报协议

UI/UO：UOP Input/UOP Output，用户操作面板输入/输出

UML：Unified Modeling Language，统一建模语言

UNB：Ultra Narrow Band，超窄带

Unimate：Universal automate，尤尼梅特，万能自动（第一台工业机器人 Unimation 公司）

Unimation：Universal autoMation，（美国）万能自动化（公司）

University of Michigan：美国密歇根大学

UNIX：一种多用户、多任务的分时操作系统

UOP：User Operator Panel，用户操作面板

UR：Universal Robots，（丹麦）优傲（公司）

URDI：Uniform Robot Data Interface，统一机器人数据接口

URScript：优傲机器人编程语言

useML：Useware ML，Useware 标记语言

Useware：用户软件，指一个技术系统中为交互使用服务的所有硬件和软件组件，主要思想是根据人的能力和需求进行技术设计的焦点

USB：Universal Serial Bus，通用串行总线

UWB：Ultra Wide Band，超宽频/超宽带

V

VAL3：史陶比尔机器人编程语言

VB：Visual Basic，可视化 Basic（编程语言）

VBA：Visual Basic for Applications，VB 应用程序

VC++：Visual C++，可视化 C（编程语言）

VDI：Verein Deutscher Ingenieure，德国工程师协会

VERSTRAN：Versatile Transport，沃尔萨特兰，万能搬运（AMF 公司工业机器人）

Virtual Commissioning：虚拟调试

Visual Studio：可视化工作室，简称 VS，为微软（Microsoft）以 Windows 为主的平台开发的一套功能全面而强大的 IDE（集成开发环境），支持 C#、VB、C/C++等多种语言的开发

VHDL：VHSIC Hardware Description Language，超高速集成电路硬件描述语言

VHSIC：Very High Speed Integrated Circuits，超高速集成电路

VM：Virtual Machine，虚拟机
　　　Virtual Manufacturing，虚拟制造

V-Mode：V 形模式

VP：Virtual Prototype，虚拟样机/数字样机/数字化样机

VR：Virtual Reality，虚拟现实

VRC：Virtual Robot Controller，机器人虚拟控制器

VS2015：Visual Studio 2015 版本

W

WAN：Wide Area Network，广域网

WIA-PA：Wireless Networks for Industrial Automation-Process Automation，面向工业过程自动化的工业无线网络，中国制定

Web：网络

Wi-Fi：Wireless Fidelity，无线保真

WinCC：Windows Control Center，视窗控制中心，德国西门子公司数据采集与监控系统

Windows：视窗操作系统，美国微软公司开发

Wireless HART：无线 HART

WMS：Warehouse Management System，仓库管理系统

Word：字，两个字节，16 位二进制数

WorldFIP：World Factory Instrumentation Protocol，世界工厂仪表协议，以法国阿尔斯通为首的联合组织制订，欧洲现场总线标准三大总线之一

WTB：Wire Train Bus，绞线式列车总线（TCN 之一）

WYSIWYG：What You See Is What You Get，所见即所得

X

xDSL：x Digital Subscriber Line，各种数字用户线路

XML：eXtensible Markup Language，可扩展标记语言

XML DA：XML Data Access，（OPC）XML 数据访问

Y

Yaskawa：（日本）安川（公司）

Y/C：Traditional symbol for luminance/Chrominance，亮度的传统符号/色度

YRC1000：Yaskawa Robot Controller 1000，安川莫托曼机器人控制器

Z

Zigbee：zig 嗡嗡，bee 蜜蜂，八字舞，紫蜂，源于 Bluetooth，短距离无线通信技术，适合工控场合